최재천의

인간과 동물

최재천의

인간과 동물

자연에서 배운다 알면 사랑한다

궁리
KungRee

행복한 동물학자의 삶

자연과학자가 할 애기인지는 모르겠지만 저는 동물행동학자가 될 운명을 타고난 것 같습니다. 저는 대관령과 동해 바다 사이 강릉 비행장 근처 학동이라는 곳에서 태어났습니다. 할아버지 논이 있던 들판의 끝에는 강릉 비행장을 따라 동해로 흘러드는 제법 늠름한 개울이 있었습니다. 저는 그 개울에서 멱도 감고 소쿠리로 작은 물고기들을 잡기도 했습니다. 그 당시에는 개울에 사는 물고기들은 모두 그저 송사리 아니면 피라미 정도로 알았습니다. 하지만 제가 잡던 그 물고기들 중에 가시고기가 섞여 있었다는 사실은 훨씬 훗날 미국에 가서 동물행동학을 공부하면서 비로소 알게 되었습니다. 가시고기는 수컷이 새끼를 돌보는 물고기로서 우리나라에서는 몇 년 전 외환위기 때 가족을 버리고 뛰쳐나간 엄마 대신 아이들을 돌보는 눈물겨운 아빠의 사랑을 그린 소설의 제목으로 더 잘 알려져 있습니다.

1970년대 말 미국으로 유학을 가서 난생처음 택한 동물행동학 수업 첫주에 가장 먼저 배운 동물이 바로 가시고기였습니다. 가시고기는 근대 동물행동학의 아버지 중 한 분으로 존경받는 영국 옥스퍼드대학교의 니코 틴버겐 교수가 평생을 두고 연구했던, 이를테면 동물행동학계의 대표적인 스타동물입니다. 10년도 넘게 걸린 박사학위과정을 마치고 미시건대학의 교수가 되어 동물행동학을 가르치던 어느 날 한국에서 박사후연수과정을 밟으러 온 동료 생물학자가 가르쳐줘서 우리나라에도 산다는 것을 처음으로 알게 되었습니다. 동해로 흘러드는 강이나 개울에는 퍽 흔하답니다. 게다가 어디에서 주로 채집을 했느냐는 제 질문에 그가 얘기해준 곳은 뜻밖에도 어릴 적 제가 멱감던 비행장 옆 바로 그 냇물이었습니다. 저는 제가 평생토록 연구할 학문의 스타 동물과 어릴 때부터 늘 함께 논 셈이지요.

저는 제가 동물행동학자가 되었다는 사실에 지극히 만족해하고 삽니다. 아마 다시 태어나도 또 다시 동물행동학자가 될 겁니다. 아무 근심 걱정 없던 어린 시절 마냥 즐겁게 놀면서 하던 일을 지금까지 하고 있으며 버젓이 밥 잘 먹고 살 수 있으니 이보다 더 큰 행복이 어디 있겠습니까? 동물행동학은 비록 당장 떼돈을 벌게 해주는 학문은 아니지만 더할 수 없이 재미있는 학문임에는 틀림이 없습니다. 신기한 동물들의 행동과 생태를 보여주는 TV 다큐멘터리를 보기 싫다는 사람은 별로 없는 걸 보면 확실히 재미는 있는 분야인 것 같습니다.

하지만 동물행동학이 재미만 있고 돈은 되지 않는다는 생각은 이제 버려도 될 것 같습니다. 얼마 전에는 미국 스탠퍼드대학 기계공학과에서 박사과정을 밟고 있는 김상배 연구원의 발명이 시사주간지 《타임》의 '2006년의 발명'으로 선정되어 화제가 된 적이 있습니다. 그는 열대지방의 건물벽을 자유자재로 기어다니는 도마뱀의 일종인 도마뱀붙이의 발 구조를 모방하여 이른바 '끈적이로봇 stickybot'을 만들어냈습니다. 발바닥에 수백 개의 인공 미세섬모를 가진 이 작은 로봇은 1초에 4센티미터의 속도로 유리와 타일 등 미끄러운 벽면을 유유히 기어다닙니다. 미국 국방부는 그의 발명품을 스파이 로봇으로 활용할 방법을 구상중이라고 합니다.

지난 봄 세계적으로 유명한 우리나라 전자회사의 부장님이 저를 찾아오셨습니다. 초콜릿폰이며 슬림슬라이드폰 등을 만들어 세계 시장에서 판매경쟁을 하고 있지만 디자인 측면을 제외하면 휴대폰 시장은 이제 한계에 도달했답니다. 그래서 까치, 말벌, 귀뚜라미, 소금쟁이를 비롯한 온갖 동물들의 의사소통 메커니즘을 연구하고 있는 우리 연구진과 브레인스토밍 회의를 하자는 제안을 해왔습니다. 그러다 보면 전혀 새로운 신개념의 휴대폰을 개발할 수 있을지 모른다는 생각에 돈버는 일과는 거리가 멀어 보이는 저 같은 생물학자를 찾아오게 된 것이지요.

그는 신입사원 면접에서 제 연구실 출신의 학생을 만나면서 이런 생각을 하게 되었다고 했습니다. 그 친구 이력서를 보니 제 연구실에서 석사학위를 했다고 적혀 있더랍니다. 그래서 동물의 행동과 생태나 연구하던 사람이 전자회사에 와서 뭘 할 수 있겠느냐고 사뭇 의도적으로 삐딱한 질문을 던졌더니 제 학생은 다음과 같이 답했다고 합니다. "전자공학만 공부한 사람을 수백 명 모아놓아 본들 그 머리들에서 나오는 아이디어는 다 고만고만할 것입니다. 강화도 갯벌에서 흰발농게 수컷이 집게발을 흔들며 암컷을 유혹하는 행동을 연구한 저 같은 사람의 머리에서 잘하면 대박을 터뜨릴 아이디어가 나올지도 모르죠." 그럼에도 불구하고 그 학생을 경쟁 회사에 빼앗긴 그 부장님은 아예 그를 길러낸 연구실을 찾기로 한 것입니다.

인간은 태초부터 지금까지 늘 자연에서 배우며 살아왔습니다. 유럽의 동굴벽화와 울진의 암각화만 보더라도 고대의 인간들이 동물의 행동을 얼마나 세심하게 관찰했는지 쉽게 알 수 있습니다. 먹이 동물의 습성을 유심히 관찰하던 '과학자'가 있던 동굴 집안이 그런 것에는 관심조차 가지지 않고 마구잡이로 사는 사람들만 모여 사는 집안보다 훨씬 잘 먹고 잘 살았을 것은 자명한 일입니다. 이제 이런 연구를 보다 체계적으로 하려는 세계 학계의 움직임이 일고 있습니다. 그래서 저는 2006년 봄 서울대에서 이화여대로 자리를 옮기면서 '의생학연구센터'를 만들었습니다.

의생학擬生學은 자연이 이미 고안해놓은 구조, 기능, 섭리 등을 인간의 삶에 응용하려는 노력을 하나의 체계적인 학문으로 정립하기 위해 제가 새롭게 만들어낸 말입니다. 자연을 배워 응용하려면 기존의 지식체계를 넘나들 수 있는 융합 또는 통섭이 절대적으로 필요합니다. 기업과 사회는 이미 컨버전스, 퓨전, 하이브리드의 시대를 맞고 있습니다. 얼마 전 서울대학교가 개교 60주년을 맞아 개최한 학술대회에서 중앙인사위원회 위원장을 역임했던 김광웅 서울대 행정대학원 교수는 이 같은 미래의 학문을 위해 '통섭대학원'의 설립을 제안하기도 했습니다.

모든 걸 쪼개어 분석하던 환원주의의 20세기가 저물고 통섭의 21세기가 열렸습니다. 섞여야 아름답고, 섞여야 강해지고, 섞여야 살아남습니다. 학계, 기업, 사회가 함께 섞여야 합니다. 이런 거대한 변화의 선봉에 일찍이 비빔밥을 개발한 우리 민족의 모습이 보이는 것은 아마 우연이 아닐 듯 싶습니다. 이 책은 밥에 콩나물, 쇠고기,

달걀 등을 섞고 고추장과 참기름을 부어 비비고 싶어하는 학자, 기업인, 디자이너, 소설가, 학생 모두에게 풍부한 생각할 거리를 제공할 것입니다.

앞에서 말씀드린 것처럼 그 옛날 고대의 '동물행동학'은 사실 상당히 실용적인 학문으로 시작했습니다. 동물을 관찰해야 하는 이유가 그들에게는 분명히 있었습니다. 이제 통섭의 세기를 맞아 다시금 동물행동학은 너무나 순수해서 골동품처럼 취급되던 수준을 벗어나 엄청난 응용 가능성을 지닌 미래의 학문으로 거듭나고 있습니다. 기가 막히게 우수한 두뇌를 지녀 만물의 영장이 된 우리지만 사실 우리 인간의 역사는 다른 동물들에 비해 일천하기 짝이 없습니다. 우리는 기껏해야 20여만 년 전에 지구촌의 가장 막둥이로 태어난 동물입니다. 그러니 우리보다 수천만 년 또는 수억 년 먼저 태어나 살면서 온갖 문제들에 부딪쳐온 다른 선배 동물들의 답안지를 훔쳐보는 일은 지극히 가치있는 일일 겁니다.

이 책은 제가 〈EBS 세상보기〉라는 프로그램에서 2000년 3월부터 9월까지 6개월 간 매주 한 번씩 26번에 걸쳐 했던 강의의 내용을 정리하여 만든 책입니다. 그보다 앞서 저는 1999년 5, 6월에는 '자연과 인간'이라는 주제로 4회, 그리고 2000년 1, 2월에는 '여성의 세기가 밝았다'라는 주제로 역시 4회 강연한 적이 있었습니다. 그랬더니 EBS 측에서 프로그램 역사상 비교적 높은 시청률을 기록하고 있다며 또 다른 강의 요청을 해왔습니다. 몇 번 거절하다가 제가 대학에서 강의하는 내용을 그대로 하게 해주면 고려해 보겠다고 했더니 무슨 뜻이냐고 묻더군요. 동물행동학에 대한 학생들(시청자들)의 이해를 돕기 위해서는 때로 상당히 개념적인, 그래서 시청률이 떨어질 수밖에 없는 강의들도 해야 한다는 뜻이라고 했더니 처음에는 난색을 표하더군요.

그러나 결국 승인이 났고 저는 이 책에서도 보듯이 때론 한 시간 내내 TV에서 게임이론 또는 최적화이론 등을 설명하기도 했습니다. 다행히 시청률이 그리 험악하게 떨어지지는 않았는지 제게 연장 강의를 요청해왔고 그러다 보니 결국 6개월 동안이나 계속 하게 되었습니다. 한 학기 동물행동학 강의 전체를 TV에서 장장 6개월 동안 한 것은 우리나라는 물론 세계적으로도 유례가 없는 일이었습니다. 그런 용감한 결정을 내려주신 EBS에 다시 한 번 감사의 말씀과 더불어 경의를 표합니다.

대학에서 하는 강의를 그대로 TV에서 하겠다고는 했지만 다양한 시청자들을 고려하여 되도록 쉬운 말로 강의하려고 노력했습니다. 그러나 절대로 내용에 물을 타지는 않았습니다. 우리 사회는 최근 몇 년 간 이른바 '과학의 대중화'를 위해 많은 비용과 노력을 쏟았습니다. 그러나 대중의 눈높이에 맞추려는 노력이 지나치면 때로 과학의 저질화를 범하게 됩니다. 우리가 진정으로 원하는 것은 사실 '대중의 과학화'입니다. 보다 많은 사람들이 과학적으로 사고할 수 있도록 하자는 것이 과학을 알리는 궁극적인 목적입니다.

강의를 하던 시절 어느 날 저는 어느 농촌에 사시는 70대 어르신으로부터 한 통의 편지를 받았습니다. 제 강의를 들으신 다음 오랫동안 어려움을 겪던 해충 문제를 보다 환경친화적으로 해결하기 위해 제가 가르쳐드린 대로 '과학적 실험'을 하시기로 했다는 겁니다. 밭을 둘로 나눈 다음 한쪽에는 의도하시는 조처를 취하고 다른 쪽에는 동일한 노력을 투입하되 조처는 취하지 않으셨다는 겁니다.

그 어르신께서는 바로 '실험군'과 '대조군'을 만들어 그 결과를 비교하여 결론을 내리시려는 시도를 하신 것입니다. 이것이 바로 과학적인 실험의 기본입니다. 저는 그 어르신의 편지 한 장으로도 제가 6개월 간 강의한 보람이 있었다고 생각합니다.

비록 TV에서 한 강의를 정리한 것이지만 동물행동학의 대학교재로 사용해도 손색이 없으리라고 생각합니다. 다만 제가 언급하는 연구들의 데이터를 인터넷 등의 매체를 이용하여 찾아 함께 공부하실 것을 적극적으로 권합니다. 동물행동학은 지금 몇몇 대학에 개설되어 엄청난 수의 학생들이 수강하는 인기 있는 과목입니다. 마땅한 교재가 없는 게 흠입니다. 동물행동학을 강의하시는 교수님은 학생들로 하여금 이 책의 각장을 미리 읽고 오게 하고 시간 중에는 원 논문의 내용을 강의하시면 될 것입니다.

제가 TV에서 강의할 때에도 퍽 다양한 연령층의 사람들이 시청하신 걸로 기억합니다. 이 책 역시 그런 점을 염두에 두고 만들었기 때문에 다양한 연령층의 독자들이 읽을 수 있으리라 생각합니다. 언제나 그랬듯이 저는 소통의 힘을 믿습니다. 이 책을 읽으며 제가 잘못 설명한 부분이 있다거나 이해가 되지 않는 부분이 있으면 언제든지 아래에 있는 이메일로 문의해주십시오. 어차피 대학의 강의를 TV로 옮겼던 것을 책으로 만든 것입니다. 수업시간에 질문하듯 이메일로 질문하시면 성의껏 답하겠습니다. 그러면서 저도 더 많이 배우게 될 것입니다. "알면 사랑한다!" 제가 늘 하는 말입니다. 이 책을 통해 동물들에 대해, 자연에 대해 보다 많이 알게 되어 사랑하게 되시길 진심으로 기원합니다.

최재천 jaechoe@ewha.ac.kr

차례

01

알면
사랑하게 된다

동굴 벽화의 소재를 살펴보면 동물들이 대부분입니다. 먼 옛날 고구려 벽화에서 장수들이 사냥하는 모습을 봐도 동물에 대한 관심은 오랜 옛날부터 아주 많았던 듯합니다. 그 이유에는 여러 가지가 있겠지만, 간단히 생각해보면 '필요했기 때문'에 그러했을 겁니다. 식량을 얻기 위해 동물을 사냥해야 했고, 그러려면 그 동물이 어느 통로를 이용해 어디로 이동하고 언제 나타나는지 잘 알아야 했을 겁니다. 그런 지식이 없는 사냥꾼은 동물이 오지도 않는 엉뚱한 곳에서 늘 헛수고만 했을 테지요. 또 만약 사람을 잡아먹거나 해칠 수 있는 무서운 동물이라면, 그 동물이 언제 어디에 나타나는지 알아야 피할 수 있었을 겁니다. 아마도 이렇게 인간은 생존을 위해 동물

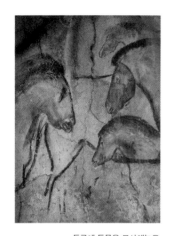

동굴에 동물을 묘사해놓은 최초의 인간은 아마도 생존을 위해 동물을 관찰했을 겁니다. 오늘날 동물행동학자들은 동물의 행동을 자세히 들여다보고 인간의 본성과 진화의 실마리를 찾으려고 동물을 연구합니다.

을 관찰했을 겁니다. 그런데 이런 필요에 의해서 관찰을 한다고 하지만 그것 말고도 이유는 또 있는 것 같습니다. 어떻게 보면 좀 더 근본적인 이유인지도 모르지요.

하버드대학교의 생물학자 에드워드 윌슨E. O. Wilson 교수는 '바이오필리아Biophilia'라는 아주 과감한 이론을 우리에게 제시하고 있습니다. 바이오Bio는 '생명 또는 생물'이라는 뜻이고, 필리아philia라는 말은 '좋아한다, 사랑한다'는 뜻입니다. 윌슨 교수는 인간의 천성에 생명 그 자체에 대한 '사랑' 또는 '애착'이 있다고 주장합니다. 이를테면 우리가 아기 사슴을 보고 무척 예쁘다고 느끼는 것은 누가 시키거나 디즈니 영화에 아기 사슴이 자주 나와서 습관적으로 그렇게 생각하는 것이 아니라 우리 마음속에 자연과 같이 하고 싶어하는 천성이 있기 때문이라는 것입니다.

그러나 늘 사랑스런 마음만 생기는 것은 아닙니다. 예를 들어 참새를 보고 돌멩이를 던지기도 합니다. 예전부터 동물을 잡아먹고 살았으니 먹이를 보면 잡으려고 그렇게 행동하는 건지도 모르지요. 하지만 참새가 열린 창문으로 방에 들어왔을 때 그 참새를 죽이려고 밖에 나가서 돌멩이를 가지고 들어오지는 않지요. 그렇게 아주 가까이 다가오면 대개 그 새를 사랑하게 됩니다. 잘 보호해주고 심지어는 기르고 싶어합니다. 이런 행동을 보면, 동물을 사랑하는 본성이 인간의 내면에 있으리라고 추측할 수 있습니다. 동물을 연구하다 보면 그들의 행동을 자세히 들여다보게 되는데, 현재의 인간도 진화의 산물이기에 이런 관찰 속에서 인간의 본성을 찾는 데 많은 실마리를 얻을 수 있다고 생각하게 되었습니다. 이것이 바로 동물행동학자들이 동물을 연구하는 궁극적인 목적이지요.

이런 상상을 해보지요. 문명이 발달한 외계 어느 행성의 생물학자들이 우주선을 타고 돌아다니다가 '지구는 참 아름다운 행성인데 저기 무슨 생물들이 사는지 한번 연구해보자'고 결심하고, 연구비를 마련해서 지구로 내려온다고 상상해봅시다. 우주선을 타고 어딘가 착륙하여 '참, 지구에는 묘한 동물들이 많이 사는구나' 하며 이것저것 연구를 시작하겠지요. 그들이 몇천 년 전에 내려왔다면 다른 동물들을 더 연구했을지 모르지만, 지금이라면 인간을 연구할 가능성이 제일 큽니다. 왜냐하면 어디를 가나 인간이 있으니까요. 그들이 본 인간은 바로 호모 사피엔스*Homo sapiens*라는 동물입니다. 속명은 '호모'고, 종명은 '사피엔스'라는 종입니다. 호모 사피엔스 외에는 동물이라곤 거의 보기 힘들 겁니다.

그런데 인간을 연구하자면, 일단 우리가 하는 일이 한두 가지가 아니기 때문에 매우 복잡합니다. 외계 생물학자들은 인간이라는 동물을 쫓아다니며 다른 동물과는 다른 행동을 하는 것을 많이 발견할 것입니다. 다른 동물은 배가 고프면 열매를 따먹거나 풀을 뜯어먹거나 아니면 다른 동물을 덮쳐서 잡아먹는데, 인간이라는 동물은 묘하게도 사람들이 많이 모여 있는 곳으로 가서 미리 누군가가 먹을 수 있도록 만들어놓은 것을 집어들고 나오면서 주춤주춤하더니 주머니에서 뭘 꺼내 건네주면 저쪽에서도 무언가를 주고……. 외계인은 '참 이상한 방법으로 음식을 찾아 먹는구나' 하면서 기록을 하겠죠. 이런 일련의 행위들을 이를테면 경제학이라고 소개하면서, 원료를 제공하는 사람·상품을 만드는 사람·그 상품을 팔고 사는 사람 등이 따로 있다고 기록할 겁니다. 어떤 때에는 싸움이 벌어져서 소동이 일어나기도 하는데, 다른 동물 사회에서는 싸움이 벌어지면 이를 드러내고 싸우다 힘이 좀 부친다 싶으면 도망가버립니다. 물론 인간이란 동물도 그런 행동을 하긴 하지만 대부분 그저 몇 마디 나누다가 둘이 같이 어디를 가서 검은 옷 입은 사람 앞에 앉으면 누가 대신 일어나서 얘기도 해주고 하면서 누가 옳은지 그른지를 따집니다. 인간들은 법이라는 것을 만들어 그런 식으로 해결한다고 기록하겠지요.

월슨 교수는 1975년에 출간한 『사회생물학』에서 모든 학문은 생물학일 수밖에 없으며 모든 학문은 생물학으로 귀착한다고 주장했습니다. 왜냐하면 위에서 예를 든 것처럼 외계의 생물학자가 와서 인간을 연구한다면, 법학을 연구해도 그게 어떻게 보면 호모 사피엔스라는 생물 행동의 일부에 해당하고, 경제학을 연구해도 마찬가지입니다. 예술을 해도 그렇고, 모든 학문 분야가 어떻게 보면 이 호모 사피엔스라는 종의 동물행동학의 범위에 포함될 수밖에 없다는 것입니다. 그래서 작게 보면 동물행동학, 크게 보면 생물학이 모든 학문을 포용할 수밖에 없는 시대가 올 것이라고 예언했습니다. 물론 다른 분야의 학자들은 별로 달가워하지 않았지요. 월슨은 1998년에 『통섭』이라는 책을 써서 결국 모든 학문은 자연과학(특히 생물학)을 통해 풀어낼 수밖에 없음을 다시 한 번 강조합니다. 모든 인간사가 종교에서부터 예술·법률·경제 등 모든 것들이 결국은 자연과학적으로 분석이 되지 않는 한 앞으로 큰 발전이 없을 것이

월슨 교수는 종교에서부터
예술, 법률, 경제 등
모든 것들이 결국
자연과학적으로 분석되지
않는 한 앞으로 큰 발전이
없을 것이라고 합니다.
ⓒ Dan Perlman

라는 얘기죠. '컨실리언스Consilience'라는 말은 새로 소개된 어려운 말입니다. 우리말로 하면 '지식의 대통일' 정도로 옮길 수 있을 겁니다. 그래서 저는 '통섭(統攝)'이라고 번역했습니다.

생물학은 기초과학의 한 분야지만 종합적인 성격이 강한 학문입니다. 생명 현상 자체가 너무나 다양하므로 다양한 질문을 던질 수밖에 없고, 그런 다양한 질문에 답하는 학문이기 때문입니다. 그런데 생물학 분야 중에서도 동물행동학은 특히 더 종합적인 성향이 강합니다. 한 방향으로 한 가지 질문만 해서는 그 동물의 행동을 정확하게 이해할 수 없기 때문입니다.

그래서 동물행동학자들은 어떤 동물의 행동에 대해 말할 때 기본적으로 두 가지 질문이 필요하다고 생각합니다. 하나는 '어떻게'라는 질문이고, 또 하나는 '왜'라는 질문인데, 영어로 하면 곧 How와 Why지요. 예를 들어 황로는 겨울이 되면 아름다운 주황색 깃털이 거의 다 빠져 희끗희끗해집니다. 번식기인 여름이 되면 다시 화려한 색을 띠지요. 이걸 바라보면서 동물행동학자는 먼저 '어떻게'

라는 질문을 할 수 있습니다. 도대체 어떻게 해서 그런 일이 일어날까요? 계절이 바뀌어 낮이 길어지기 시작하면 그 자극 때문에 새들의 몸속 호르몬 체계가 변하면서 일어나는 현상입니다. '어떻게'는 이 과정을 묻는 질문입니다. 우리는 이런 질문에 대해 유전학적으로나 생리학적 또는 생화학적으로 많은 연구를 해왔고 상당 부분 그 메커니즘을 찾아냈습니다. 그렇지만 아무리 '어떻게'라는 질문에 답을 해보아도 또 질문이 남습니다. 도대체 '왜' 그런 행동을 하느냐는 겁니다. 왜 할까요? 그냥 그대로 있지, 왜 에너지를 써가면서 겨울에는 깃털을 떨어뜨리고 봄에는 다시 만드는지, 또 동물 암컷은 보통 수컷에 비해 별 볼일 없이 생겼는데 암컷은 왜 이런 작업을 하지 않는지, 수컷들만 이렇게 화장을 하고 치장을 하는 데 시간을 보내고 공을 들이는지? 이런 여러 문제를 왜? 왜? 왜? 하면서 질문해나갈 수 있지요.

Why라는 질문은 어떻게 보면 동물의 행동을 진화의 관점에서 보며 이 생명체가 어떻게 이런 행동을 하게 됐느냐를 묻습니다. 그래서 동물의 행동에 대해서는 How와 Why라는 두 물음이 모두 필요하고, 이 두 물음 모두에 답을 할 수 있어야 완벽하다고 할 수 있지요.

생물학자들은 이런 질문들을 하면서 여러 방법으로 접근하는 수밖에 없습니다. 대체로 '어떻게'라는 질문을 하다 보면 문제가 자연스럽게 좀더 작은 단위로 자꾸 나뉘고 더 세밀히 들어갈 수밖에 없습니다. 그래서 결국은 물리학이나 화학 등 다른 학문의 도움을 받아서 생물리학이나 생화학 등과 같은 메커니즘 쪽으로 접근하게 되지요. 그래서 대개의 경우 '어떻게'라는 것들을 자꾸 생각하다

황로의 깃털은 겨울에는 색이
밋밋했다가 여름이 되면 다시
화려해집니다. 동물행동학은
이런 현상을 보고 '어떻게' 그리고 '왜'
그런 일이 일어나는지를 묻는 학문입니다.
ⓒ Topic photo

보면 환원주의적인 접근 방법을 쓰게 됩니다. 그런데 '왜'라는 질문을 하다 보면 '어떻게'와는 달리 문제를 좀더 종합적인 관점에서 보게 되고, 좀더 진화학적인 관점에서 보게 됩니다. 동물행동학에는 이런 학문적인 특성이 있습니다.

동물행동학은 꽤 오랫동안 발달해온 학문입니다. 동굴 속에 동물 벽화를 그린 먼 조상도 동물의 이동 통로를 관찰하고 그것을 분석하고 이용하였으니 말하자면 모두 동물행동학자들이었습니다. 그러나 그들의 동물행동학과 오늘날의 동물행동학은 굉장한 차이를 보입니다. 왜냐하면 지금의 동물행동학은 자연과학의 일부로서 연구되고 있기 때문입니다.

그렇다면 자연과학적 연구란 무엇이며 어떻게 하는 것인가를 아는 것이 동물행동학이라는 현대 학문을 이해하는 데 도움이 될 것입니다. 이해를 돕기 위해 한 가지 실화를 소개해볼까요. 1982년 미국 아칸소 주에서는 기독교인들이 진화학을 학교에서 강의해서는 안 된다고 주장하는 바람에 그 문제가 법정까지 갔습니다.

당시 아칸소 주 법원의 윌리엄 오버턴William Overton 판사는 이 문제에 대한 판결을 위해 각계의 전문가들에게 과연 자연과학이 무엇이냐를 묻고 법정에서 증언하도록 했습니다. 나중에 이 판사가 판결문을 썼는데, 그 판결문에서 그는 자연과학의 특성을 다섯 가지로 정의했습니다. 그가 내린 자연과학에 대한 정의가 어떻게 보면 자연과학자가 내린 정의보다도 더 간결하면서도 정곡을 찌른 것 같습니다.

그 내용을 살펴보면 다음과 같습니다. 자연과학이 되려면 첫째, '자연법칙에 따라야 한다' 고 말합니다. 자연과학은 인간이 만들어낸 어떤 법규나 종교적인 강령을 따르는 것이 아니라, 자연에 존재하는 자연의 원리를 따라야 한다는 뜻입니다. 맞는 말입니다. 두 번째는 '모든 것을 자연법칙에 따라 설명할 수 있어야 한다'. 두 가지가 어떻게 보면 매우 비슷한 얘기지만 병행되어야 하는 일입니다. 그 다음에 역시 중요한 얘기인데, '실제 세계에서 검증할 수 있어야 한다' 고 했습니다. 검증할 수 없는 것은 자연과학일 수 없다는 것이죠.

예를 들면 모든 것을 하느님이 창조했다는 가설은 검증이 불가능합니다. 하느님이 창조했다는 사실은 다시 해볼 수가 없기 때문입니다. 하느님에게 실험을 하려고 하니 어느 날 좀 와서 다시 한 번 해달라고 부탁하는 것은 불가능합니다. 세상에 기독교 같은 종교들이 있는 것은 너무나 좋고 당연한 일이지만, 검증이 불가능하기 때문에 그것이 창조과학이니 기독교과학이니 해서 과학의 영역에 들어올 수는 없는 것입니다. 네 번째로 그는 자연과학의 특징을 '연구 결과는 언제나 잠정적일 수밖에 없다' 고 했습니다. 새로운 이론이 나오고 새로운 실험 방법이 나오면 바뀔 수 있는 가능성을 언제나 갖고 있어야 그게 자연과학으로서 힘을 얻는다는 말입니다. 마지막 으로 '반박할 수 있어야 한다'는 것입니다. 실험을 어떻게 하느냐, 자료를 어떻게 모으느냐, 가설을 어떻게 세우고 검증하느냐에 따라서 기존의 학설이나 믿음을 반증할 수 있어야 자연과학이라 할 수 있습니다. 이제 정리하면, 자연법칙에 따라 실험적으로 검증할 수 있어야 하고 실험 결과에 따라 반박할 수 있는 여지가 있어야 자연과학이라는 것입니다.

이런 점에서 동물행동학은 자연과학입니다. 자연과학에서 제시하는 법칙에 따라 관찰하고 연구하고 결과를 분석하는 학문이지요. 가끔 동물 영화를 보다 보면 마치 동물의 세계에 대해 모든 것을 다 아는 것처럼 또는 동물심리학자처럼 '저 동물은 지금 이래서 그렇습니다'라고 해설하는 걸 들을 수 있습니다. 전문가들도 아직 잘 모르거나 결론이 나지 않은 내용인데 벌써 모두 결론이 난 것처럼 이야기를 하지요. 결코 올바른 태도가 아닙니다. 앞으로는 우리 모두가 동물의 행동에 대해서뿐만 아니라 매사에 이것이 과학적으로 검증될 수 있는 문제인지, 우리가 실험해볼 수 있는지 없는지 먼저 생각하는 태도를 길러야 하지 않을까요? 그것이 바로 과학 발전의 밑거름임을 저는 믿습니다.

동물행동학은 일상생활에도 많은 도움을 줄 수 있는 학문 분야이긴 하지만, 무엇보다 앞으로 우리 인간이 겪게 될 아주 심각한 문제인 환경 문제를 연구하는 데 가장 기본이 되는 분야 중 하나입니다. 예를 하나 들어볼까요. 영국에는 나비동호인협회가 참 많습니다. 그 사람들은 모여서 나비를 관찰하고 보호하는 일을 하지요. 그런데 주민 대부분이 그 동호회에 가입되어 있어서, 선거철만 되면 그 협회를 찾아가 '나비 보호 법안이 올라오면 난 무조건 찬성하겠소' 하는 얘기를 안 하면 당선될 가망이 별로 없답니다.

영국의 조지 엠즈George Elmes 박사는 오랫동안 개미를 연구한 사람 입니다. 엠즈 박사가 지원받은 연구비 중에는 나비 보호를 명목으로 나온 연구비도 있었습니다. 그가 연구한 나비들은 부전나비들이 었는데, 이 나비들은 개미와 아주 밀접한 관계를 맺고 살아갑니다. 부전나비 애벌레는 개미가 자기 애벌레로 착각하도록 속입니다. 비슷한 화학물질을 분비하고 개미 애벌레처럼 행동하면 개미는 자기 애벌레인 줄 알고 정성껏 보살핍니다. 이렇게 개미굴로 초대받은 부전나비 애벌레는 돌아다니면서 개미알도 먹고, 배가 고프면 일개 미들한테 '나, 배고파요' 하고 개미 애벌레 흉내를 내 개미들이 열심히 먹이를 날라 오게 합니다. 그러다 성충이 되면 개미집을 날아 나오지요. 그럼 또 알을 낳고 그 알에서 애벌레가 나오면 그 동네 개미가 데려다가 키워주는 식으로 둘이 공생을 합니다. 결국 나비를 보호하려면 개미를 보호해야 되는 것입니다. 그래서 영국의 지역 주민들은 나비를 보호하기 위해 개미를 어떻게 보호하면 되느냐 하는 연구를 엠즈 박사에게 10년 이상 의뢰한 것입니다.

당시 심각한 문제는 나비의 수가 매년 크게 줄어드는 것이었습니다. 영국 정부에서는 줄어드는 나비를 보호하기 위해 거금을 들여 나비가 사는 지역을 매입했지요. 그리고 울타리를 쳐 아무도 들어가지 못하게 했습니다. 언뜻 보면 어마어마한 돈을 투자해 대단한 일을 한 것이죠. 환경보호운동 차원에서 보면 큰일을 한 겁니다. 하지만 이상하게도 나비의 숫자는 점점 줄어들었습니다. 그래서 엠즈 박사가 본격적인 연구를 시작했습니다.

엠즈 박사는 개미의 행동과 생태를 연구하여 지극히 간단한 처방을 내릴 수 있었습니다. 그전에는 소나 양들이 보호구역에 들어가 풀을 뜯었는데, 이제 못 들어가게 하니까 풀을 뜯을 동물이 없어 풀이 길게 자라고, 그러자 개미집으로 햇볕이 직접 들어오지 못해 개미집 안에 온도가 내려가 개미들이 제대로 발육하지 못한다는 것입니다. 그러니까 개미들이 자꾸 사라지고, 나비도 함께 사라지더라는 거죠.

따라서 그가 오랜 연구를 거쳐 내린 결론은 너무나 간단했습니다. "울타리는 쳐놓되 소나 양들을 들여 풀을 뜯게 하라." 소나 양들이 들어가 풀을 뜯으면, 소나 양은 먹이를 얻어 좋고 개미집에도 햇살이 따뜻하게 비치니 개미가 자라 나비도 많아지더라는 것입니다. 너무나 간단하게 환경을 파괴하지도 않고 농부들에게도 도움이 되는 방향으로 모든 문제를 해결한 것이죠. 바로 이게 동물행동학자들이 직접적으로 기여할 수 있는 일의 하나입니다.

이런 일은 우리나라에서도 할 수 있습니다. 바로 까치에 관한 연구입니다. 까치는 예부터 길조로 알려진 새죠. 그런데 요즘에는 까치가 아주 수난을 겪고 있습니다. 정전 사고의 주범인 데다 농가에 엄청난 피해를 주기 때문이죠. 그래서 여러 기관을 대표하는 새의 자리에서 쫓아내는가 하면 총으로 쏴서 죽이기까지 합니다. 정전 사고를 유발하여 재정상의 손해를 일으키는 것은 엄연한 사실입니다. 둥지를 틀 만한 데가 많지 않다 보니 자꾸 전봇대에 둥지를 틀고, 둥지를 만들 만한 나뭇가지가 많지 않으니 철사 같은 것으로 둥지를 트는 것입니다. 통계가 정확하진 않지만, 전체 정전 사고의 15

예전과 달리 나무가 많이
사라진 환경에서
까치가 어떻게, 왜 둥지를
만드는지 연구하여
해결책을 찾아내는 것도
동물행동학자들이 현실에
기여하는 방법입니다.
ⓒ 최재천

~30퍼센트가 까치 때문에 일어난다고 합니다. 한전에 문의를 해보면, 돈으로 환산할 수 없다고 합니다. 어떤 때는 사고 한 번에 몇백억 손해를 보기도 한답니다. 엄청난 일이죠. 그래서 한전에서는 매년 거의 30여만 명을 동원해 줄잡아 2만 개 이상의 까치둥지를 털어내는 작업을 한다고 합니다. 400억 정도의 예산을 쓰면서요.

사람들 대부분은 정전 사고 등의 근본적인 원인을 까치가 너무 많아졌기 때문이라고 봅니다. 그러나 이건 전혀 근거가 없는 말입니다. 왜냐하면 예전 자료가 없기 때문에 지금과 비교할 수가 없으니까요. 까치를 연구하는 생태학자로서 그렇게 결론내리는 것은 너무 성급하다고 생각합니다. 어쩌면 까치가 둥지를 틀 수 있는 나무를 우리가 너무 많이 베었기 때문에 어쩔 수 없이 가로수에 둥지를 틀고, 이제는 가로수도 모자라서 전봇대에 트는 것인지도 모릅니다. 아마도 자연의 나무보다 전봇대를 더 좋아할 까치는 이 세상에 없을 겁니다.

예를 들어 까치는 미루나무 같은 걸 참 좋아했는데 지금은 미루나무가 거의 사라졌습니다. 인간이 그런 상황을 만들어놓고 까치가 많아졌다고 생각하는지도 모릅니다. 모든 일이 까치가 많아진 탓이라고만 보는 것은 아주 심각한 문제가 될 수 있습니다. 그래서 제 연구실에서는 1997년부터 까치의 생태를 연구해왔습니다. 옛날에는 까치가 아주 굵은 나무에 둥지를 틀었겠지만, 지금은 나무가 많이 부족해 가는 나무에도 둥지를 틉니다. 흔들흔들 위태롭게 살아가지요. 아무리 관찰 때문이라지만, 나무가 너무 흔들려서 부러질까봐 기어 올라갈 수가 없습니다. 그래서 사다리차를 이용해서 올라가 까치 새끼들에게 여러 표식도 하고 이것을 이용해 연구합니다. 무게도 재고 까치 다리에 고리도 달아주고 날개에 이름표도 달아주고 DNA 조사 등을 위해서 피나 조직을 조금 떼어내는 일도 합니다. 그런 다음에 그 까치가 이름표를 단 채 돌아다니면 망원경으로 어디에서 무슨 일을 하는지 계속 모니터링을 하는 것이죠.

이런 연구를 하는 일환으로 까치가 어디에, 왜, 어떻게 둥지를 만드는지, 둥지를 트는 행동을 연구하고 있습니다. 언젠가는 한전이 겪는 어려움을 해결해줄 수 있지 않을까 하는 희망으로 열심히 연구하고 있지요. 그런데 연구비 사정이 별로 좋지 않습니다. 사다리차 한 번 빌리는 데도 하루에 20~30만 원씩 들어갑니다. 보통 일이 아니지요. 한전에서 까치를 잡는 데 쓰는 돈이 1년에 수백억이라는데, 그것의 10분의 1이나 20분의 1만이라도 제 연구에 투자하면 어떨지…… 하다못해 사다리차라도 좀 빌려주면, 환경친화적으로 까치에게도 좋고 우리에게도 좋은 해결책을 찾아볼 수 있을 텐데요. 이런 일이 계기가 되면 우리도 100~200년 간 지속할 까치에 대한 장기적인 연구를 계획할 수 있을 겁니다.

하지만 돈이 없다고 동물행동연구를 못하는 것은 아닙니다. 그래서 이런 일이 일어나지 않아도 사실은 상관없습니다. 왜냐하면 모든 동물행동학자는 돈이 없어도 그냥 계속 연구를 진행합니다. 왜냐고요? 너무 재미있으니까요. 그냥 호기심 하나만으로도 동물을 연구한다는 것은 너무나 흥미진진합니다. 여러분도 동물 영화를 아주 좋아하지 않나요? 동물을 연구하는 과정은 아주 어렵지만, 그 어려움 속에서도 순간순간 언제나 흥미진진함과 아름다움을 느낍니다.

여러분도 이런 동물의 세계를 탐구하면서 앞에서 말씀드렸듯이 좀더 과학적으로 사고하고 자연에 대하여 많이 알도록 노력하면 좋겠습니다. 알면 사랑하게 됩니다. 여러분 모두 자연을 사랑하는 사람이 되길 바랍니다.

02

동물행동연구의
방법과 역사

텔레비전에 나오는 '동물의 세계'나 동물 영화를 좋아하는 사람들이 많습니다. 심지어 미국에서도 캔사스 주 같은 데에는 큰 목장이 많은데, 그 목장에서 소하고 하루 종일 씨름하고도 저녁 때 해가 뉘엇뉘엇 질 때면 집으로 돌아와 동물 프로그램을 틀어놓고 본답니다. 그 정도로 세계 어느 나라를 막론하고 사람들은 동물이 나오는 프로그램을 좋아합니다. 그것은 아마 우리에게 동물에 대한 애정과 관심이 그만큼 많다는 뜻일 겁니다.

우리나라도 이제는 자연 다큐멘터리를 잘 만듭니다. 그런데 영상 자체는 이제 상당한 수준에 올랐지만, 해설이라든지 과학적인 분석은 아직 세계 수준에 못 미칩니다. 그런 동물 영화를 만들거나 동물

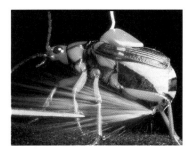

폭탄먼지벌레는 위험이 닥치면 겨우
1~2초라는 아주 짧은 시간 동안에
몸 안에 있는 체액을 100~200도로
급속히 가열하여 뿜어냅니다.

연구를 하는 과정에는 생각보다 어려움이 많습니다. 동물행동학자들이 들로 산으로 동물들을 관찰하러 나갈 때, 보고 싶은 행동을 동물들이 때 맞춰 보여주는 게 아닙니다. 예를 들어 동물의 성생활에 대해 연구한다고 해서, 그들이 기다렸다는 듯이 교미를 하는 것은 아니지요. 그래서 때론 그냥 무작정 기다려야 합니다. 굉장히 '은근과 끈기'가 필요한 학문이지요. 또 동물들이 어디론가 사라질 때가 많습니다. 분명히 작년에는 있었는데, 금년에 가 보면 다 사라져 아주 난감할 때가 있지요.

재미있는 예로, 딱정벌레 가운데 폭탄먼지벌레*Pheropsophus*가 있습니다. 이 딱정벌레는 위험이 닥치면, 곧 누가 자기를 잡아먹으려고 한다든가 공격을 해오면 겨우 1~2초라는 아주 짧은 시간 동안에 몸 안에 있는 체액을 100~200도 정도로 급속히 가열하여 뿜어냅니다. 생쥐 같은 것이 다가오기라도 하면 뜨거운 물세례를 퍼부어 더 이상 다가오지 못하게 하지요. 우리나라에도 삽니다.

여기에 얽힌 재미있는 일화가 하나 있는데요, 찰스 다윈이 어렸을 때 곤충 채집을 무척 좋아했다고 합니다. 어느 날 길을 가다가 아주 신기한 곤충이 있어서 잡았는데, 가다 보니 또 한 마리가 있더랍니다. 그래서 잡았지요. 그런데 가다 보니 또 한 마리가 더 나타나서 잡고 싶은데 양손에 다 곤충을 들었으니 어떻게 할까 그러다 (아마 주머니가 없는 옷이었나 봅니다) 하나를 입에다 넣은 다음 또 잡았답니다. 그런데 입에 넣은 것이 바로 폭탄먼지벌레였습니다. 이

것이 입 안에서 물총을 쏘아 입천장을 온통 데어버렸지요.

물방개를 연구하는 제 동료가 한 사람 있었습니다. 물속에 사는 물방개는 연못 가장자리 모래사장에 알을 낳습니다. 그 알에서 어린 물방개 애벌레가 깨어 나오면 주변에 있던 먼지벌레 어미는 그 물방개 애벌레 몸에 자기 알을 낳습니다. 그러면 알에서 깨어난 먼지벌레 애벌레는 물방개의 살을 파먹으면서 자랍니다. 그 친구는 애리조나의 사막 가장자리에 있는 한 지역에서 그것을 연구

동물행동연구의 어려움을 가장 단적으로 말해주는 예는 제인 구달 박사의 경우입니다. 그녀도 종종 자신이 아프리카에서 침팬지를 연구하던 때의 어려움을 말한 적이 있습니다. 한국을 방문했을 때 제인 구달과 함께.
ⓒ 도진호

했습니다. 그 다음 해에도 이틀 정도 자동차를 몰아 거기에 도착했는데, 가보니까 작년에 그렇게 많던 웅덩이들이 다 없어졌더랍니다. 모기가 너무 많이 나온다고 그곳 시에서 불도저로 모두 메워버렸던 겁니다.

동물행동연구의 어려움을 가장 단적으로 말해주는 예는 제인 구달 박사가 아프리카에서 50년 가까이 수행한 침팬지 연구일 겁니다. 구달 박사는 한국에 와서 자신이 처음 아프리카에서 침팬지를 연구하던 때의 어려움을 말한 적이 있습니다. 젊은 나이에 아프리카 오지에 처음 갔는데, 침팬지는 야생 동물이라 먼발치에서 사람을 슬쩍 보기만 해도 다 도망갔다는 겁니다. 도대체 이래 가지고 무슨 연구를 할 수 있을까? 가까이 갈 수가 있어야 무슨 관찰이든 연

구든 하지 않겠는가? 그러다가 한 6개월쯤 지나서야 아기 침팬지가 다가와서 제인 구달의 손을 만졌는데, 그 어미가 저 뒤쪽에서 바라보면서 그냥 놔두더라는 겁니다. 그때서야 비로소 제인 구달은 침팬지 연구를 시작할 수 있게 된 것이지요. '침팬지들이 이제 나를 받아들이기 시작했구나' 하는 걸 알았답니다.

많은 경우 동물에 가까이 다가갈 수도 없고, 또 그들이 언제나 있다는 보장도 없고, 그런 오지에서 살기도 그다지 쉽지 않습니다. 끔찍한 경험을 하나 얘기해보지요. 지금은 미국 스미소니언 연구소에서 거미 분과장으로 있는 존 카딩턴John Coddington이라는 거미학자가 있습니다. 이 사람은 주로 거미를 분류하는 연구를 합니다. 거미들이 거미줄 치는 과정을 일일이 지켜보면서 아주 가까운 근연종의 거미들이라도 거미줄을 치는 방법이 서로 다르다는 걸 알아냈습니다. 그래서 그런 관찰을 바탕으로 종을 분류했습니다. 지금은 그냥 비디오카메라 하나 가져다 설치해놓고 있으면 됩니다. 설치만 해놓고 나중에 비디오테이프를 다시 돌려보거나 아니면 컴퓨터에 연결만 하면 컴퓨터가 분석을 해주는 시절이 되었지만, 우리가 열대를 드나들던 그 시절에는 그런 게 쉽지 않았지요.

거미가 거미줄 치는 것을 관찰하려면 엄청난 노력이 필요했지요. 게다가 이 친구가 연구한 거미들은 냇물의 바로 위에다 발처럼 생긴 거미줄을 쳤습니다. 그래서 이것을 관찰하려고 아예 냇물에 들어가 앉았습니다. 냇물에 앉아서 종이를 들고 거미가 움직이는 것에 따라 그림을 그리고 시간을 쟀지요. 그러자니 어떤 때는 일고여덟 시간을 물속에 앉아 있어야 했습니다. 그렇지 않아도 열대는 습기가 많고 조심하지 않으면 곰팡이 때문에 아주 고생합니다. 이 친구는 아예 물속에 앉아서 늘 생활하다 보니까 결국 온몸에 곰팡이가 슬어 돌아온 겁니다. 하버드대학교에 곰팡이 분류의 세계적인 권위자인 도널드 피스터Donald Pfister 교수가 있는데, 그 분은 현미경으로 들여다보지 않고도 그 친구 몸에서 곰팡이 다섯 종을 찾아냈지요.

행동을 연구하는 데 또 하나 아주 어려운 점이 있습니다. 도대체 인간을 비롯해 동물들이 어떻게 해서 이런 행동을 하게끔 진화했느냐 하는 점입니다. 행동 진화의 역사를 뒤지는 일은 매우 어려운 작업입니다. 생물의 진화를 연구하는 데에는 화석의 도움이 절대적입니다. 풍부하지는 않을지라도 화석을 찾아서 형태를 관찰해보면 진화가 어떻게 이루어졌는지 알 수 있는데, 행동에는 화석이 없습니다. 행동은 화석으로 남지 않습니다. 옛날에는 과연 어떻게 춤을 췄을까요? 그 춤이 화석으로 남아 있으면 좋겠지만, 그런 경우는 극히 드뭅니다.

동물 행동을 연구하기 위한 좋은 화석으로 몇 년 전에 중국의 고비사막에서 발견된 공룡 화석이 하나 있습니다. 우리는 공룡이 새와 굉장히 가깝다고 믿기 때문에 새들이 둥지를 틀어 자식을 보호하는 것처럼 공룡도 분명히 자식을 보호했을 거라고 믿었습니다. 그러나 확증이 없었지요. 그런데 이 공룡 화석은 알을 품고 있는 형태 그대로 발견된 것입니다. 골리마이머스Gallimimus 계통의 공룡인데, 사진에서 보는 대로 알을 품은 행태와 자식을 보호한다는 행동을 보인다는 걸 알 수 있었습니다. 하지만 이런 화석은 거의 없습니다. 그래서 동물행동학자는 진화를 연구하는 데 더 큰 어려움을 겪는 것입니다. 현존하는 동물들의 행동을 보면서 그들간의 연관 관계를 찾아가며 예전에는 어떠했을 것이라고 유추할 뿐입니다.

동물행동학이 학문으로 발달하게 된 것은 찰스 다윈부터입니다. 다윈 이전에도 물론 동물의 행동을 관찰한 많은 이들이 있었지만, 동물의 행동을 분석할 수 있는 사고 체계를 수립한 사람이 바로 찰스 다윈입니다. 그러므로 다윈에게서 동물행동학이 다시 태어났다고 해도 과언이 아닙니다. 현대적인 감각의 동물행동학이 다윈에게서 시작했다고 보면 됩니다.

그렇지만 동물행동학이 자연과학의 한 분야로 당당하게 서게 된 것은 1950년대에 들어서입니다. 그 당시 동물행동학의 역사를 일군 동물행동학의 아버지라고 불리는 세 학자가 있습니다.

한 사람은 네덜란드 출신으로 영국 옥스퍼드대학교에서 오랫동안 제자를 양성한 니코 틴버겐Nikolaas Tinbergen입니다. 꽤 자상하고 좋은 제자를 많이 기른 학자로 유명하며 갈매기류, 어류, 곤충 등을 주로 연구했습니다. 그 다음은 굉장히 다혈질에다가 무척 재미있는 분입니다. 원래 오스트리아 사람인데 독일에서 많이 연구했고, 유명한 막스 프랑크 연구소의 기초를 닦았던 콘라트 로렌츠Konrad Lorenz입니다. 이 사람은 이른바 각인 행동을 처음으로 밝혀낸 학자입니다. 거위들이 로렌츠를 어미로 생각하고 따라다녔지요. 그리고 마지막 한 명은 카를 폰 프리쉬Karl von Frisch입니다. 역시 오스트리아 출신인데 독일 뮌헨대학에서 교편을 잡고 후진을 양성하였습니다. 이 사람이 바로 꿀벌의 춤 언어를 혼자서 발견해냈는데, 벌통에서 윙윙거리는 벌들을 보고 누군가는 얘기를 하고 다른 벌들이 그 얘기를 알아듣는다는 걸 찾아낸 것입니다. 그래서 관찰력에 관한 한 제일의 대가였다고 우리는 칭송을 합니다. 보통 사람으로서는 상상이

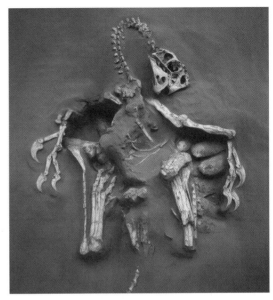

화석은 동물의 진화를 연구하는 데 아주 좋은 자료입니다. 알을 품고 있는 골리마이머스 화석은 공룡도 자식을 보호했으리라는 추정에 대한 결정적인 증거를 제공했습니다.
ⓒ Topic photo

안 가는 발견을 해낸 것이니까요. 이 세 명이 이른바 동물행동학의 원조격인 '행태학Ethology'을 처음 시작한 사람들입니다. 이들은 1973년 스웨덴 한림원에서 공동으로 노벨상을 수상했습니다. 노벨 의학 및 생리학 분야였는데, 이것은 거의 대부분 분자생물학을 하는 사람들이 받습니다. 행동학을 하는 사람들이 받은 것으론 유일하죠. 스웨덴 한림원에서 밝힌 시상 이유는 이들이 행동학 연구를 통해 행동의 생리학적 바탕을 밝혀냈다는 것입니다. 어쨌든 동물행동학이라는 학문이 이 노벨상 수상과 더불어 대접을 받게 된 것은 사실이지요.

이들이 시작한 행태학이라는 학문은 그 전에 동물 행동을 연구하던 학문과 근본적으로 차이가 있었습니다. 이들은 동물의 행동을 동물이 살고 있는 환경 그대로에서 관찰하고 실험해야 한다는 걸 아주 적극적으로 주장했습니다. 실례로, 당시 독일에는 유명한 시

동물행동학의 아버지라 불리는
틴버겐(위)과 로렌츠(아래)는 동물의
행동을 동물이 사는 환경 그대로에서
관찰하고 실험해야 한다고
주장했습니다.

각생리학자 카를 폰 헤스Carl von Hess라는 사람이 있었는데, 어느 날 "꿀벌은 색맹이다"라는 내용의 논문을 냈습니다. 실험으로 입증된 결과였고, 또 폰 헤스는 당시 독일 학계의 거물이어서 그 주장을 당연히 받아들이는 분위기였지요. 그런데 그때 대학원생이었던 폰 프리쉬가 이를 반박한 것입니다. 꿀벌이 색맹이라면, 왜 꽃들이 색깔을 띠겠는가? 꿀벌이 색맹이라면, 꽃이 아름다운 색깔을 갖도록 진화했을 이유가 없다는 겁니다. 꽃이 만발한 들판을 상상해보지요. 예를 들어 노란 꽃에 날아온 벌이 그 노란색을 기억하지 못한다면, 노란 꽃의 꽃가루를 가지고는 색이 전혀 다른 꽃으로 가버릴 수 있습니다. 노란 꽃의 꽃가루를 엉뚱한 식물에다 옮기는 것이지요. 이런 식이면 꽃의 입장에서 보면 완전히 손해입니다. 그래서 꽃들이 벌들로 하여금 자기를 기억할 수 있게끔 색을 만들어놨는데, 벌이 색을 구별하지 못하는 일이 있을 수 있을까요?

폰 헤스의 실험은 다음과 같았습니다. 상자 안에 벌을 한 마리 집어넣습니다. 그리고 상자 양쪽에 구멍을 낸 다음, 한쪽에는 노란 불빛을 비춰주고 다른 쪽 구멍에는 파란 빛을 비춰줍니다. 그렇게 해서 벌이 어느 쪽으로 나오는지 조사해보니까 노란색이나 파란색이나 별 차이가 없더라는 것입니다. 그 다음에는 노란색 빛을 파란색 빛보다 더 세게 비춰줍니다. 빛의 강도를 더 높이는 것이지요. 노란색 빛을 세게 비춰줬더니 대부분이 노란색을 찾아 나오고, 또 반대로 파란색 빛을 더 높여주니까 파란색 쪽으로 나오더라는 것입니다. 그래서 폰 헤스는 색깔이 중요한 것이 아니라 빛의 강도가 중요한 것이라는 결론을 내린 겁니다.

폰 프리쉬의 생각은 달랐습니다. 폰 헤스의 실험 과정이 잘못되었다는 것입니다. 상자 안에 갇힌 벌이 꿀을 찾아갈 생각을 하겠느냐는 것입니다. 그 상황에서 벌은 탈출할 생각이 먼저 들 수밖에 없습니다. 그래서 외부 세계와 가장 가까운 곳, 즉 가장 강한 빛이 비치는 곳을 찾아 빠져나가려 한 것이죠. 이

틴버겐, 로렌츠와 함께 역시 동물행동학의 아버지로 불리는 폰 프리쉬는 꿀벌의 춤 언어를 발견해냈습니다.

렇게 탈출할 궁리를 하는 그 상황에서 "네가 색을 구별할 수 있는지 없는지 보여달라"고 해봐야 아무 소용이 없습니다. 폰 프리쉬는 이런 실험은 기본적으로 야외에서 해야 한다고 생각했습니다. 그는 야외에 판을 만들어놓고 벌들이 찾아오게 했습니다. 그리고 물을 담아놓은 그릇들을 늘어놓고 그 밑에 색종이들을 깔아놓고는 그 중에 하나만 파란색으로 해놓았습니다. 그리고 파란색 위에 놓은 접시에만 설탕물을 담았습니다. 벌들이 파란색 접시에 설탕물이 있다는 것을 학습하게 한 후, 파란색 종이를 다른 접시 밑으로 옮겨놓고, 과연 이 벌들이 파란색을 기억하고 설탕물을 찾아올 것인지를 실험했습니다. 설탕물이든 아니든 물의 색깔은 차이가 없습니다.

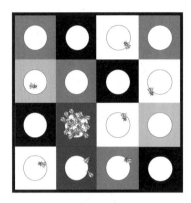

폰 프리쉬의 접시 실험은 자연 상태에서
동물을 관찰하고 실험해야 동물의
행동을 명확히 이해할 수 있다는
동물행동학 전통의 출발점이 되었습니다.

실험 결과, 벌은 역시 설탕물이 있는 줄 알고 파란색을 찾아왔습니다.

폰 프리쉬는 이 실험 결과로 논문을 발표했습니다. 이때 더욱 흥미 있는 일이 벌어집니다. 이십대 후반의 이 젊은 학자는 폰 헤스 박사가 참석한 학회에서 논문을 발표할 준비를 하였습니다. 학회가 열리는 지역에 3~4일 전에 미리 가서 야외에서 벌들을 훈련시켜놓았습니다. 그리고 학회가 개최되자 15분 정도 발표한 뒤, 야외에서 시범을 보이기 위해 학회 참석자들을 데리고 밖으로 나갔습니다. 그런데 공교롭게도 폰 프리쉬가 미리 벌들에게 훈련시킨 색깔이 파란색이었는데, 학회 참석자들의 이름표 색깔도 파란색이었습니다. 야외에 나가자마자 벌들이 이름표에 들러붙기 시작했지요. 결국 그는 실험을 해보일 필요도 없이 그냥 판정승을 거두게 되었습니다. 폰 프리쉬의 실험은 자연 상태에서, 그 동물이 하고 싶은 행동을 그대로 할 수 있는 상황에서 동물의 행동을 연구하지 않는 한 그 동물의 행동을 명확히 이해할 수 없다는 점을 말해줍니다. 그래서 동물행동학의 전통이 시작된 것이지요.

그렇지만 대서양을 가운데 두고 미국 대륙에서는 전혀 다른 형태의 동물행동학이 발달합니다. 하버드대학교에 오랫동안 몸담고 있었던 그 유명한 스키너B. F. Skinner 박사가 대표 격입니다. 이른바 스키너 박스를 만들어 그 안에서 동물 실험을 한 사람으로 잘 알려져 있지요.

스키너 박스는 동물원 우리처럼 육면체로 생겼는데, 이 안에 다른 것은 아무것도 넣어주지 않고, 실험동물만 넣은 다음 행동을 관찰합니다. 예를 들면 쥐가 막 돌아다니다가 배가 고프면 벽을 긁고 소동을 피웁니다. 그러다가 어느 순간 미리 설치된 단추를 거의 실수로 꾹 누르자, 음식물 한 조각이 또르르 떨어져 나옵니다. 머리가 기가 막히게 좋은 쥐라면 그 원리를 금방 이해하겠지만, 대부분의 쥐들은 잘 이해하지 못한 채 실수를 거듭합니다. 그러다 드디어 '이거 봐라, 저것을 누르기만 하면 뭐가 나온다'는 생각을 하게 되지요. 그래서 그 다음부터는 계속 버튼을 눌러 먹이를 찾아 먹는 행동을 합니다.

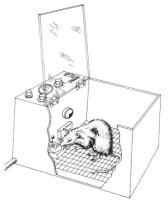

스키너는 동물의 행동을 자극과 반응, 경험과 학습의 관계에서 파악했습니다. 반복된 경험을 제공하는 스키너 박스 실험은 동물의 행동이 학습과 같은 환경에 의해 결정된다는 주장을 뒷받침합니다.

이들은 동물의 행동을 주로 자극과 반응의 관계에서 파악하고자 했고, 동물의 경험과 학습에 관련된 실험을 주로 많이 했습니다. 이 연구들은 대부분 실험실에서 이루어졌고, 생리학과 심리학적 연구에 많이 이용되었으며, 특히 학습의 중요성을 강조하고 있습니다.

두 학파의 연구가 진행되면서 유럽에서는 이런 학파, 미국에서는 저런 학파들이 계속 나오다가 앞서 말씀드린 대로 1973년에 세 사람이 노벨상을 수상하면서 큰 반향을 일으켰고, 1975년에는 하버드대학의 윌슨 교수가 이 모두를 진화생물학의 이론 체계 아래 묶어서 집대성한 『사회생물학』을 내면서 사회생물학이라는 학문이 등장하게 되었습니다.

지금은 대체로 정리가 된 논쟁이긴 하지만, 한때 동물의 행동은 유전자 수준에서 프로그램되어 있다는 유럽을 중심으로 한 주장과 동물의 행동은 주로 학습과 같은 환경 요인에 의해 결정되는 것이라는 미국을 중심으로 한 주장 사이에 거대한 논쟁이 벌어졌습니다. 이른바 유전nature이냐 환경nurture이냐, 본성이냐 양육이냐 하는 논쟁이지요.

어쨌든 학계에서 대서양을 사이에 두고 벌어진 이 엄청난 논쟁이 우리나라에서는 아직도 계속되고 있습니다만, 동물행동학계에서는 이제 더 이상 논쟁거리가 되지 않습니다. 구태여 판정을 내린다면 유전자 쪽의 손을 들어줍니다. 왜냐하면 유전자에 그려져 있지 않은 행동이 나타날 수는 없기 때문입니다. 유전자에 들어 있는 행동 범주 내에서 학습이나 경험을 통해 행동을 다듬어갈 수 있는 것입니다. 인간은 어느 날 갑자기 날고 싶다고 해서 날 수 있는 동물이 아닙니다. 왜냐하면 인간의 유전자 속에는 날개를 만들어주는 프로그램이 없기 때문입니다. 지금은 물려받은 것이냐 만들어지는 것이냐와 같이 이 문제를 선택의 문제로 보지 않습니다. 유전자의 영향을 많이 받은 행동에서부터 주로 학습에 의해서 만들어지는 행동까지 일직선상에 놓습니다. 그래서 하나의 선상에서 모든 행동을 적절한 위치에 갖다 놓을 수 있습니다. 우리의 행동은 열린 프로그램에서 닫힌 프로그램까지 펼쳐져 있는 것이지요.

이제는 유전과 환경을 이분법적으로 나누는 것이 아니라, 일단 유전자가 기본이며 그것이 환경의 영향을 받아 다른 유형의 행동으로 변화된 것이라고 봅니다. 우리 정신세계와 몸속에는 언제나 이 두 가지가 씨름하고 있다고 봐도 과언이 아닙니다. 우리에게 주어진 유전적인 성향은 성향대로 있는 것이고, 그 성향을 환경이 어떻게 조절하면서 만들어주느냐 하는 것이 바로 궁극적으로는 우리가 어떤 행동을 나타내는지 보여준다는 것입니다.

1970년대 후반과 1980년대에 들어서면서 본격적으로 찰스 다윈이 얘기했던 자연선택론의 메커니즘에 대한 연구가 진행되고, 그 이론에 입각해서 야외든 실험실 내에서든 동물의 행동을 재분석하는 작업이 일어났습니다. 이 분야를 학문적으로는 행동생태학이라고 부르는데, 기존의 학문들과 조금 달랐습니다. 행동생태학은 동물이 사는 서식지와 그 환경 그대로에서 그들을 관찰하고 실험하고자 하는 행태학의 전통을 따르면서, 필요하면 분자생물학이나 물리화학 또는 수학적인 모델링을 통해서 행동의 본질을 찾습니다. 비용 편익 분석cost-benefit analysis을 통해 행동의 진화를 재구성합니다. 자연선택론으로 재무장한 학자들이 야외든 실험실이든 뛰어들어 동물행동학을 다시 한 번 뒤바꿔보고자 시도를 했지요. 그 결과 1980년대와 1990년대를 거치며 이 분야는 엄청난 발전을 이루게 됩니다.

03

▼

진화와
자연선택

지금까지 동물행동학의 역사와 방법, 연구의 어려움 등에 대해 살펴보면서 동물행동학, 특히 현대 동물행동학은 다윈의 이론으로 재무장한 학문이라고 강조했지요. 그런데 동물행동학을 이해하려면 먼저 진화생물학의 개념을 명확히 알아야 합니다. 사람들은 '진화'라는 말을 자주 쓰지만 진화생물학에서 말하는 진화론이 정확히 무엇인지는 잘 모르는 것 같습니다. '진화론' 하면 그저 '동물원에 있는 침팬지가 우리 할아버지래' 정도로 생각하는 사람들도 꽤 많지요. 게다가 '진화' 하면 무조건 다윈만 떠올리는데, 그가 진화 현상을 처음 발견한 사람은 아닙니다. 인류는 이미 오래전부터 생물이 진화한다는 사실을 알고 있었습니다.

진화에 대한 논의는 멀리 고대까지 거슬러올라갑니다. 우리에게 잘 알려진 화석 중에 시조새 화석이 있지요. 시조새는 공룡이나 그와 비슷한 파충류에서 새로 진화하는 과정에 놓인 동물입니다. 우리는 화석을 통해 시조새처럼 예전에 살다가 자취를 감춘 동물의 흔적을 엿볼 수 있습니다. 그리스의 철학자 아리스토텔레스도 이런 사실을 알고 있었습니다. 지금은 존재하지 않지만 예전에 살았던 생물이 죽어서 남긴 흔적이 화석이라고 그는 그 옛날 이미 알고 있었습니다. 다윈은 진화를 설명하는 가장 훌륭한 메커니즘을 우리에게 알려준 사람입니다.

사람들은 한 종이 다른 종으로 변하는 것을 진화라고 생각합니다. 침팬지가 오랜 세월 변화 과정을 거치면서 인간이 된 것이 그 대표적인 예라고 잘못 생각하기도 하지요. 사실 다윈의 주장은 그런 것이 아닙니다. 침팬지의 조상을 거슬러올라가다 보면 언젠가 인간의 조상과 만난다는 것이 다윈의 설명입니다. 침팬지와 인간이 과거 어느 땐가 같은 조상을 갖고 있었다는 거지요. 이렇듯 한 종에서 다른 종으로 넘어가는 변화를 대진화macroevolution라고 합니다.

진화에는 이런 대진화만 있는 것이 아닙니다. 오랜 세월에 걸쳐 조금씩 변해가는 것도 진화입니다. 진화생물학자들이 말하는 진화는 주로 각 개체의 유전체genome 속에 있는 독특한 유전자들을 모두 모은 유전자군gene pool에서 특정한 유전자의 빈도가 변하는 것을 말합니다. 어떤 유전자가 이번 세대에는 특별히 많았는데 무슨 까닭인지 다음 세대에는 조금 줄어들고 그 대신 다른 유전자가 득세하는 변화가 바로 늘 벌어지고 있는 진화입니다. 이런 진화를 소진화microevolution라고 부릅니다.

시조새처럼 예전에 살다가
자취를 감춘 동물의 화석은
진화에 대한 가장 확실한
증거가 될 수 있습니다.

소진화의 예를 자연계에서 한번 찾아보지요. 영국에 사는 나방 중에 흔히 얼룩나방peppered moth이라고 부르는 나방이 있습니다. 산업혁명 시절의 얘기인데요, 산업화가 활발히 진행되면서 공장이 늘어나 매연이 심해졌지요. 환경이 오염되기 전에는 나무에 지의류가 많이 붙어살아서 희끗희끗한 나무에 이 나방이 앉아 있으면 눈에 잘 띄지 않았습니다. 나무껍질 색에 묻히는 보호색을 띠고 있었기 때문입니다. 그래서 새를 비롯한 포식동물로부터 안전하게 몸을 보호할 수 있었지요. 그런데 매연 때문에 지의류가 다 죽어버리고 나무껍질이 검댕으로 얼룩지기 시작했습니다. 공기오염으로 주위 환경이 변한 것이지요. 그러자 같은 종이면서 검은 빛깔을 띤 나방 품종들이 늘어나기 시작했습니다. 오염이 되기 전에도 어두운 색을 띠는 나방들이 있긴 했지만, 얼룩무늬를 지닌 것들보다 살아가기가 힘들었을 겁니다. 왜냐하면 눈에 더 잘 띄어 쉽게 새들의 표적이 되었을 테니까요. 그런데 나무껍질이 검게 변하자 반대 상황이 벌어

매연으로 환경이 변하자 눈에 잘 띄지 않는 검은 나방이 더 많아진 얼룩나방의 경우는 자연 환경에 적응을 잘한 개체가 살아남아 번식을 하여 개체 수가 많아진 소진화의 대표적인 예입니다.

진 것입니다. 이번에는 포식동물의 눈에 잘 띄지 않는 검은 나방이 살아남기에 더 유리한 세상이 된 거지요.

이런 결과를 뒷받침해주는 증거를 박물관 표본실에서 찾아볼 수 있었습니다. 산업혁명이 일어나기 전에는 얼룩무늬 나방의 표본이 주류를 이루었지만, 그 뒤에는 어두운 색 나방이 더 많아졌습니다. 빈도가 높은 나방이 곤충학자들에게 더 많이 잡혔기 때문이지요. 야외 실험에서도 같은 결과를 얻을 수 있었습니다. 나방을 채집해 오염된 지역과 그렇지 않은 지역에 풀어주고 일정한 시간이 흐른 뒤에 다시 채집해 보았더니 오염이 심한 지역에서는 검은 나방들이 많이 잡혔고, 오염이 덜한 지역에서는 얼룩무늬 나방들이 많이 잡혔습니다. 다윈의 자연선택론을 야외에서 입증한 최초의 실험이었습니다.

이렇게 자연 환경에 적응을 더 잘한 개체는 살아남아 번식을 하고, 후대로 갈수록 그 개체의 특성을 가진 개체들이 더 많이 생겨납니다. 이것이 바로 위에서 얘기한 소진화의 예입니다. 전 세대에는 분명히 얼룩무늬를 띠게 하는 유전자를 가진 종류가 많았는데, 상황이 변해 불리해지자 그런 유전자를 가진 개체들이 사라집니다. 그래서 그런 유전자도 함께 사라져버리고 다음 세대에는 검은빛 날개를 만들어주는 유전자가 많아진 것입니다. 이것이 바로 진화입니다. 유전자들의 상대빈도가 변한 것이죠. 만일 영국에서 산업

혁명의 속도를 늦추지 않았다면 더 많은 나무들이 검게 변했을 테고, 그런 상태로 오랜 세월이 흘렀다면 어쩌면 얼룩무늬 나방들은 완전히 사라졌을지도 모릅니다. 그런 변화가 오래 축적되다 보면 언젠가 얼룩나방은 전혀 다른 검정나방으로 변할지도 모르지요. 소진화가 되풀이되다 보면 언젠가는 대진화로 이어질 수 있습니다. 이 변화를 주도하는 메커니즘이 바로 자연선택natural selection입니다.

자연선택에는 대체로 세 가지 형태가 있습니다. 어느 종이나 대체로 평균적인 특성을 가진 개체들이 가장 많고 독특한 것들은 좀 적은 편입니다. 그래서 생물종의 형질 분포를 통계적으로 도식화하면 종 모양의 정규분포를 보이지요. 대개는 너무 튀지 않는 개체들이 유리합니다. 그런 상황에서는 시간이 흐를수록 평균에 가까운 개체들이 더 많이 번식하여 평균으로 더 수렴하는 현상을 보입니다.

다음은 영국의 얼룩나방처럼 빈도가 높았던 것들이 생존하기에 불리해지면서 그 수가 줄어들고 대신 빈도가 낮았던 것들이 많아지면서 세대를 거듭할수록 평균이 움직이는 경우입니다. 세월이 많이 흘러 원래 평균에서 아주 멀어지면 원래 종과 완전히 다른 종으로 변할 수도 있지요.

또 다른 형태로 평균인 개체들이 너무 평범할 때 오히려 튀어야 유리한 경우도 있습니다. 이럴 때는 평균에 속하는 개체들이 자꾸 줄어들고 양쪽 극단에 있는 것들이 생존하기에 유리해지는데, 어느 순간 한 종이 두 종으로 갈라질 수도 있습니다.

사람들은 흔히 오랜 세월을 거쳐 이루어지는 대진화만을 생각하기 쉽습니다. 그런데 진화를 유전자의 빈도 변화로 정의하면 진화는 우리 주변에서 늘 일어나고 있는 일입니다. 진화는 우리가 흔히 생각하는 것처럼 침팬지가 사람이 되거나 코끼리가 어느 날 코뿔소가 되는 종 수준의 변화만을 의미하는 것이 아닙니다. 생물종의 특성이 항상 변화하고 있는 과정을 통틀어 진화라고 합니다.

바로 이러한 진화의 메커니즘을 제공해준 사람이 다윈입니다. 다윈은 부유한 집안에서 태어나 부모에게 받은 유산을 가지고 특별한 직업도 없이 평생 연구만 한 사람입니다. 다윈의 할아버지인 에라스무스 다윈Erasmus Darwin은 의사이면서 진화론도 연구한 생물학자였습니다.

1831년 당시 스물여섯의 청년 다윈에게 기가 막힌 기회가 찾아옵니다. 당시는 영국이 대영제국으로 발돋움하며 전 세계로 항해를 시작하던 때였습니다. 항해를 하며 수집한 동식물과 각 지역의 유품들로 자연사박물관을 만들던 시절이었지요. 그 시절 선장들은 자연학자를 항해에 데리고 다니길 좋아했습니다. 새로운 지역에서 유물을 채집하고 그곳 풍물이나 자연 환경을 알아야 했기 때문입니다.

다윈은 케임브리지 대학에서 알게 된 존 헨슬로John Stevens Henslow 교수의 추천과 외삼촌의 도움으로 영국 해군 측량선인 '비글'을 타고 5년간의 세계일주 길에 오릅니다. 영국을 출발해 대서양을 가로질러 남아메리카를 돌아서 그 유명한 갈라파고스 제도를 거쳐, 남태평양의 섬들과 오스트레일리아, 그리고 인도양을 거쳐 희망봉, 이어서 브라질로 갔다가 영국으로 돌아오는 대장정이었습니다.

다윈은 항해 내내 가는 곳마다 그곳에 서식하는 동식물들이 모두 다르다는 놀라운 사실을 발견합니다. 1836년 영국으로 돌아온 다윈은 곧바로 그가 보고 경험했던 모든 것을 정리하는 작업에 착수합니다. 그런데 다윈에겐 여행에 나서기 전부터 염두에 둔 일이 있

호박벌을 먹고 침에 쏘여 크게 당한 두꺼비는 다시는 그 비슷하게 생긴 곤충을 건드리지 않습니다. 이렇듯 단순한 동물도 경험을 통해 배울 수 있으며 그걸 기억할 수 있습니다.

까만 줄무늬만 있으면 건드리지도 않습니다. 경험에서 배운 것이지요.

20여 년 전만 해도 동물행동학자가 학회에 가서 '동물도 배운다'고 말하면 사람들에게 비웃음을 샀습니다. 배울 수 있는 동물은 인간밖에 없다고 믿었던 것이죠. 그러나 지금은 아주 단순한 동물도 배울 수 있고 배운 것을 기억하는 능력이 있다는 사실이 많이 밝혀졌습니다. 플라나리아는 물속에서 기어다니며 사는 아주 작은 편형동물인데, 전기 자극을 살짝 주면 그 자극을 피하느라고 반대 방향으로 움직입니다. 두어 번 그렇게 하면 그 다음엔 전기 자극을 주지 않아도 그 자리에 오면 알아서 반대쪽으로 휙 돌아서 갑니다. 누군가 또 찌를 거라고 으레 예상하는 것이죠. 그 작은 동물의 뇌는 그

제왕나비는 미국 동북부에
살다가 날씨가 추워지기
시작하면 멕시코 고산 지대로
날아가 겨울을 납니다.
ⓒ Dan Perlman

야말로 좁쌀알의 100분의 1도 안 될 텐데도 그런 경험에서 얻은 정
보를 어딘가에 저장했다가 그때그때 꺼내서 쓴다는 것입니다.

또 하나 예를 들어볼까요. 미국에는 우리나라의 호랑나비랑 비슷
하게 생긴 제왕나비monarch butterfly라는 나비가 있습니다. 미국에 굉
장히 흔하게 분포하지만 날씨가 추워지기 시작하면 미국을 떠나 멕
시코 고산 지대에서 겨울을 납니다. 미국 동북부에 살다가 멕시코
까지 날아가는 대장정을 해마다 감행하는 겁니다. 제왕나비의 이동
에 대해 연구해온 링컨 브라우어Lincoln Brower 교수는 비행기를 타고
이 나비들의 행로를 직접 추적하기도 했습니다. 함께 날아가면서
그 모습을 필름에 담았는데, 철새들이 날아가는 것과도 같습니다.
마치 〈아름다운 비행〉이라는 영화의 한 장면과 같은 거지요. 제왕
나비는 새에 비해 아주 작은 동물임에도 불구하고 그 먼 길을 다 같
이 날아갑니다. 물론 중간에 많은 개체가 죽기도 하지만, 멕시코 고
산 지대에 도착해 큰 나무에 들러붙어 함께 겨울을 납니다. 거기서
번식을 하여 그 다음 해 봄이 되면, 대장정을 버텨낸 어미 세대는

제왕나비와 그 애벌레는
박주가리를 먹고 그 독성
물질을 몸에 축적합니다.
눈에 띄는 밝은 색으로
치장하는 '자신감'은
여기에서 비롯합니다.

모두 죽고 그 자식들이 다시 미국으로 돌아옵니다.

참 불가사의한 것은 어떻게 부모 세대가 살던 동네로 돌아오느냐 하는 것이지요. 부모가 너는 고향이 보스턴이니 그리로 꼭 돌아가라고 유언을 남긴다든지, 보스턴을 찾아가는 지도를 전해줄 리도 없을 텐데요. 아무것도 받은 것이 없는데 같은 장소로 돌아옵니다. 물론 새들도 이런 일을 하지만, 새에 비하면 정말 작은 나비가 어떻게 그리하는지 참 신기하기만 합니다.

미국에 돌아오면 어린 제왕나비는 박주가리milkweed라는 식물에 알을 낳고 번식을 시작합니다. 그런데 이 식물은 사람도 잘못 먹으면 심장마비를 일으켜서 죽을 수 있는 강력한 물질cardiac glycoside을 분비합니다. 해당강심제의 일종으로 심장을 멎게 하는 화학 물질입니다. 이 식물은 곤충들에게 먹히지 않기 위해 이런 극약을 만들어내는 방향으로 진화한 것입니다. 그런데 제왕나비는 그것을 먹습니다. 독성 물질을 몸에서 해독하는 방법을 진화의 역사를 통해서 터득한 것이죠. 제왕나비 애벌레는 박주가리 이파리를 먹으며 흡수한 독성 물질을 몸에 축적합니다. 그런데 문제는 이 애벌레가 그냥 보통 칙칙한 색깔을 띠는 게 아니라 기가 막히게 밝은 색으로 자기를 치장한다는 것입니다. 일종의 광고를 하는 것이죠. 세상을 향해 '나 여기 있습니다' 하고 알립니다. 제왕나비 애벌레는 왜 이렇게 광고를 하는 것일까요? 다 이유가 있지요.

제왕나비가 많이 사는 미국 동부에는 푸른어치blue jay라는 새가 삽니다. 이 새는 우리나라의 어치나 까치에 가깝습니다. 갓 세상에 나온 어린 푸른어치는 장차 뭘 먹고 살아야 되는지 배우기 시작합니다. 어린 새가 제왕나비를 한 마리 잡아 발로 누른 채 날개를 떼어낸 다음 몸통을 삼킵니다. 그런데 먹고 조금 지나니까 머리깃털이 쭈뼛 섭니다. 몸속에서 뭔가 좋지 않은 반응이 일어나는 것이죠. 그러다 웩하고 게워내고 맙니다. 제왕나비의 애벌레 몸속에 있던 해당강심제 때문입니다. 그래도 빨리 뱉어냈으니 망정이지 그러지 않았으면 목숨을 잃었을 수도 있습니다. 그런 일이 있고 나서 그 새는 평생 제왕나비를 건드리지도 않습니다. 비슷하게 생긴 나비 근처에도 가지 않지요. 단 한 번의 경험이면 평생을 기억하기에 충분합니다. 이런 식으로 동물들은 나름대로 자기 방어 전략을 세우고 또 과연 내가 무엇을 먹고 무엇을 먹을 수 없는지를 익히면서 세상을 살아가게 됩니다.

동물들이 배워가는 과정을 실험한 예가 있습니다. 바다 속 달팽이로 '군소sea hare'라는 동물이 있습니다. 신경생물학자들이 실험에 많이 사용하는 동물인데, 이 달팽이들은 입수공으로 물을 빨아들였다가 그 물이 빠져나갈 때 아가미를 통해서 산소를 걸러냅니다. 물을 빨아들이기 위해선 입수공을 몸 밖으로 내놓아야 하는데, 이때

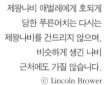

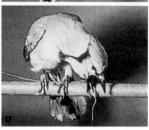

제왕나비 애벌레에게 호되게
당한 푸른어치는 다시는
제왕나비를 건드리지 않으며,
비슷하게 생긴 나비
근처에도 가질 않습니다.
ⓒ Lincoln Brower

포식동물이 접근하면 얼른 움츠립니다. 군소의 입수공을 작은 막대기로 건드리면 몸을 오므립니다. 그런데 자꾸 반복하면 나중에는 반응하지 않습니다. '왜 날 이렇게 자꾸 귀찮게 하느냐. 네가 건드리기만 하고 아무것도 안 하는 거 다 알아' 하는 식이죠. 아무리 건드려도 그 다음에는 꼼떡도 안 합니다. 이런 과정을 '습관화habituation'라고 합니다.

어떤 행동이 습관화하면 참 고치기 힘듭니다. 담배 피우는 습관을 얻으면 끊기가 매우 어렵지요. 엄청난 의지가 필요하거나 엄청난 사건이 벌어져야 합니다. 동물계에서도 마찬가지입니다. 이런 습관화된 군소도 원래대로 되돌리는 방법이 있습니다. 반응이 줄어든 상태에서 어느 순간에 쓱 건드리면서 따끔하게 전기 자극을 줍니다. 그러면 곧바로 옛날로 돌아갑니다. 그 다음부터는 건드리면 또 오므립니다. 아주 강력한 자극, 강력한 경험을 통해 습관이 고쳐

작은 반응에도 몸을 오므리던 군소가 자극이 반복되면 반응하지 않게 되는 과정을 '습관화'라고 합니다.

지는 것이죠. 그래서 이것을 '폐습화dishabituation'라고 합니다. 이렇게 동물계에도 타성이라는 것이 있고, 이 타성은 아주 강한 자극에 의해 깨질 수 있습니다. 동물들은 이런 과정을 거치면서 배웁니다.

파블로프Ivan Petrovich Pavlov는 유명한 러시아의 생물학자지요. 개를 가지고 조건반사 실험을 처음 한 사람입니다. 그는 개한테 먹이를 주면서 항상 종을 울리다가, 어느 날은 먹이를 안 주고 종만 딸랑딸랑 울려도 개가 침을 흘리기 시작한다는 것을 발견했습니다. 먹이와 종소리가 늘 함께 했기 때문에 종소리만 들어도 '아, 먹을 게 들어오는구나' 하고 생각하는 것입니다. 그래서 침이 먼저 나와 먹이를 소화시킬 준비를 하는 거죠. 이것을 조건화conditioning라고 부릅니다. 'Condition'의 뜻이 '조건'으로 너무나 널리 알려져서인지 심리학자들이 이를 조건화라고 번역했는데, 저는 썩 마음에 들지 않습니다. 그 뜻이 잘 전달되지 않습니다. 그래서 알맞은 우리말을 찾느라 고심하던 차에 최근 순우리말로 '길듦'이라고 하면 어떨까 생각하고 있습니다.

파블로프의 길듦과 다른 종류의 길듦도 있습니다. 파블로프의 고전적 길듦classical conditioning과 구분되는 우발적 길듦operant conditioning

현상이 있습니다. 어떤 자극이 반복해서 동시에 주어질 때 하나의 자극이 사라져도 다른 행동이 유발된다는 것을 파블로프의 실험이 보여주었다면, 우발적인 길듦이란 동물이 어떤 행동과 그 결과 사이의 연관을 배워 스스로 자신의 행동을 적절히 변형할 줄 알게 된다는 것입니다. 예를 들어, 스키너 박스에 들어 있는 쥐의 경우를 봅시다. 배가 고파 무언가 먹기는 먹어야겠는데 음식은 없고, 돌아다니다가 실수로 어떤 단추를 눌렀는데 음식이 굴러떨어집니다. 처음에는 잘 모르고 먹지만, 돌아다니다가 누르면 떨어지는 것이 몇 번 반복되면 '아, 단추를 누르니까 먹이가 나오는구나' 하는 것을 배우게 됩니다. 단추와 먹이를 연관시켜 먹이를 찾아먹을 수 있게 변해간다는 것입니다.

이런 길듦이 어떻게 보면 피블로프가 발견한 길듦보다 자연계에 훨씬 더 흔하게 벌어지리라고 생각합니다. 강아지나 고양이 새끼를 여러 마리 함께 길러보면 금방 알게 되지요. 이들은 크면서 허구한 날 장난을 칩니다. 서로 치고 박고 물고 뜯고 하지요. 하지만 실제로 물어뜯어 피가 나는 경우는 거의 없습니다. 동물행동학자들은 이것을 '놀이행동play behavior'이라고 부릅니다. 동물들은 배우기 위해 우리처럼 학교에 가는 게 아니라 그저 놀면서 배우지요. 나중에 먹이를 잡는 방법이라든가 사회에서 경쟁하는 방법을 또래들과 뒤엉켜 놀면서 배웁니다. 이런 모든 것을 시행착오학습이라고 하지요. 이것도 해보고 저것도 해보면서 자신만의 기술을 다듬어갑니다. 스키너 박스 안에 있던 쥐도 이것저것 시도해보다가 단추를 눌렀는데 보상이 주어지니까 '아, 저 단추를 누르면 먹이가 나온다'는 것을 배우게 된 거죠. 자기에게 유리한 행동들을 자꾸 다지면서

거위들이 노란 장화를
따라가는 건 알에서
깨어났을 때 근처에 서 있던
로렌츠 박사의 노란 장화를
어미로 인식했기 때문입니다.

배위가는 것이지요.

거위 연구로 유명한 콘라트 로렌츠의 얘기를 한 번 더 할까요. 로렌츠 박사가 연못에 뛰어들면 새끼 거위들이 쫓아와 머리카락을 잡아당깁니다. 알에서 태어날 때부터 로렌츠가 키워서 그를 엄마인 줄로 아는 거죠. 알은 굉장히 단단해 보이지만 안에서 내다보면 바깥에 무언가 어른어른하는 게 보입니다. 그래서 엄마가 왔다 갔다 하는 게 대충 보이죠. 그러다가 어느 날 껍질을 깨고 나와 제일 먼저 보게 되는 것을 엄마라고 생각합니다. 진짜 엄마가 아닌 다른 것을 갖다두어도 엄마인 줄 아는 것이지요. 바로 이 과정을 각인이라고 합니다.

그러면 거위들은 로렌츠라는 사람 전체를 엄마로 인식하는 것일까요? 전체가 아니라 일부를 인식한다는 걸 밝혀준 재미있는 일화가 있습니다. 어느 날 로렌츠 박사의 제자가 급히 뛰어 나가느라고 로렌츠 박사의 노란 장화를 신고 나갔답니다. 로렌츠 박사는 다른 장화를 신고 뒤따라 나갔는데, 그날은 이상하게도 거위들이 로렌츠가 아니라 제자를 쫓아가더랍니다. 그래서 더 연구해보니, 거위들이 바로 노란 장화를 이를 테면 '어미'로 여긴다는 것이 밝혀졌지요. 실제로 거위들은 노란 장화를 쫓아다닌 겁니다. 각인은 매우 이른 시기에 벌어집니다. 병아리는 태어나서 4~5일, 오리 종류는 6~7일, 그 안에 배우지 못하면 영원히 못 배우지요. 대개는 그 안에 다 배웁니다.

대부분의 경우 한번 각인이 되면 평생 되돌리지 못합니다. 그래서 각인은 굉장히 중요한 행위입니다. 재미있는 만화를 본 기억이 납니다. 새들은 보통 전깃줄 위에 꼿꼿이 서는데 한 마리가 거꾸로 매달려 있더군요. 그러자 다른 새들이 "쟤는 박쥐 집에서 커서 그래, 어렸을 때 각인이 잘못된 거지" 하고 농담을 합니다. 그런가 하면 각인 실험을 하던 연구자가 오히려 각인이 되어 거꾸로 동물들을 따라다니는 걸 묘사한 만화도 있습니다. 그러나 이것은 조금 틀렸습니다. 왜냐하면 일정한 시기가 지난 뒤에는 각인이 안 되니까요. 이 과학자가 갓난아기일 때 이 연구를 한 게 아니라면 일어날 수 없는 것이니 말입니다.

어떤 때 개의 행동을 보면 답답할 때가 있습니다. 먹을 걸 바닥에 놓아주면 이놈이 멀리서 놀다가도 뛰어옵니다. 그런데 줄이 나무에 걸려 꼬이면 풀지를 못합니다. 사람이 생각하기엔 조금 되돌아가서 바른 길을 잡으면 풀 수 있을 것 같은데 대개의 경우 개들은 그렇게 못합니다. 그 이유는 사고력 또는 통찰력이 없기 때문입니다. 꼬인 방향의 반대로 돌아가서 되돌아오면 끈이 풀릴 수 있다는 생각을 못 하는 거죠.

사고를 한다는 건 그리 쉬운 일이 아닙니다. 그래서 사고력에 관

침팬지처럼 발달한 두뇌를 가진 동물은 열쇠로 자물통을 열고 미로를 풀 만큼 사고 수준이 매우 높습니다.

한 연구는 보통 침팬지를 대상으로 많이 하지요. 오래전에 독일의 과학자 볼프강 쾰러 Wolfgang Köhler가 한 실험을 봅시다. 큰 방 안에 침팬지를 넣고 끈에 매단 바나나를 밑으로 쭉 내려줍니다. 그리고 점점 그 끈을 올리면, 침팬지는 바나나를 먹으려고 갖은 수단을 동원합니다. 처음엔 뜁니다. 뛰어서 잡을 수 있는 높이보다 더 올라가면 막대기를 집어서 때리고, 막대기도 안 닿으면 이리저리 궁리하다가 방구석에 있는 상자를 끌고 와 포개놓고 그 위에 올라가서 막대기로 쳐서 떨어뜨립니다. 생각을 하는 것이죠. '이 상자를 몇 개 포개 놓으면 바나나에 더 가까워질 수 있다'는 아주 초보적인 계산을 하는 겁니다. 뇌가 그만큼 발달했기 때문에 가능한 일입니다.

아주 재미있는 침팬지 실험들이 많습니다. 자물통 하나와 열쇠 하나를 주면 침팬지는 열쇠를 사용하여 자물통을 엽니다. 그런데 자물통 하나와 열쇠 여러 개를 주면, 아무거나 쑤셔보는 침팬지도 있고 열쇠 뭉치를 자세히 들여다본 다음 자물통에 맞을 것 같은 열쇠를 골라 열어보는 침팬지도 있습니다. 생각을 하는 것이죠. 또 침팬지에게 미로 게임을 시켜보면, 무턱대고 해보는 침팬지도 물론 있지만, 대부분은 미로를 자세히 들여다봅니다. 그리곤 대번에 문제를 풀어보려 합니다. 그만큼 침팬지는 우리와 꽤 비슷한 사고를 하는 동물입니다.

아직은 대부분의 동물이 다 생각할 수 있다고 말할 수는 없습니다. 생각한다는 것은 아마 두뇌가 꽤 발달한 동물들만이 할 수 있는 일이겠지요. 하지만 '생각한다'는 기준을 인간에 맞추다 보니 다른 동물들이 사고를 못한다고 여기는 것이지, 그들 나름의 사고 방법이 있을 수 있습니다. 그래서 요즘은 이와 관련된 연구가 많이 진행되고 있습니다.

동물 사회에도 과연 가르치는 사람이 있을까, 선생님이 있을까, 교육제도가 있을까 하는 것도 한번 생각해볼 만한 내용입니다. 분명히 있습니다. 어미 새는 새끼 새들이 날 때가 되면 나는 법을 가르칩니다. 먼저 저만큼 날아가 새끼들에게 날아오라고 시키지요. 동물 사회에서 선생님은 대개 부모입니다. 간혹 부모에게 배우지 않는 경우도 있습니다. 예를 들면, 태어난 곳이 아닌 다른 곳에서 살아야 하는 수컷 새의 경우에는 그 지역의 노래를 새로 배워야 합니다. 새의 노래는 지역마다 조금씩 다릅니다. 일종의 사투리인 셈이죠. 그래서 다른 지역으로 이사를 간 수컷들은 그 동네에서 성공한 아저씨, 곧 암컷을 많이 거느린 아저씨가 부르는 노래를 옆에서 배웁니다. 흉내를 내는 것이죠. 그러니까 동물 사회에도 교육이 있다고 볼 수 있습니다. 부모한테도 배우고 또 주변에서 먼저 세상을 살아본 다른 어른들한테도 배우는 것입니다.

여담이지만, 우리나라의 교육이 붕괴하는 모습을 보면 너무 안타깝습니다. 교육은 가르치는 쪽이 주도권을 쥐어야만 교육이 됩니다. 이 세상에 나와서 우리가 행동할 수 있게끔 만들어가는 것이기 교육이기에 대부분 일방적일 수밖에 없습니다. 그래서 아이들에게 너무 아이들이 배우고자 하는 것만 가르쳐서는 안 된다고 생각합니다. 어미 새가 새끼 새가 싫어한다고 나는 법을 가르치는 걸 포기하나요? 절대 포기하지 않습니다. 그놈이 몇 번씩 땅에 떨어질 때까지 악착같이 가르칩니다. 왜냐하면 새끼 새가 지금은 왜 날아야 하는지를 이해하지 못하지만 언젠가 날아야만 살 수 있다는 걸 어미 새는 알기 때문이죠. 입시지옥에 시달리는 우리 아이들이 측은하기는 합니다만 가르칠 건 확실하게 가르쳐야 한다고 생각합니다. 단 재미있게 가르치는 방법을 개발해야 하겠지요.

07

행동도
부모를 닮는다

아이를 보고 부모를 보면 어떻게 저렇게 '국화빵'처럼 닮았을까 하
는 생각이 들 정도로 비슷한 경우를 많이 봅니다. 이렇게 부모의 형
태를 닮는 것에 대해서는 생물학을 공부한 사람이든 아니든 아무런
이견이 없습니다. 그러나 행동을 닮는 문제에 대해서는 의견이 분
분합니다. 아프리카 초원에 사는 치타를 볼까요. 어미와 새끼가 함
께 앉아 있는 모습을 보면, 정말 많이 닮았다는 걸 알 수 있습니다.
물론 치타의 세계에서는 나름대로 자기들끼리 알 수 있는 차이점이
있겠지만, 다른 종의 입장에서 보면 무지하게 닮아 보입니다. 그런
데 이 문제가 행동 면으로 옮겨지면 정말 꼭 닮는 것인지 고개를 갸
우뚱거리는 분들이 있지요.

정자새는 내실 또는 정자를
만듭니다. 둥지는 따로 있고,
수컷이 암컷을 유혹하기 위해
내실을 장식하고 기다립니다.

뉴기니 섬이나 북부 오스트레일리아에 사
는 정자새bowerbird는 '정자bower' 또는 내실을
만듭니다. 내실은 이 새의 둥지가 아닙니다.
둥지는 따로 있지요. 이것은 수컷이 혼자서
만드는데, 종에 따라 온갖 다양한 모양으로
기가 막히게 잘 만듭니다. 아주 정교한 터널
모양으로 양쪽에 벽만 세워놓은 것도 있고,
아주 높게 기둥처럼 만들어서 장식하기도 합
니다. 또 수컷 정자새는 내실을 만들어놓고
그 앞에 알록달록 온갖 물건을 물어다 장식을
합니다. 심지어는 내실 벽면에 매일 아침 새
로 피어난 꽃을 꺾어다 꽂아놓는 수컷도 있습니다. 그러고는 거기
서 온갖 소리를 내면서 암컷을 기다립니다. 그러다 암컷이 나타나
면 온갖 아양을 떨며 자기 내실로 유혹합니다. 암컷은 마음에 들면
내실 안으로 들어가서 사랑을 나누고 자기 둥지로 날아가서 알을
낳아 혼자 키웁니다. 그리고 수컷은 또 다른 암컷을 유혹하기 위해
내실을 장식하고 기다리지요.

바로 이 내실을 장식하는 형태가 정자새의 종마다 다릅니다. 종
마다 특이한 형태를 만들어내는 것입니다. 같은 종에 속한 정자새
의 수컷은 기본적으로 모두 비슷한 형태의 내실을 만듭니다. 하지
만 같은 종에 속한 수컷의 내실이 가지 하나까지 완벽하게 똑같다
는 것은 아닙니다. 변이는 있습니다. 그렇지만 기본적인 골격은 다
똑같지요. 거미도 종에 따라 거미줄의 모양이 다릅니다. 이러한 사
실은 새의 외모는 물론이고 행동이나 그 행동의 결과인 구조물까지

도 유전한다는 것을 뜻합니다.

유전자형genotype과 표현형phenotype의 차이를 이해하면 이 문제를 조금 더 쉽게 이해할 수 있습니다. 어느 개체나 나름대로 독특하게 가지고 있는 유전자가 있습니다. 아버지가 가지고 있는 유전자가 있고, 아들이 가지고 있는 유전자가 있습니다. 그런데 똑같은 유전자를 가지고 있어도 겉으로 만들어내는 근육이나 얼굴 모습, 머리카락 등에는 차이가 있을 수 있습니다. 이렇게 유전자에 의해 만들어져 겉으로 표현되는 모습을 표현형이라고 하는데, 유전자형과 표현형은 언제나 정확하게 일치하지는 않습니다. 왜냐하면 유전자형이 표현형으로 발현되는 과정에서 환경의 영향을 받기 때문입니다.

정자새가 내실을 장식하는 형태는 종마다 다릅니다.
이것은 새의 외모뿐만 아니라 행동이나 그 행동의 결과물까지도 유전한다는 것을 뜻합니다.

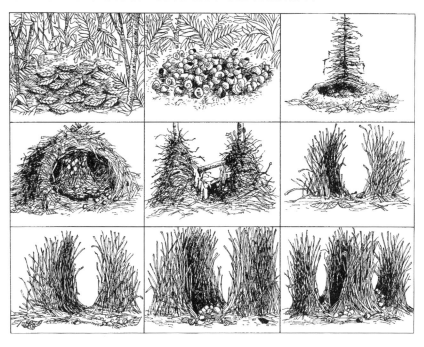

어머니 자궁 안에서도 서로 다른 영향을 받을 수 있고, 자라면서 영양 상태가 어땠는가에 따라서도 달라질 수 있지요. 그래서 일란성 쌍둥이도 자세히 들여다보면 둘이 조금 다른 부분이 있습니다. 일란성 쌍둥이는 유전자형으로 보면 100퍼센트 완벽하게 똑같은 존재인데도, 표현형으로 보면 분명히 다릅니다.

리처드 도킨스의 표현을 빌리면, 정자새의 내실과 같은 행동의 결과물은 '확장된 표현형extended type'이라고 할 수 있습니다. 우리가 얘기하는 표현형은 주로 몸의 형태를 의미합니다. 어떤 유전자를 가졌느냐에 따라 눈 색깔, 머리카락 색깔, 체형 등의 독특한 표현형이 만들어지지요. 그렇다면 그런 체형으로 만들어내는 구조물은 체형보다 한 단계 더 나아간 확장된 표현형이라는 겁니다. 유전자가 만들어내는 형태가 유전된다면, 그 형태가 만들어내는 행동도 유전되고, 그 행동이 만들어내는 구조물도 유전될 거라는 얘기죠. 다만 단계를 넘어갈수록 변이가 조금씩 더 많아질 수밖에 없겠죠.

유전자는 한마디로 단백질을 만들어내는 일을 하는 화학물질입니다. 어떤 아미노산을 어떻게 이어 붙여서 어떤 형태의 단백질을 만들 것인가가 바로 유전자가 갖고 있는 정보입니다. 단백질이 뭉쳐서 형성된 것이 우리 몸이고요. 단백질은 근육도 만들고 뼈도 만듭니다. 단백질을 만드는 과정은 유전자가 작용하는 첫 단계일 수 있으므로 변이가 상대적으로 적지만, 단백질로 몸을 구성하는 과정은 더 확장된 단계이므로 변이가 좀더 큽니다. 그러고 나서 그 몸이 만들어내는 행동의 변이는 그보다 더 많을 것이고, 그 행동이 만들어내는 구조물은 변이가 더하겠지요. 하지만 유전이 안 되는 건 절대 아닙니다.

에만 국한되지 않습니다. 문학, 예술, 철학 등 현대의 학문과 예술 전반에 걸쳐 막대한 영향을 미쳤으며, 현대인의 의식 구조와 삶까지도 바꾸어놓았습니다. 모든 것은 변하며, 개인이 중요하다는 것을 우리에게 알려준 것입니다. 이런 영향은 가히 혁명적이어서 우리는 이를 '다윈 혁명'이라고 부릅니다.

05

본능이란
무엇인가

우리는 인간이나 동물의 많은 행동을 보며 본능적인 행동이라고 단정짓곤 합니다. 본능이란 말은 타고났음을 뜻합니다. 특별히 사고하고 판단해서 상황에 대처하는 것이 아니라 미리 준비된 프로그램에 따라 반사적으로 행동하는 것을 말하지요. 하지만 너무나 많은 것들이 본능으로 치부되는 경향이 있어서 동물행동학자들은 이처럼 용도가 다양해져버린 본능이라는 말을 쓰는 걸 꺼립니다. 하지만 의미가 모호하기는 하나 이른바 본능이라고 불리는, 사고를 거치지 않고 자연스럽게 반사적으로 나오는 행동들은 어떤 것이며 그것이 의미하는 바는 무엇인지 생각해봅시다.

초창기 동물행동학자 가운데 틴버겐은 다음과 같은 관찰을 한 적이 있습니다. 어미 거위가 알을 품고 앉아 있는데 알 하나가 둥지 바깥으로 굴러 나갑니다. 이것을 본 어미 거위는 그냥 굴러 나가도록 놔두지 않고 알을 둥지 안으로 끌어들입니다. 아주 자연스럽게요. 그런데 둥지 앞에 다른 알을 갖다 놓아보았더니 이번에도 자연스럽게 그 알을 둥지 안으로 끌고 들어가는 겁니다. 어미 거위는 무슨 알이든 눈에 띄면 거의 반사적으로 일어나 알이 있는 곳으로 가서 부리로 알을 밀거나 물어서 둥지 안으로 끌고 옵니다. 더 최근의 연구에 따르면 알일 필요도 없습니다. 그저 둥근 물건이면 죄다 끌어들입니다. 어미 거위의 이런 행동을 동물행동학에서는 '틀에 박힌 행동패턴'이라고 합니다.

틴버겐은 어미 거위의 이런 행동을 관찰하고는 짓궂은 실험을 했습니다. 둥지 앞에 알을 하나 갖다 놓고 아교로 실을 붙여놓습니다. 실을 쥐고 있다가 어미 거위가 둥지 밖으로 나와 알을 부리로 밀기 시작한 다음 실을 슬그머니 잡아당기는 거죠. 순간 알이 빠져나가는 사이에 거위는 어떻게 할까요? 알이 없어져도 어미 거위는 알을 미는 행동을 멈추지 않습니다. 아니 멈추지 못합니다. 왜냐하면 이 행동은 유전자 수준에서 이미 프로그램되어 있어서 일단 자극을 받으면 끝까지 수행할 수밖에 없습니다. 어쩌면 어미 거위는 알이 사라지는 것을 보고 있었을지도 모릅니다. 하지만 이 틀에 박힌 타고난 행동을 멈추지는 못합니다.

인간도 이와 같은 행동을 합니다. 주위에서 누군가 하품을 하면 그 사람의 입 속에다 손가락을 집어넣는 짓궂은 친구들이 있죠. 그런 행동이 얄미워 그 손가락을 깨물어주고 싶은데 일단 하품을 하면 그 손가락을 깨물 수가 없습니다. 입을 벌려 하품을 하면 다 끝

새끼새에게 어미 부리의
붉은 점은 먹이가 왔다는
신호 자극이므로 새끼는
반사적으로 그 점을 쫍니다.
한편 어미새는 붉은 점을 쪼는
것을 신호 자극으로 받아들여
반쯤 소화된 물고기를
토해내 새끼를 먹입니다.

날 때까지는 입이 다물어지지 않습니다. 자기 의지와는 아무 상관
없이요. 이런 행동은 우리 유전자 속에 이미 짜여 있기 때문입니다.
이와 같은 행동을 이른바 '본능'이라고 부르지요.

초기 행태학자들은 이런 행동이 어떻게 이루어지는지에 대해 좀
더 깊이 연구했습니다. 그리고 이와 같이 행동을 유발하는 자극을
신호자극sign stimulus이라고 했습니다. 행태학자들은 특정한 자극이
들어오면 뇌에 이미 짜여 있는 신경회로망을 거치면서 아주 특정한
행동을 유발한다고 믿었습니다. 이 신경회로망을 선천적 행동유발
메커니즘Innate Releasing Mechanism(IRM)이라고 부릅니다. 특정 자극이 들
어와 IRM을 거쳐 산출되는 자동적이고 고정적인 행동 양식을 고정
행동패턴Fixed Action Pattern(FAP)이라고 부릅니다. 이것이 바로 초기 행
태학자들이 동물의 기본적인 행동을 분석하던 기본 구조입니다.

틴버겐 박사가 갈매기를 대상으로 또 다른 실험을 했습니다. 새
끼 갈매기를 키우는 어미 갈매기와 아비 갈매기의 부리에는 한결같
이 끝부분에 마치 쪼아서 피멍이 든 것처럼 붉은 점이 있습니다. 이

것은 피멍 자국이 아니라 새끼가 먹이를 달라고 쪼는 자리입니다. 어미 새가 바다에 나가 물고기를 잡아 둥지로 돌아오면 새끼 새가 어미 새 부리의 붉은색 부분을 쫍니다. 그러면 어미 새는 반쯤 소화된 물고기를 토해내 새끼 새를 먹입니다. 붉은 점은 새끼에게 신호자극인 것입니다. 새끼 새는 부리의 붉은 점을 보면 먹이를 제공하는 자극이라는 것을 알아차리고 반사적으로 그 붉은 점을 쪼는 행동을 합니다. 갓 태어나 아무런 세상 경험이 없는 새끼 새도 부리의 붉은 점을 보면 쫍니다. 어미의 입장에서는 새끼 새가 부리의 붉은 점을 쪼는 행동이 신호자극으로 작용하여 먹은 것을 토해내야 한다는 뇌의 회로망이 작동하게 되죠.

그는 이 연구를 위해 다음과 같은 재미있는 실험을 했습니다. 딱딱한 종이로 부리 모양을 만들어 그 끝부분에 붉은 점을 칠해 둥지에 밀어넣어 보았습니다. 그랬더니 새끼 새는 벌떡 일어나 붉은 점을 쪼아댑니다. 실제로 어미 새가 있는 게 아닌데도 붉은 점의 신호자극만으로도 그런 행동이 유발되는 것입니다. 이 행동이 얼마나 반사적인지 아무리 우스꽝스런 별의별 어미를 만들어 넣어도 그 붉은 점만 정확한 위치에 있으면 마찬가지 행동을 했습니다. 하지만 아무리 어미를 닮았어도 부리 끝에 붉은 점이 없을 땐 반응하지 않았습니다. 새끼 갈매기의 신호자극이란 어미의 전체적인 모습이 아니라 부리 끝의 붉은 점이었던 겁니다.

이와 같이 자연계에는 많은 신호자극이 있으며, 그에 따른 고정행동패턴 또한 거의 모든 동물에게 있습니다. 그리고 생존이나 번식처럼 생물에게 중요한 행동들일수록 고정된 패턴을 갖고 있습니다. 예를 들어 호랑이 같은 맹수를 만났을 때 취해야 하는 행동, 암수가 만나 하는 성행위 등은 유전자 수준에서 이미 프로그램되어 있어 특별한 사고 과정 없이 일어나는 행동들입니다.

그런데 자연계의 생물들은 이 자극이 어느 수준일 때 자극이라고 인식할까요? 또 어떤 형태일 때 자극으로 인식할까요? 이 의문을 풀기 위해 초기 행태학자들은 다음과 같은 실험을 했습니다.

어미 갈매기에게 갈매기알보다 훨씬 큰 타조알에 갈매기알과 같은 색깔을 칠해 갖다주었습니다. 어미 갈매기는 과연 어느 알을 품으려 할까요? 어미 갈매기는 큰 알을 더 좋아해 품기에도 벅찬 그 큰 타조알을 품느라 애를 씁니다. 어미 갈매기는 비록 그렇게 큰 알을 낳을 순 없지만 큰 새끼를 얻을 수 있다면 그 알을 기꺼이 품으려고 합니다. 자연계에는 이런 '욕망'들이 존재합니다.

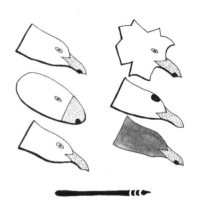

그렇다면 자연계에는 왜 타조알처럼 큰 갈매기알이 없는 걸까요? 구조적인 그리고 생리적인 한계가 있는 것이지요. 물론 한계가 모호한 경우도 있습니다. 이런 한계를 잘 이용해먹는 종들도 있지요. 뻐꾸기가 그러한데, 뻐꾸기는 잘 아

새끼 새는 어미 새가 아니어도 붉은 점만 있으면 그 부분을 쪼아댑니다. 어떤 모양인지는 상관없이 붉은 점만 정확한 위치에 있으면 반응을 합니다. 심지어 연필처럼 기다란 것이 가장 효과적입니다.

타조 알을 본 어미 갈매기는 비록 자신이 그렇게 큰 알을 낳을 수는 없지만 큰 새끼를 얻을 수 있다면 큰 알을 기꺼이 품으려 합니다.

시다시피 다른 새의 둥지에 알을 낳습니다. 이런 행동을 '탁란'이라고 하며, 대체로 알 크기와 모양이 비슷한 둥지에 낳습니다. 자신의 존재를 들키지 않으려는 본능적인 행동이지요. 뻐꾸기 알은 의붓어미의 알보다 먼저 깨어나는데, 깨어나서는 본능적으로 의붓어미의 알들을 등에 업어 둥지 밖으로 밀어냅니다. 또 알들을 다 내몰지 못하고 둥지에서 함께 자란다 하더라도 다른 새끼들보다 목을 더 길게 뽑고 입을 크게 벌려 제일 큰소리로 울어댑니다. 그런 식으로 먹이를 독차지해 다른 새끼들을 제치고 결국 자신만 살아남지요. 그러다보니 나중에는 어미보다 몸집이 더 커져 어미를 올라타고 먹이를 받아먹을 지경입니다. 다른 종의 신호자극 체계를 간파하여 그 한계를 뛰어넘는 자극을 만들어냅니다. 물론 이런 현상은 오랜 진화의 산물입니다. 자연계에는 이처럼 남의 신호자극을 이용해 사는 동물들이 종종 있습니다.

초기 행태학자들은 신호자극과 그에 따른 행동 반응 메커니즘에 대해 확신에 가득 차 있었습니다. 신호자극을 받아서 반응하고 적절한 행동을 만들어주는 메커니즘이 바로 뇌 안에 있으며, 이를 찾아낼 수 있다고 장담했지요. 그러나 당시만 해도 뇌에 대해 아는 바

뻐꾸기는 다른 새의 둥지에 알을 낳는데, 제일 먼저 깨어나 본능적으로 다른 알들을 밀어낸 뒤 먹이를 독차지해 혼자 살아남습니다. 다른 종의 신호 자극의 한계를 이용해 생존 전략으로 삼은 것이지요. 물론 이는 오랜 진화의 산물입니다.
ⓒ Topic photo

가 거의 없었습니다. 전기 자극을 이용해 뇌 반응을 연구하기 시작한 다음에야 뇌에 대하여 조금씩 알게 되었습니다. 초기 행태학자들의 주장을 결정적으로 밝히게 된 것도 바로 이 신경생리학자들 덕분이었어요.

미국 MIT대학의 신경생물학자 로버트 카프라니카Robert Capranica의 황소개구리 실험은 뇌가 여러 부분으로 세분화되어 있음을 밝힌 중요한 실험이었습니다. 카프라니카는 살아 있는 황소개구리의 뇌를 부분적으로 열어 전기침을 꽂고 소리를 내게 하거나 소리를 듣게 하고 어떤 반응을 보이는지 살펴보았습니다. 먼저 수컷 황소개구리가 한 번 '왁' 하고 내는 소리를 녹음해서 소리의 가장 작은 기본 단위를 전기적으로 분석하였습니다. 아주 큰 에너지를 소모하는 부분이 있다가 에너지를 별로 소모하지 않는 계곡 부분이 나타나다가 다시 비교적 큰 에너지를 소모하는 부분으로 나뉘지요. 300헤르츠 주파수 정도에서는 큰 에너지가 소모되고 소리도 무척 강하며, 500헤르츠에서는 아주 낮은 수준의 에너지가, 1,500헤르츠에서는 다시 큰 에너지가 소모되며 강하고 높은 소리가 납니다. 두 산봉우리

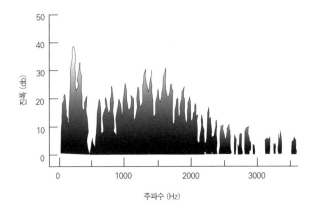

암컷 황소개구리는 300헤르츠와 1,500헤르츠처럼 특정 주파수에서는 아주 낮은 에너지의 소리도 들을 수 있도록 수신기가 예민하게 발달되어 있고, 수컷 황소개구리는 이 주파수에서 아주 높은 에너지의 소리를 만들 수 있도록 발신기가 발달되어 있습니다.

사이에 계곡이 하나 있는 형태의 소리 모양입니다. 카프라니카 박사는 각각의 소리를 녹음해서 암컷 황소개구리에게 들려주고 싶었지만 소리를 분해하는 것은 불가능했습니다. 그래서 컴퓨터로 소리를 흉내냈습니다. 원래 소리의 앞부분과 뒷부분에 해당하는 소리를 만들어냈지요.

그는 우선 소리의 앞부분과 뒷부분만을 각각 따로 떼어내 들려주었는데, 암컷 황소개구리는 전혀 알아듣지 못했습니다. 하지만 양쪽을 이어서 들려주자 암컷 황소개구리가 스피커 앞으로 다가오며 반응을 보였습니다. 뇌의 신경세포에 전기침을 꽂아 어느 부분이 어떻게 반응하는지 살펴보니 300헤르츠와 1,500헤르츠 부근에서는 에너지가 아주 낮은 소리만 있어도 뇌세포가 반짝거리며 반응을 보인 반면, 500헤르츠 부근에서는 반응이 거의 없었습니다. 500헤르츠에서는 에너지가 아주 높은 소리가 들려야만 반응을 했습니다. 암컷 황소개구리는 300헤르츠와 1,500헤르츠라는 특정 주파수에서는 에너지가 아주 낮은 소리도 들을 수 있도록 수신기가 예민하게 발달해 있고, 수컷 황소개구리는 이 주파수에서 에너지가 아주 높은 소리를 만들 수 있도록 발신기가 발달해 있는 것입니다. 초기 행태학자들이 주장한 것처럼 특정한 신호자극에 반응하는 특정한 세포가 뇌의 어딘가에 존재한다는 설명이 적어도 황소개구리에서는 실험적으로 입증된 것이지요. 이렇게 신경생물학에 대한 연구가 진행되고 뇌의 구조가 차츰 밝혀지면서, 행동을 유발하는 기본적인 구조가 뇌에 있다는 사실을 알게 되었습니다.

그렇다면 동물은 자극만 들어오면 모든 행동을 조건반사식으로 하는 것일까요? 그렇지는 않습니다. 우리 인간의 경우에는 많은 생각을 하며 행동합니다. 실제로 행동에는 두 종류가 다 있습니다. 독일의 행태학자들이 실험한 내용을 보죠. 종이로 새 모형을 만든 다음, 그 움직임의 방향을 각각 달리해 목이 짧고 몸통이 좀 긴 솔개나 독수리 모양을 만들기도 하고, 반대로 목을 길게 하고 몸통을 짧게 해 기러기나 청둥오리가 연상되도록 만들어봅니다. 같은 모형인데 움직이는 방향에 따라 솔개같이 보이기도 하고 기러기같이 보이기도 합니다. 갓 태어난 병아리들에게 실험을 했지요. 짧은 목 모양이 되도록(솔개 모양이 되도록) 날릴 때는 병아리들이 모두 숨더니,

병아리는 맨 위의 모형을 솔개처럼 짧은 목 모양이 되도록 날릴 때는 모두 숨다가, 기러기처럼 긴 목 모양이 되도록 날릴 때는 별 반응을 보이지 않습니다.

병아리가 갓 태어났을 때에는
모든 것에 다 숨습니다.
그러다 낙엽이나 목이 긴 새는
자신을 해치지 않는다는 걸
배우면서 반응을 조절해갑니다.

반대로 긴 목 모양이 되도록(기러기 모양이 되도록) 움직이면 쳐다보기만 할 뿐 별 반응이 없습니다. 여기까지만 보면 결론이 굉장히 명확한 실험인 것 같습니다. 그러나 더 세밀한 연구를 통해서 그렇게 단순하지만은 않다는 것이 밝혀졌습니다. 병아리가 갓 태어났을 때는 모든 것에 다 숨습니다. 심지어는 떨어지는 낙엽에도 숨습니다. 그러다 낙엽은 아무리 자주 떨어져도 아무런 해가 없다는 걸 배웁니다. 또 목이 긴 새들은 주변에 흔하고 자신을 해치지 않지만, 목이 짧은 새는 자주 보지 못한다는 것을 알게 됩니다. 그래서 그런 새를 보면 숨는 것입니다. 자극에 대한 반응은 경험으로 다져지는 것입니다. 자극은 언제나 존재하지만 뇌가 그 자극을 어떻게 해석하느냐는 어떤 경험을 하느냐에 따라 달라진다는 거지요. 숨는 행동은 유전자 속에 이미 결정된 것이지만 자극과 경험에 따라 행동이 달라질 수 있습니다. 병아리는 자라면서 경험을 통해 자극에 대한 반응 방법을 조절해가는 것입니다.

또 다른 실험이 있습니다. 민벌레Zoraptera라는 희귀한 곤충이 있는데, 몸의 길이가 2밀리미터 정도로 아주 작습니다. 어쩌다보니 연구하는 사람이 많지 않아 제가 세계 제일의 권위를 갖고 있는 곤충입니다. 민벌레는 어두컴컴한 썩은 나무 껍질 밑에 살기 때문에 대부분 눈이 퇴화되었지요. 그래서 눈 대신 더듬이로 상대방을 확인하는데, 코스타리카와 파나마 등 중남미 열대우림에 사는 한 종의 경우 수컷이 암컷을 만나 짝짓기 하는 과정을 살펴보니 다음과 같았습니다. 암컷을 확인한 수컷은 더듬이를 뒤로 젖히고 고개를 숙인 채 몸을 조아리고 암컷에게 살

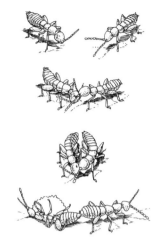

민벌레의 교미행동은 굉장히 복잡한데, 이들은 며칠간 실패 경험을 겪고 나서야 교미 행위에 익숙해집니다.
ⓒ 최재천

살 접근합니다. 암컷은 그 수컷이 마음에 들면 수컷 쪽으로 한 발 다가섭니다. 그러면 수컷은 조금 더 가까이 다가가며 고개를 숙입니다. 이처럼 길어진 수컷의 목 중간에는 암컷 쪽을 향하여 작은 혹이 불거집니다. 암컷이 그 수컷이 맘에 들어 더 가까이 접근하면 수컷 목에 있던 혹이 쏙 들어가면서 수컷의 머리 한복판에 있는 구멍에서 액체 한 방울이 나옵니다. 이것을 암컷이 먹으며 서로 꼬리 부분을 돌려 교미를 하게 됩니다.

그런데 이 행동은 굉장히 복잡하여 갓 태어난 숫총각 수컷은 교미에 실패하는 경우가 많습니다. 암컷에게 너무 빨리 다가가기도 하고, 암컷이 액체를 다 먹기도 전에 꼬리를 갖다대느라 머리를 돌려 버리기도 하지요. 머리는 암컷의 입에다 댄 채 꽁무니만 돌려야 하는데, 숫총각은 아무래도 서투릅니다. 수컷 민벌레는 며칠간 실패

경험을 겪고 나야 비로소 교미 행위에 능숙해집니다. 번식 같은 중요한 행동은 유전자에 이미 프로그램되어 있어서 기본적으로 할 줄은 알지만, 그것도 시간이 흐르고 경험이 쌓이면서 더욱 숙련되는 것이지요.

본능이라는 것은 분명히 있습니다. 그러나 하품을 멈추지 못하는 것처럼 지극히 고정적인 양상을 보이는 행동도 있지만, 더 개발하고 발전시키고 다듬을 수 있는 여지가 충분한 행동도 있습니다. 거의 모든 행동이 유전자 수준에서 어느 정도 정해져 있긴 하지만, 경험과 학습을 통해 다양한 수준으로 변화하고 발전할 수 있다는 것입니다.

06

동물들도
가르치고 배운다

인간을 비롯해 많은 동물이 하는 행동 중에서 타고난 행동, 곧 본능이라고 부르는 행동에 대해 앞에서 얘기했습니다. 이런 타고난 행동 가운데서도 어떤 행동은 학습이나 경험에 의해서 잘 다듬어진다는 얘기를 좀더 자세히 해보지요.

예를 하나 들어봅시다. 개구리는 올챙이가 변태하여 태어나지만 뭘 잡아먹어야 하는지를 정확하게 알고 태어나는 것은 아닙니다. 예를 들어 개구리 눈앞의 벽면에 레이저포인터를 비추며 움직이면, 그 붉은 점이 움직이는 쪽으로 혀를 쭉 내밉니다. 개구리는 뭔가 움직이는 곤충을 잡아먹도록 프로그램되어 있는 거지요. 유치원이나 초등학교에서 선생님들이 교육용으로 개구리를 잡아다가 어항에서 키우는 것을 보았을 겁니다. 이때 죽어 늘어진 먹이를 넣어주면 개구리는 먹지 않습니다. 움직이지 않는 것은 절대 먹지 않지요. 살아서 움직이는 것만 먹습니다. 개구리는 날아다니는 것을 먹게끔 행동이 발달한 겁니다. 그래서 갓 태어난 개구리도 주변에서 뭔가 움직이면 저절로 혀가 따라 나옵니다. 그렇다고 해서 개구리가 움직이는 것이면 아무거나 다 잡아먹는 것은 아닙니다. 개구리는 자라면서 경험을 통해 좋아하는 것과 싫어하는 것을 구별해냅니다.

갓 태어난 아주 어린 두꺼비 앞에 맛있게 생긴 잠자리 한 마리를 실에 묶어 날려 보내면 '아, 맛있게 생겼다' 하고 잡아먹습니다. 그 다음에 잠자리 대신 호박벌 한 마리를 실에 묶어 날리면, 아직 어려서 세상 물정을 잘 모르는 두꺼비는 그것도 또 맛있게 잡아먹습니다. '음, 냠냠냠. 이것도 맛있네.' 그런데 그 다음이 문제입니다. 호박벌은 잠자리와는 다릅니다. 호박벌은 침을 지니고 있지요. 그러니 입천장을 한 방 쏘겠지요. 졸지에 입천장을 쏘인 두꺼비는 눈이 휘둥그레지며 몸이 공중에 붕 뜹니다. 크게 한번 당한 거죠. 그 다음에는 호박벌을 갖다줘도 '난 싫어' 하고 몸을 웅크린 채 쳐다보지도 않습니다.

이렇게 단 한 번 벌에 쏘인 경험이 평생을 갑니다. 그 두꺼비는 평생 호박벌 근처에는 가지도 않습니다. 그러다 보니 세상에는 호박벌 흉내를 내는 곤충들이 많습니다. 호박벌은 노란색과 까만색 줄무늬 띠를 두르고 있는데, 그렇게 생긴 곤충이 세상에는 아주 많습니다. 그런 모습을 지닌 많은 곤충들은 사실 침이 없는데도 색깔만 변장해서, 호박벌이 가르쳐놓은 것을 이용해 이득을 보는 것입니다. 이 두꺼비는 그 뒤 침이 있건 없건, 호박벌과 비슷한 노랗고

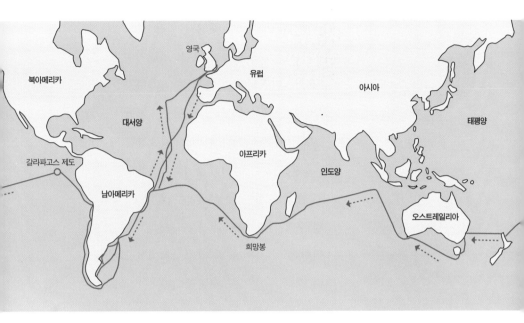

북아메리카 · 영국 · 유럽 · 아시아 · 대서양 · 태평양 · 갈라파고스 제도 · 아프리카 · 인도양 · 남아메리카 · 오스트레일리아 · 희망봉

었습니다. 생물학자들이 이른바 인위선택artificial selection이라고 부르는 것인데, 자연에 의해서 이루어지는 선택, 곧 자연선택에 대비되는 말로서 우리 인간의 필요에 따라 생물의 특성을 선택하는 과정을 말합니다.

다윈은 비글호를 타고 영국을 출발해 대서양을 가로질러 남아메리카를 돌아서 갈라파고스 제도를 거쳐, 남태평양의 섬들과 오스트레일리아, 그리고 인도양을 거쳐 희망봉, 이어서 브라질로 갔다가 영국으로 돌아옵니다.

예를 들어 닭이라는 기이한 동물을 한 번 생각해봅시다. 매일같이 번식을 하는 동물이 과연 이 세상에 있을 수 있는 겁니까. 생물체는 번식하기 위해 알을 만듭니다. 그런데 인간이 알을 잘 낳는 닭을 인위적으로 선택하는 과정을 오랫동안 되풀이해 그런 괴물을 만들어낸 것이지요. 비둘기에서도 비슷한 예를 찾아볼 수 있습니다. 우리가 흔히 보는 비둘기는 색깔만 조금 다를 뿐 모두 같은 모습이지만 비둘기의 품종은 아주 다양합니다. 꼬리깃털이 마치 공작을 닮은 것도 있습니다. 또 부리 가장자리에 수염이 난 것도 있고, 다

모두 한 종이지만 모양이 제각각인 비둘기는 인간이 인위적으로 번식을 시켜 다양한 품종을 만들어낸 것입니다.

리에 치마처럼 생긴 깃털이 붙은 것도 있습니다. 그러나 모두 한 종입니다. 인간이 비둘기를 키우면서 인위적으로 번식을 시켜 다양한 품종을 만들어낸 것이지요. 대표적인 농산물인 쌀도 마찬가집니다. 원래 벼는 지금처럼 수확량이 많은 작물이 아니었습니다. 인간이 지속적으로 품종을 개량해서 오늘날처럼 많은 쌀을 수확할 수 있게 된 겁니다.

다윈은 이런 일들이 자연 상태에서도 일어난다는 사실을 알아낸 사람입니다. 인간과 같은 조종자에 의해서가 아니라 생물들간의 자연스러운 관계 속에서 이런 일들이 벌어지는 것을 알아낸 것입니다. 당시 다윈은 이미 따개비 연구에서 세계적인 권위자였을 뿐만 아니라 지렁이, 꽃과 벌 연구 등을 통해 많은 자료를 확보한 상태였지만, 진화의 메커니즘을 찾아내는 데 필요한 마지막 단서들을 찾고 있었습니다.

그러던 어느 날 예기치 못한 곳에서 결정적인 단서를 얻습니다. 1838년 토머스 맬서스Thomas Malthus의 『인구론』을 접하게 된 거죠. 다윈은 그 속에서 자신이 모아놓은 자료를 설명해줄 만한 결정적인 단서를 찾습니다. 맬서스 인구론의 기본 개념은 한마디로 모든 생물은 번식력이 엄청나므로, 만일 생물이 죽지 않는다면 지구는 멸망

할 수밖에 없다는 겁니다. 불세출의 생태학자 로버트 맥아더Robert MacArthur의 계산에 따르면, 20분에 한 번씩 세포분열을 하는 박테리아가 있다고 할 때, 20분 지나면 4개, 다시 20분이 지나면 8개, 이런 식으로 숫자가 계속 증가하다보면 36시간 만에 사람 무릎 아래까지 올라올 정도로 지구를 뒤덮을 수 있다고 합니다. 여기서 한 시간만 더 지나면 우리 키를 넘을 정도가 되겠지요.

물론 이는 먹을 것이 충분하여 박테리아가 죽지 않는다고 가정할 때 이야기입니다. 박테리아는 눈에도 보이지 않는 아주 조그마한 생물입니다. 그런데 이 조그만 생물이 37시간이면 우리 인간을 묻어버릴 수 있을 정도로 불어난다는 것입니다. 그 정도로 엄청난 번식력을 가진 것이 생명입니다. 다행히 많은 생명체가 죽고 자연스럽게 순환이 이루어지면서, 살아남은 것들은 다시 번식할 수 있는 것입니다. 드디어 다윈은 자연계에서 많은 생물이 태어나 서로 경쟁을 벌이고 살아가며, 그 과정에서 끝까지 살아남을 수 있는 우수한 형질을 가진 생물만이 살아남는다는 것, 그래서 그 형질을 다음 세대에 물려주고, 다시 환경에 적응하는 과정을 되풀이한다는 결론에 이르렀습니다. 자연선택의 메커니즘을 발견한 것입니다.

그렇지만 다윈은 완벽주의자였습니다. 자신의 이론이 가져올 여파를 걱정하며 발표를 미루다 그로부터 20년이 지나서야 자신의 이론을 발표하지요. 평소 다윈을 존경하던 생물학자 엘프리드 월리스Alfred Wallace가 의견을 묻기 위해 보내온 논문을 검토하던 중, 그가 진화에 관해 자신과 동일한 결론에 이르렀음을 알게 되어 발표를 더 이상 미룰 수 없음을 깨달은 겁니다. 다윈은 다음 해인 1859년 당시 원로 학자들의 주선으로 왕립학회에서 자신의 이론을 발표합

색과 모양이 다양한
달팽이처럼 변이가 있어야
진화는 일어납니다.
또 변이는 자식이 부모를
닮듯이 유전되어야만
진화가 일어납니다.

니다. 같은 학회에서 월리스도 발표할 기회를 얻지요. 하지만 두 사람은 서로 다른 이유로 인해 발표장에는 나타나지 않고 다른 사람들이 대신 논문을 읽어줍니다. 다윈은 백과사전 몇 권이 될 만큼 방대한 자료를 정리하여 조그마한 책으로 펴냅니다. 그 조그마한 책이 바로 불후의 명작이 된 『종의 기원』입니다. 그 책은 나오자마자 하루 만에 다 팔리고 재판 인쇄에 들어갈 만큼 엄청난 반향을 일으킵니다.

다윈과 월리스의 이론에 따르면, 몇 가지 조건들만 맞아떨어지면 진화는 반드시 일어나며 그 중 어느 하나라도 맞지 않으면 진화는 일어날 수 없습니다. 그래서 우리는 이 조건들을 필요충분조건이라고 하지요. 다윈과 월리스가 정리한 이론들을 살펴보면 기본적으로 네 가지 조건이 필요합니다.

먼저 '변이'가 있어야 됩니다. 예를 들어, 모양·크기·색깔이 똑같은 달팽이 집단에서는 아무리 서로 짝짓기를 하여 자손을 낳아도 아무런 변화도 기대할 수 없습니다. 애당초 아무런 변이도 없는 곳에서는 아무런 변화도 일어나지 않을 것입니다. 완벽하게 복제인간들로만 구성되어 있는 사회에서는 아무리 다양한 형태로 결혼을 한다 하더라도 다양한 형질의 자식을 얻을 수 없습니다.

또 이 변이가 유전되는 변이가 아니라면, 다시 말해 자손에게 이어지는 형질이 아니라면 아무리 다른 모습을 가졌더라도 소용이 없다는 것이 두 번째 조건입니다. 자식은 항상 부모를 닮습니다. 이렇게 자식이 부모를 닮는다는 것은 부모의 형질들이 유전된다는 것을 뜻합니다. 여기서 말하는 변이는 반드시 유전적 변이여야 한다는 얘기입니다. 만일 그렇지 않다면 진화는 일어나지 않지요.

그리고 위에서 살펴봤듯이 생물이란 생식력이 왕성해서 많이 태어나지만 결국 소수만이 살아남아 번식하게 된다는 것이 세 번째 조건입니다. 평생 다른 곤충을 잡아먹고 사는 사마귀조차도 먹이사슬의 더 윗부분에 있는 다른 동물에게 잡아먹힙니다.

모든 암컷이 똑같은 수의 자식을 낳으면 변화가 일어날 수 없습니다. 그래서 암컷마다 낳는 자식의 수가 달라야 한다는 것이 네 번째 조건입니다. 어느 집이나 똑같은 수의 자식을 낳아서 기른다면 변화가 있을 수 없습니다. 자식의 수가 다르기 때문에 변화가 생깁니다. 어떤 암컷은 많이 낳고 또 어떤 암컷은 적게 낳기 때문에 다음 세대의 유전자 빈도에 변화가 생기는 것이지요.

이 네 가지 조건이 다 충족되면 진화는 반드시 일어날 수밖에 없습니다. 변이가 있고, 그 변이가 유전되며, 많이 태어난 개체의 상당수는 죽어 없어지고, 살아남은 것들이 자식을 낳는 수가 다르다는 네 조건만 만족되면 다음 세대의 유전적 구성은 달라질 수밖에 없습니다. 결국 진화는 필연적일 수밖에 없다는 얘기입니다.

지구의 역사 46억 년 동안 지구에 출현한 동물 가운데 가장 큰 동물로 여겨지며 지금도 저 푸른 바다에 살고 있는 흰긴수염고래blue whale부터 단세포생물에 이르기까지 지구에는 엄청나게 다양한 생물들이 살고 있습니다. 지금까지 알려진 기록들을 종합하면 약 40억 년에서 25억 년 전 사이에 최초의 생명체가 탄생한 것으로 보입니다. 그렇다면 지난 25억 년은 그 많은 동식물들을 만들어내기에 충분한 시간이었을까요? 위장술이 뛰어난 곤충 중에 진짜 나뭇잎처럼 보이는 베짱이가 있습니다. 잎모양뿐 아니라 잎맥이나 벌레가 파먹은 모습까지 흉내내는 그 베짱이가 그처럼 완벽한 모습을 갖게 되기까지 25억 년이라는 세월이 과연 충분했을까 하는 말입니다.

물론 저는 시간이 충분했다고 믿는 사람입니다. 진화론을 받아들이기 어려워하는 사람들은 돌연변이가 생기는 확률 등을 계산하며 그럴 만한 시간적 여유가 없었다고 주장합니다. 하지만 돌연변이만이 생물의 변이를 만들어내는 것이 아닙니다. 물론 새로운 변이는 유전자 자체에 변화가 생겨 다른 것으로 변하는 돌연변이로부터 나옵니다. 그렇지만 한 지역에서 다른 지역으로 이동한 생물이 원래 그 지역에 살던 생물과 번식하여 완전히 다른 유전자 조합을 만들기도 합니다. 또 인간처럼 암수 구별이 있는 생물은 서로 다른 유전자들을 섞어 다양한 유전자 조합을 만들어냅니다. 변화할 수 있는 여지는 무궁무진합니다.

진화생물학자들은 시간이 부족하기 때문에 그런 일이 벌어질 수 없다고는 생각하지 않습니다. 우리가 흔히 보는 평범한 베짱이 한 마리를 놓고 이 베짱이에서 어떻게 썩은 나뭇잎처럼 생긴 베짱이가 진화할 수 있느냐고 묻는 이들이 많습니다. 한번에 그렇게 큰 변화가 일어나 갑자기 건너뛰는 게 아닙니다. 옥스퍼드대학의 석좌교수이며 『이기적 유전자』라는 책을 써서 우리 독자들에게도 잘 알려진

오늘날 위장술이 뛰어난
베짱이가 진짜 나뭇잎처럼
보이게 되기까지는 지극히
작고 느리지만 점진적인 변화의
축적이 있었습니다. 기가 막힌
생물의 다양성이 진화의 기적을
만들어낸 것입니다.
ⓒ Dan Perlman

리처드 도킨스Richard Dawkins가 1996년에 출간한 『불가능한 산에 오르다』라는 책이 있습니다. 산 밑에서 산 정상을 올려다보며 어떻게 하루아침에 저런 산이 생겼을까, 다시 말해서 평범한 베짱이가 어떻게 곤충이 파먹은 자국까지 흉내 내게 됐을까 하고 묻는 겁니다. 백두산을 예로 들어 설명해보겠습니다. 백두산은 우리나라에서 보면 제일 높은 산이지만 중국에서는 그저 완만하게 올라가는 산입니다. 완만히 오르다가 갑자기 한반도로 뚝 떨어지는 게 백두산의 모습입니다. 우리 쪽에서 백두산을 올려다보면 어떻게 단번에 저 꼭대기까지 뛰어올랐을까 의아하게 생각할 수 있지만 중국 쪽에서 오르면 시간이 좀 걸려서 그렇지 가능합니다. 그렇듯 작은 변화가 계속 축적되어 평범한 베짱이가 특이한 베짱이가 되는 겁니다. 여러 종을 거치면서 말이죠. 25억 내지 40억 년은 이런 생명의 변화를 만들어내기에 충분한 시간이었습니다. 그래서 이 세상에는 지금 엄청난 생물다양성이 존재하는 것이고요.

04

이기적 유전자와
자연선택론

사람들은 흔히 세상살이의 여러 모습을 보며 '종족 번식을 위해서'
라는 설명을 붙이곤 합니다. 또 그것은 본능이라고 말합니다. 이를
테면 결혼하여 아이를 낳는 것도 종족 번식을 위한 행동이라고 설명
하는데, 사실 결혼해서 첫날밤을 같이 보내며 '우리는 종족 번식을
위해서 같이 자는 거야' 하는 부부가 있나요. 그런데도 종족 번식 또
는 종의 안녕과 유지가 그 행위의 근본적 이유라고 말하지요. 진화
생물학자가 볼 때 이 같은 설명은 전혀 설득력이 없어 보입니다.

　인간은 상당히 모순적인 동물입니다. 아름다운 일을 하는가 하
면, 동물 세계에서 거의 유일하게 대규모의 전쟁을 일으켜 대량학
살을 감행하기도 하지요. 개미를 빼놓고는 그런 동물은 없습니다.

개미와 인간이 가장 발달된 사회를 구성하고 사는 동물들인 점을 감안하면 이런 행동이 어쩌면 사회를 형성하고 유지하는 필요악인지도 모른다는 생각을 해봅니다. 하지만 자연계에서 이같이 잔인한 행동을 하는 동물은 그리 많지 않습니다. 늑대들은 서로 으르렁거리며 싸우지만 상대를 적당히 위협하는 수준이지 죽음으로까지 몰고 가는 경우는 거의 없습니다. 인간이나 몇몇 동물을 제외하고는 이렇게 극단적인 행동을 하지 않습니다. 왜일까요? 예전의 많은 동물학자들은 이런 절제된 듯한 행동이 그들이 속해 있는 종을 보존하기 위한 것이라고 설명했습니다. '종족 번식' 또는 '종의 유지'를 위한 행동이라는 것입니다. 그렇다면 자연선택이 종의 수준에서 일어난다는 이야기인데요. 정말 그런지 이 문제에 대해 생각해봅시다.

바닷가 벼랑에 둥지를 틀고 사는 쇠오리류의 퍼핀puffin이라는 새가 있는데, 추운 지방에 사는 새치고 부리가 빨갛고 아주 화려합니다. 이 바닷새들은 번식기가 되면 서로 짝을 찾아 둥지를 틀고 바다를 내려다보면서 나름대로 자신들의 가족계획을 세우겠지요. "야, 올해는 말이야, 물고기가 없어. 지난해에는 그렇게 많던 게 지금은 오전 내내 자맥질해봐야 두세 마리 잡기도 힘들어. 이거 문제가 심각해. 먹을 게 부족할 것 같으니 작년에는 셋을 낳았지만 올해는 둘만 낳아 잘 기르자"고 서로 상의할까요. 언뜻 보면 바닷새들이 이런 식으로 합의해서 낳을 자식의 수를 조절하는 것처럼 보입니다. 왜냐하면 먹이가 많은 해에는 평균적으로 거의 세 개씩 알을 낳는데, 먹이가 부족한 해에는 그 숫자가 줄어드니까요. 그래서 예전의 동물학자들은 어떤 집단이 나름의 수준에서 자식의 수를 줄일 줄 아는

서로 적당히 위협할 뿐
죽음으로까지 몰지는 않는
늘대의 절제된 행동을
동물학자들은 '종의 유지' 를
위한 것이라고 설명해왔습니다.
ⓒ Topic Photo

능력이 있으면 살아남고 그렇지 못하면 멸종한다고 설명했습니다.

쥐와 가까운 설치류 동물인 레밍lemming은 해마다 이른 봄이 되면 집단 자살을 한다고 알려졌습니다. 그 집단 자살의 규모가 엄청나게 커서 거의 떼죽음 수준인데, 얼음이 녹기 시작할 무렵에 찬물을 향해 자발적으로 뛰어든다는 것입니다. 이 같은 행동에 대해 예전의 동물학자들은 먹을 것이 부족해서 함께 떼죽음을 당하는 상황을 막기 위해 스스로 희생하는 것이라고 설명했지요. 하지만 이는 앞뒤가 맞지 않은 설명입니다. 좀더 상세한 연구 결과 밝혀진 바로는, 이른 봄 먹을 것을 찾으려고 빙판을 떼지어 급하게 몰려다니다가 미처 멈추지 못하고 미끄러져서 물에 빠져 죽는 것입니다.

만일 모두 자진하여 물에 뛰어드는 상황에서 미리 고무 튜브를 끼고 내려오는 놈이 있다면 그 친구는 죽지 않고 살아남겠지요. 그 친구는 튜브를 타고 조금 떠내려가다 다시 언덕을 기어올라 살아남아 번식을 하겠죠. 만일 이처럼 튜브를 낄 줄 아는 성향이 유전한다면 그 다음 해엔 튜브를 끼고 내려오는 놈들이 두세 마리로 늘어날 겁니다. 영리한 놈의 새끼들이지요. 이렇게 몇 년이 지나고 나면 절반 정도는 튜브를 끼고 내려오게 될 겁니다. 10년쯤 지나면 아마 전부 튜브를 끼고 내려오겠지요. 튜브를 끼지 않고 내려오는 '숭고한' 레밍들은 모두 죽기 때문에 그 자손들은 태어나지 못하지요. 이기적인 레밍들만이 살아남는 거죠. 즉, 번식에 유리한 성향을 지닌 레밍만이 살아남는다는 말입니다. 이처럼 집단 차원의 합의나 희생으로 동물의 행동을 설명하는 것은 무리입니다.

오랫동안 뉴욕주립대학에서 교편을 잡다가 몇 년 전 퇴임하신 조지 윌리엄즈George Williams 교수는 젊은 시절 이 문제를 구체적으로 지적하면서 일약 유명해졌습니다. 그는 영국 옥스퍼드대학에 머물던 1966년 『적응과 자연선택』이라는 책을 출간하여 이러한 문제에 있어서 우리가 다윈의 이론을 전적으로 잘못 이해하고 있다고 주장했습니다.

그는 박새가 낳아 기르는 알의 수에 관한 통계를 가지고 이 문제를 설명했습니다. 박새는 까맣고 하얀 깃털이 섞인 참새만한 새로서 우리나라에서도 흔히 볼 수 있지요. 박새는 둥지마다 낳는 알의 수에 변이가 아주 심한 새입니다. 알이 3개 있는 둥지가 있는가 하면 13개나 되는 둥지도 있습니다. 알이 8~10개인 둥지가 가장 흔합니다. 그리고 8~9개 정도인 둥지가 가장 많은 수의 새끼 새를 길러냅니다. 알이 12~13개인 둥지들이 길러내는 새끼의 수는 8~10개인 둥지보다 적습니다. 너무 많이 낳아 부모 새들이 고생은 고생대로 하지만 골고루 잘 발육된 새끼는 얼마 되지 않는 거지요. 이처럼 알의 수는 자연선택 과정을 거치며 그들이 키워낼 수 있는 능력에 수렴하게 됩니다. 집단 수준에서 결정되는 것이 아니라 각각의 박새 부부의 능력에 따라 결정되는 겁니다. 키울 수 있는 만큼 낳게 되는 거지요.

이런 사실은 제비류에 속하는 새의 실험에서도 확인되었습니다. 이 새는 한 둥지에 2~3개의 알을 낳습니다. 알이 2개가 있는 둥지에서 알을 3개 낳은 둥지에 1개를 보태어 4개가 되도록 하여 실험을 했습니다. 이렇게 옮겨진 알을 제대로 구별하지 못하는 부모 새는 알 4개를 모두 부화시켜 열심히 키웁니다. 하지만 2~3개의 알을 가진 둥지보다 더 많은 새끼 새를 길러내지 못합니다. 따라서 이 새가 2~3개의 알을 낳아 키우는 것은 오랜 진화의 역사를 통해 선택된 이 새의 형질인 것입니다. 집단 수준에서, 개체군 수준에서, 종 수준에서 종의 번식을 위해 또는 종의 유지를 위해 무언가를 한다는 것이 얼마나 어려운 것인지를 알게 해주는 예들입니다. 무작정 남을 돕는 개체는 살아남기 어렵습니다. 이기적인 자기애가 발휘되지 않았다면 인류는 여기까지 오지 못했을 겁니다. 다윈은 철저하게 개체 수준에서 진화를 이야기했습니다. 다윈에게 있어서 태어나서 살며 경쟁하고 번식하고 죽는 주체는 개체인 것입니다.

하지만 개체를 정의하는 것은 대단히 어려운 일입니다. 샴쌍둥이의 경우 개체의 한계는 어디일까요? 그들은 몸이 붙어 있어서 항상 같이 다니고, 거의 모든 일을 함께 합니다. 그렇다면 이 둘을 합해서 하나의 개체로 봐야 할까요? 하지만 뇌가 각각이어서 따로 사고합니다. 수술을 해서 둘을 분리하면 서로 다른 두 생명체가 됩니다. 그런데 정말 둘은 다른 생명체일까요? 일란성 쌍둥이의 경우 개체를 결정하는 것은 어려운 문제입니다. 둘은 각각 독립적인 개체지만 유전자의 동일성 측면에서 본다면 둘은 다르지 않습니다. 일란성 쌍

몸이 붙어 있는 삼쌍둥이는
하나의 개체일까요? 둘은
뇌가 각각이며 분리하면
두 생명체가 되는데, 그렇다면
둘은 다른 생명체인 걸까요?

둥이 형제의 경우 형의 자식은 그 동생에게
조카가 되겠지만 유전자 관점에서 보면 동생
의 자식이나 다름없습니다. 형과 동생의 유
전자는 동일하므로 조카는 동생의 유전자를
100퍼센트 물려받은 것이나 진배없기 때문입
니다.

이렇듯 각각의 생명체가 아닌 그 생명체 안
에 들어 있는 유전자의 관점에서 진화를 분석
하기 시작한 학자가 바로 미시간대학과 옥스
퍼드대학 교수를 역임한 윌리엄 해밀턴William
Hamilton입니다. 흔히 닭이 달걀을 낳는 개체라
고 생각하지만, 생각의 각도를 조금 달리하면 달걀이 더 많은 달걀
을 만들어내기 위해 닭을 매개체로 사용했다고 볼 수도 있습니다.
이것이 바로 유전자의 관점입니다. 달걀 안의 유전자가 자신의 복
제품을 더 많이 생산하기 위한 방법으로 고안한 것이 닭이라는 설
명입니다. 도킨스에 따르면, 생명체는 그저 '생존기계'일 뿐이고
실제 생명을 주관하는 주체는 유전자입니다. 이중나선 구조로 되어
있는 DNA는 세대를 거듭하여 계속 이어질 수 있는 '불멸의 나선'
입니다.

생명도 이 이중나선 구조로 된 불멸의 DNA에서 비롯된 것이지
요. 오늘날 지구상의 모든 생명체는 그 태초의 DNA를 물려받은 것
들입니다. 그 DNA가 각각의 생명체에서 각기 다른 조합을 만들어
조금씩 다른 모습의 개체로 살아가고 있는 것이지요. 인간과 침팬
지의 관계도 그런 차이이며, 침팬지와 오랑우탄의 관계, 오랑우탄

과 떡갈나무의 관계, 떡갈나무와 코스모스의 관계도 모두 마찬가지입니다. 이 모든 생명체의 내부에는 태초의 조상 DNA가 그 모습만 조금씩 바뀐 채 들어 있습니다. 그래서 어떻게 보면 생명은 바로 이 불멸의 DNA 나선의 일대기인 셈이지요. 태초부터 지금까지 한 번도 죽지 않고 살아남은 그 대단한 화학물질의 일대기라는 겁니다.

이처럼 다윈의 자연선택론은 생명에 대한 관점을 완전히 뒤바꿔 놓았습니다. 나아가 서양의 사상 체계, 곧 플라톤에서 시작된 서양 철학의 체계를 하루아침에 뒤바꿔 놓았습니다. 서양 철학의 플라톤적 전통은 한마디로 본질주의라고 할 수 있습니다. 우리가 현실에서 경험하는 것은 동굴 벽에 비친 그림자와도 같은 것이고, 진리는 다른 곳에 존재한다는 것이지요. 나아가 기독교에서는 이 세상이 어떤 목적을 위해 창조되었다고 하는 합목적주의적 세계관을 표방합니다. 플라톤의 본질주의와 기독교적 합리주의가 한데 어우러져 서양인들의 사상체계를 만들었지요. 독일의 철학자 라이프니츠는 신이 만든 이 세상은 인간이 상상할 수 있는 가장 아름다운 세계일 뿐 아니라 신이 창조한 인간의 삶은 궁극적인 목표를 가질 수밖에 없다고 주장했습니다. 이런 세계관들이 서양의 사상 체계를 지배해 온 것입니다.

그러다가 1755년 11월 1일 포르투갈의 수도 리스본에서 엄청난 규모의 대지진이 일어나 수많은 사람들이 죽었습니다. 이런 사고 앞에서 사람들은 신의 뜻은 무엇이며, 이 세계의 궁극적인 목적은 무엇인가 묻게 되었습니다. 칸트도 라이프니츠의 논리를 비판하기 시작했고, 스코틀랜드의 철학자 흄은 전통적인 세계관에 반기를 들면서 '자연은 눈이 멀었다Blind Nature'고 주장했지요. 신이 눈이 멀지

다윈의 이론은 문학, 예술, 철학 등 현대의 학문과 예술 전반에 걸쳐 막대한 영향을 미쳤으며, 현대인의 의식 구조와 삶까지도 바꾸어놓았습니다.

않고서야 어떻게 이렇게 무작위로 사람들을 죽일 수 있는지 의심하게 된 것이죠. 당시 사회적 분위기와 사상적 동요는 다윈의 진화론이 나올 수 있는 기반이 되었습니다.

1789년의 프랑스 혁명도 한몫했습니다. 전제적인 군주 통치에 대항하는 개인의 의미를 생각해볼 수 있는 계기가 되었으니까요. 이러면서 점차 서양의 사상 체계에 근본적인 변화가 생기기 시작했습니다. 다윈의 이론은 이런 배경 속에서 나왔습니다. 물론 당시로서는 상당히 파격적인 이론이었지요. 다윈주의는 한마디로 개체를 중요시하는 이론입니다. 이전 사상들에서는 전체가 중요했고, 목표가 뚜렷한 전체를 위해서 개체의 희생은 불가피한 것이었습니다. 하지만 다윈에게 중요한 것은 하나하나 따로따로 숨쉬는 개체, 그리고 개체의 번식을 통한 형질의 계승이었습니다. 그 과정에서 변이를 통해 변화가 일어나며, 이것은 다시 각각의 개체를 이전의 개체들과 다르게 만듭니다. 이렇게 각기 다른 것이 우리의 본질이며, 그 다양성이야말로 아름다운 것이라고 다윈은 주장했습니다. 플라톤의 본질주의와는 전혀 딴판이죠.

아직도 우리 주변에는 다윈을 단순히 자연선택론으로 진화의 몇몇 현상들을 설명하려고 했던 영국의 생물학자로 알고 있는 사람들이 있지만, 실제로 다윈의 이론은 서양 철학계에 큰 반향을 몰고 온 획기적인 이론입니다. 다윈은 이제 현대 지성사에 가장 큰 영향을 미친 인물 중의 하나로 평가받고 있습니다. 다윈의 이론은 생물학

한 생물학자가 "우리로 하여금 모든 것이 유전자에 의해 결정된다고 믿도록 하는 바로 그 유전자를 찾았다"고 소리치고 있습니다.

요즘 신문이나 방송에서 '우울증 유전자를 발견했다' '알코올 중독 유전자를 발견했다' 는 등의 보도를 종종 접할 수 있습니다. 심지어는 사람을 외향적으로 만들어주는 유전자를 찾았다는 이야기도 합니다. 그러나 이것은 생물학자의 입장에서 보면 정말 말도 안 되는 우스꽝스러운 이야기입니다.

외국 만화가가 그린 만화를 하나 볼까요. 생물학자들이 혈안이 되어서 각종 유전자를 찾는 연구에 몰두하고 있는데, 한 양반이 '우리로 하여금 모든 것이 유전자에 의해 결정된다고 믿도록 만드는 바로 그 유전자를 찾았다' 고 외치며 뛰어 들어오고 있군요. 파리와 같은 곤충들은 굉장히 많은 수의 홑눈이 모여서 된 '겹눈compound eyes' 을 가지고 있습니다. TV 스크린이 여러 개 붙어 있는 고 백남준 선생의 작품에 비유하자면, TV 스크린 하나하나가 홑눈이라고 생각하면 됩니다. 상이 맺힌 데도 있고 안 맺힌 데도 있는 TV 스크린을 통해 물체가 움직이는 것을 찾아내는 거죠. 파리의 눈이 어떤 특정한 색을 띠게 하는 유전자를 찾는다고 한번 상상해봅시다. 언뜻 생각하면 무척 간단할 것 같지만 자세히 살펴보면 그렇게 간단하지가 않습니다.

우리 몸 여러 부위의 색을 표현해내는 일은 몇십 가지 색으로 구성된 크레파스 상자에서 색깔을 고르는 일처럼 간단하지가 않습니다. 몇 가지 기본 색소를 어떻게 섞느냐에 따라 어떤 색깔이 나오느냐가 결정되는 것입니다. 우리나라 사람은 머리색이 대부분 아주 검거나 조금 연한 검은색을 띱니다. 우리나라 사람의 유전자에는 아주 진한 검은색과 조금 옅은 검은색을 만들 수 있는 수준의 변이만 있는 것인지도 모릅니다. 비슷한 이치로 파리의 눈 색깔을 만드는 과정을 연구해보면, 유전자 하나가 아니라 꽤 여러 개가 관여한다는 걸 알 수 있지요. 그래서 색깔을 좀 연하게 해라, 어떤 색을 섞어라, 어느 단계에서 어떤 색을 발현시켜라 등의 조건을 조절하는 유전자가 단계마다 굉장히 많이 있습니다.

하물며 눈 색깔을 조율하는 데에도 이렇게 많은 유전자가 관여하는데, 사람을 외향적으로 또는 내성적으로 만드는 데에 관여하는 유전자가 절대 한 개일 리가 없습니다. 기본적으로 외향적인 사람인데 외모에 자신이 없으면 그 사람은 뒤로 숨는 경향을 보이겠지요. 사실 마음은 앞에 나서고 싶은데 외모 때문에 숨었다면, 그 사람을 외향적으로 만들어주는 표현형에는 외모를 결정하는 유전자도 포함되어야 하는 것 아닐까요? 이처럼 이 과정에 관여할 수 있는 유전자는 무척이나 많을 겁니다.

신문에서 '치매 유전자를 발견했다'라고 보도되었다면, 그것은 치매에 걸린 사람의 유전자를 연구해보니 정상인 사람의 유전자와 조금 다른 부분이 발견됐다는 정도를 밝힌 것뿐입니다. 따라서 사람을 외향적으로 만드는 유전자를 찾았다거나, 술주정뱅이로 만드는

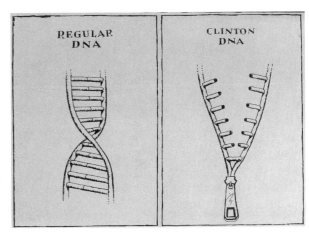

클린턴 성추문 사건 때
클린턴 DNA를 이중나선이
아니라 열린 바지 지퍼처럼 그려
풍자한 만화가 있었습니다.

유전자를 찾았다고 얘기해서는 안 되지요. 수많은 유전자가 한꺼번에 일을 해야만 어떤 결과물을 만들 수 있으니까요. 막상 직접 실험한 연구자는 거기에 관여하는 일부 유전자의 가능성을 제시하는 정도로 아주 조심스럽게 결과를 발표하는데, 언론 매체에서 과대 포장하는 경우가 많습니다. 그래서 잘못 전달되는 경우가 많지요.

DNA는 이중나선 구조로서 두 가닥의 실이 꼬여 있는 것처럼 되어 있습니다. 예전에 미국 클린턴 대통령과 르윈스키의 성추문 사건이 일어났을 때, 이것을 풍자해 클린턴 대통령의 DNA가 바지 지퍼처럼 쫙 열려 있는 만화가 나온 적이 있었죠. 그렇지만 실제 DNA는 이 만화처럼 그렇게 간단하지 않습니다. 그 DNA를 가진 개체가 어떤 특성을 보이게 될지 그처럼 또렷하게 보여주는 것은 아니지요.

이처럼 여러 유전자가 관여해서 하나의 형질을 발현하는 것을 '다인자발현polygeny'이라고 합니다. 여러 인자가 함께 하나의 형질 발현에 관여한다는 뜻이죠. 반대로 '다면발현pleiotropy'은 하나의 유전자가 여러 형질 발현에 관여한다는 뜻입니다. 한 유전자가 평생 머리 색깔 만드는 일만 하는 것이 아니라는 뜻이지요. 유전자의 수는 한정되어 있고 유전자들이 해야 할 일은 많기 때문에 아마 생명현상은 굉장히 유동적인 구조를 갖추게 되었을 것으로 생각됩니다. 그래서 A라는 유전자가 어느 때는 이 작업에 동원되었다가 어느 때는 저 작업에 동원되는 식으로 다양한 역할을 수행하고 있을 겁니다. 노화를 연구하는 학자들은 심지어 젊었을 때 우리를 매력적으로 만들어주던 유전자가 나중에는 노화를 촉진하는 유전자가 된다고 생각하기도 합니다. 곧 서로 상반되는 두 가지 일을 하는 유전자들도 많으리라고 추측하는 거죠. 따라서 어느 유전자의 기능을 하나 찾았더라도 다른 일을 할 가능성도 아주 많으므로, 그 유전자가 그 일을 하는 유전자라고 확정지어 이야기하는 것은 경솔합니다.

이처럼 행동의 유전을 밝힌다는 것은 결코 쉬운 문제가 아닙니다. 그렇다면 행동이 유전한다는 것을 생물학자들이 어떻게 실험적으로 밝히는지 살펴볼까요. 먼저 우리가 이 기제를 밝히기 위하여 연구한 것은 아니지만 아주 오랫동안 써온 방법이 하나 있습니다. 바로 인위선택입니다. 오늘날 닭이 이렇게 달걀을 많이 낳을 수 있는 것은 달걀을 잘 낳는 닭을 오랫동안 인위적으로 선택했기 때문이고, 젖소가 젖을 많이 만들어내는 것도 젖을 많이 낼 수 있는 젖소를 인위적으로 선택했기 때문이며, 온갖 농작물의 수확성이 그렇게 높아진 것도 예전에 야생에 살던 것들 가운데 가능성이 있는 것들을 선별하여 오랫동안 인위적인 선택과정을 거치며 품종을 개량했기 때문입니다. 이것을 실제로 실험에 응용할 수 있습니다.

귀뚜라미는 늦여름부터 저녁 때가 되면 웁니다. 수컷이 윗날개를 비벼서 소리를 내고 암컷이 그 소리를 듣고 마음에 들면 수컷한테 찾아옵니다. 그렇게 짝짓기를 하여 번식하지요. 그런데 소리를 듣고 찾아온다는 건 그렇게 쉬운 일이 아닙니다. 누가 등 뒤에서 내 욕을 했을 때 '누구야?' 하고 돌아서며 욕을 한 사람을 정확하게 찾아내는 일은 쉽지 않지요. 대충 어느 방향에서 온 것인지는 알지만, 소리의 물리적 특성 때문에 정확하게 어느 지점에서 나왔는지를 찾기는 어렵습니다. 귀뚜라미 중에는 이 점을 이용하는 놈들이 있습니다. 귀뚜라미가 암컷을 부르려고 밤새도록 날개를 비비는 일은 사실 굉장히 힘든 일이지요. 그래서 귀뚜라미 중에는 잘 우는 수컷 옆에 앉아 있다가 암컷이 나타나면 먼저 그 앞에 나서서 자기가 소리를 낸 장본인인 것처럼 미소를 짓고 암컷을 맞이하는 사기성이 농후한 수컷들이 있습니다. 그러면 암컷은 누가 소리를 냈는지 정확히 모르기 때문에 때로 엉뚱한 수컷과 짝짓기를 하게 됩니다.

실제로 캐나다의 곤충학자 윌리엄 케이드William Cade가 조사한 바에 따르면, 꽤 많은 수컷이 하룻밤 사이에 반시간도 울지 않습니다. 어떤 수컷은 거의 열 시간을 울어대는데 어떤 수컷은 반시간도 울지 않습니다. 아주 얌체인 놈부터 아주 성실한 놈까지 다양하게 존재하는 것이죠. 그런 특징들을 인위선택합니다. 얌체를 인위선택하고 또 성실한 귀뚜라미를 인위선택하여 몇 세대만 지나면 그 개체군은 굉장히 많은 얌체와 굉장히 성실한 개체들로 확연히 나뉩니다. 인위선택을 통해 특별한 성향을 가진 것들끼리 교배하고, 또 그렇지 않은 것들끼리 교배하면, 그다지 오랜 세월이 흐르지 않아도 확연하게 다른 두 집단으로 분명히 나눌 수 있습니다. 따라서 젖이 많이 나오는 젖소 집단과 젖이 많이 나오지 않는 젖소 집단을 나누는 것은 그렇게 어려운 일이 아닙니다. 행동이 유전한다는 것을 간접적으로 증명해주는 실험이죠.

또 다른 방법은 이종교배를 하는 것입니다. 앵무새 가운데 서로 가까운 종인데 전혀 다른 방법으로 둥지를 짓는 것들이 있습니다. 한 종은 대부분의 새처럼 항상 지푸라기를 입으로 물어다 둥지를 만듭니다. 그런데 다른 한 종은 참 묘하게도 지푸라기를 입으로 나르는 게 아니라 깃털 밑에 박아 옵니다. 한꺼번에 여러 개를 나를 수 있으므로 어떻게 보면 더 효율적일 수도 있지요. 하지만 실제로는 날면서 많이 흘리기도 합니다. 어떤 생물학자가 이 두 종을 아주 절묘하게 교배했습니다. 그리고 그 잡종이 어떤 행동을 보이는지 관찰했더니, 두 가지 일을 다 하더랍니다. 어떤 개체는 입으로 더 많이 나르고 어떤 개체는 겨드랑이로 더 많이 나르는 정도의 차이는 있지만, 두 방법을 모두 사용하는 것이지요. 한 종은 전혀 입으로 나르지 않았고 또 다른 종은 전혀 깃털에 꽂아오는 개체가 없었는데, 두 종을 합하니까, 곧 두 종의 유전자를 섞어놓으니까 두 가지 행동을 모두 하는 것입니다. 당연히 유전자 속에 그 행동이 적혀 있음을 보여주는 실험이지요.

귀뚜라미만 소리로 신호하는 것이 아니라 개구리도 소리로 신호를 보냅니다. 수개구리가 울면 암개구리가 찾아오지요. 그러다 보니 개구리 사회에서도 귀뚜라미와 비슷한 일이 벌어집니다. A라는 종의 개구리와 B라는 종의 개구리가 있다고 칩시다. A종의 수컷 개구리 울음소리를 녹음한 다음에 A종과 아주 가까운 B종의 수컷이 울 때 그 뒤쪽 수풀에 스피커를 숨겨두고 A종 수컷의 울음소리를 틀어줍니다. 그리고 B종 수컷 개구리의 공기주머니에 작은 구멍을 냅니다. 개구리는 숨을 들이마셔 공기주머니를 부풀렸다가 내보내면서 소리를 만들어내므로 공기주머니에 구멍을 내면 소리가 나지 않습니다. 그러면 소리를 못 내는 B종 개구리는 뒤의 스피커에서 나는 소리가 자기 것인 줄 압니다. 그리고 B종 암컷도 그 소리를 듣고 옵니다. 그렇게 찾아온 다른 종의 암컷이 알을 낳으면 그 위에 정자를 뿌립니다. 이런 방법을 이용하면 잡종을 만들 수 있습니다. 잡종을 만들어 그 소리를 녹음하여 전기적으로 분석해 봅니다. A종은 굉장히 압축된 끊어지는 소리를 내고, B종은 조금 퍼진 소리를 냅니다. 어느 쪽의 암컷을 쓰느냐에 따라 두 가지 소리가 나오는데 모두 중간 상태를 나타냅니다. 소리를 만드는 메커니즘이 유전자 속에 이미 프로그램되어 있다는 것입니다. 더 신기한 것은 잡종 암컷들은 자기와 동일하게 만들어진 잡종 수컷이 내는 소리를 가장 좋아한다는 것입니다. 소리를 만드는 능력도 유전하지만 소리를 듣고 감상하는 능력도 유전한다는 뜻이지요.

사람을 대상으로 이런 실험을 할 수 있다면 어떤 결과가 나올까요? '노래 잘하는 사람들끼리만 결혼해라' '음치들끼리만 결혼해라' '음치인 대신 그림을 잘 그리는 사람들끼리 결혼해라' 라고 할 수 있다면 재미있는 실험이 되겠지만, 그럴 순 없습니다. 물론 이종교배도 불가능하죠. '침팬지가 인간과 그렇게 비슷하다는데 침팬지랑 결혼해서 살아보라' 고 할 수는 없으니까요. 인간을 대상으로 하는 실험에는 이렇게 여러 가지 제약이 따릅니다.

수십 년 전 미국에서는 미네소타의과대학에서, 그리고 유럽에서는 스웨덴의 스톡홀름의과대학에서 시작한 연구가 있습니다. 바로 일란성 쌍둥이 실험입니다. 요즘은 쌍둥이를 낳으면 한 번에 귀여운 아이를 둘씩이나 얻을 수 있다고 오히려 좋아하지만, 예전에는

사진의 일란성 쌍둥이 형제는 서로 다른 환경에서 40년을 따로 살았는데도 불구하고 직업과 취향과 버릇이 놀랄 만큼 똑같았습니다. 쌍둥이 연구를 해보면 행동도 유전자에 의해 상당 부분 결정된다는 것을 알 수 있습니다.

우리나라뿐 아니라 유럽이나 미국에서도 쌍둥이를 낳으면 조금은 수치스러워했던 모양입니다. 그래서 동네에 소문나기 전에 낳자마자 몰래 한 아이를 다른 곳으로 보내거나 두 아이를 각각 따로따로 보내는 일이 종종 있었다고 합니다. 앞의 두 대학에서 그렇게 태어나자마자 헤어진 쌍둥이들을 추적하여 조사하는 연구를 했습니다. 헤어졌던 쌍둥이를 만나게 해주고 두 사람이 얼마나 비슷한지 관찰했습니다. 어떤 쌍둥이는 10년 만에 만나기도 하고 어떤 쌍둥이는 50년 만에 만나기도 했습니다. 일란성 쌍둥이는 유전적으로 완벽하게 똑같은 개체입니다. 따로 숨을 쉬지만 둘이 하나라고 해도 과언이 아닐 정도지요. 이 경우에는 단지 성장한 환경만 다른 것입니다.

미네소타대학에서 연구한 40대 쌍둥이 얘깁니다. 한 명은 베네수엘라에 살고 한 명은 독일에서 살았는데도 비슷한 것이 아주 많았지요. 콧수염은 길렀는데 턱수염은 기르지 않은 점이라든지, 웃는 표정이라든지, 겉모습이 너무나 똑같았습니다. 다른 나라에 살면서도 직업까지 둘 다 소방대원이었습니다. 심지어 둘이 화장실에서 용변을 보기 전에 먼저 물을 한 번 내리고 용변을 본 다음 다시 물을 내리는 행동까지 같았습니다. 40여 년을 따로 살았는데 말입니다.

오늘날에는 분자유전학의 발달로 우리 인간 유전자까지도 조작할 수 있는 시대가 되었습니다. 앞에서 살펴본 방법들은 모두 간접적인 증명입니다. 인위선택과 이종교배의 결과를 보고 행동도 유전자에 의해 전해질 수밖에 없지 않은가 유추해보는 수준에서 이제는 거의 직접 실험할 수 있는 단계에까지 와 있습니다. 특정한 행동의 발현에 중심적으로 관여하는 유전자를 그 유전자를 갖고 있지 않아 그런 행동을 보이지 않는 개체의 발생과정에서 치환실험을 하면 새로운 유전자로 대체된 개체에서 홀연 새로운 행동이 나타나는 실험을 할 수 있는 단계에 와 있습니다. 앞으로 상당히 충격적인 연구 결과들이 속속 나올 겁니다.

유전자가 한 세대에서 다음 세대로 건너가 동일한 형질을 발현시킨다는 것은 이제 현대 생물학에서 이견이 없는 정설입니다. 따라서 당연히 그 유전자가 만들어내는 단백질, 단백질이 만들어내는 여러 형태들, 또 그 형태들이 만들어내는 행동이나 행동이 만들어내는 여러 구조물도 유전됩니다. 물론 인간이 만들어내는 구조물이 모두 유전한다고는 얘기하기 어렵죠. 그렇지만 기본적인 구조, 만들 수 있는 몇 가지 구조물의 골격 등은 모두 유전자 속에 이미 프로그램되어 있을 겁니다. 벌들이 모두 육각형의 집을 만드는 것도 이 때문이죠. 그래서 이제는 학계에서 '행동도 유전되나?' 하고 묻는 사람은 없습니다. 김동인의 〈발가락이 닮았다〉뿐만 아니라 이효석의 〈메밀꽃 필 무렵〉에도 유전자의 영향이 분명히 있을 것임을 이제는 알게 된 것입니다. 동이의 왼손에 채찍이 들려 있는 이유를 유전자에게도 당연히 혐의를 물어야지요.

08

시각적인 남자,
청각적인 여자

창세기 1장 3절에는 '하느님이 가라사대 빛이 있으라 하시면 빛이 있었고'라는 구절이 있습니다. 빛은 어떻게 보면 생명체에게 가장 중요한 것이라 할 수 있습니다. 빛이 없었다면 아마 생명은 시작되지 못했을 겁니다. 물리학자가 우주의 기원을 설명하는 이론 가운데 하나인 '빅뱅'도 처음에 빛이 터지면서 시작되는 것이죠. 또 '외계에도 생명체가 있을까?' 하는 물음에 답하기 위해 많은 학자들이 의견을 나누는데, 만약에 빛이 없거나 굉장히 적은 행성에 생명체가 있다면, 그 생명체는 우리와는 아주 다른 생명체일 수밖에 없을 거라고 합니다. 어떻게 보면 우리는 빛을 기본으로 해서 만들어지고, 빛에 의지해 살아가는 생명체라고 할 수 있습니다. 그만큼 본다

밤에 주로 활동하는 올빼미는
눈이 매우 발달했습니다.
청각 못지 않게 시각도
잘 발달한 동물입니다.

는 것이 굉장히 중요한 생물이기도 하지요.

헬렌 켈러는 보지 못하고, 듣지 못하고, 말하지 못하는, 세 가지 장애를 가지고 있었지요. 그 가운데 어느 것이 가장 안타깝냐고 물었더니 역시 보지 못하는 것이라고 이야기했답니다. 또 미국의 시각장애인 가수 스티비 원더가 개안 수술을 받겠다고 한 적이 있었다지요. 다른 건 다 참을 수 있는데 자식들 모습은 꼭 한 번 보고 싶다는 겁니다. 본다는 것은 이렇게 우리에게 무척이나 중요합니다. 그래서 여러 동물들도 보는 것에 관련된 기관이 참 잘 발달했습니다.

예를 들어 올빼미의 눈을 볼까요. 올빼미의 눈은 최고의 공학기술에 의해 만들어 박아놓은 듯한 느낌을 줄 정도로 크고 뚜렷합니다. 올빼미의 눈이 이렇게 잘 발달한 것은 빛이 부족한 밤에 무언가를 찾아야 하기 때문이지요. 빛이 부족할 때 굉장히 먼 거리에서도 작은 생쥐가 지나가는 것을 볼 수 있어야 합니다. 물론 눈으로 보고만 다가가는 것이 아니라 귀로 듣는 면이 더 많기는 합니다. 하지만 올빼미의 눈은 워낙 많은 역할을 합니다. 그래서 올빼미의 두개골을 열고 들여다보면 눈동자로 거의 꽉 차 있습니다. 그러다 보니 뇌가 상대적으로 아주 작습니다. 사실 올빼미는 별로 영리한 동물은 아닙니다. 잘 보고 잘 잡는 것 말고는 할 줄 아는 게 별로 없습니다. 눈을 너무 발달시킨 결과 다른 부분에서 손해를 본 것이죠.

동물들이 과연 어떻게 서로 얘기하고 알아듣느냐에 관한 연구, 즉 의사소통에 관한 연구는 동물행동학에서 가장 중심이 되는 부분입니다. 우리가 만일 동물들이 하는 얘기를 알아들을 수만 있다면 동물행동학에서는 더 이상 연구할 것이 없다고 봐도 지나친 말이 아닐 겁니다. 동물들이 얘기하는 걸 다 알아들으면 동물들의 심성을 모두 이해할 수 있으니, 어떤 행동의 이유나 원인도 금세 찾아낼 수 있지 않을까요. 그것을 알아듣지 못하기 때문에 여러 객관적인 즉 과학적인 방법들을 동원해서 과연 저 동물이 뭘 하느라고 저런 행동을 하는지 연구하는 것입니다.

동물들이 얘기하는 것을 전부 알아들을 수는 없어도 객관적인 접근을 통해서 찾아가는 방법은 많이 알려져 있습니다. 서로 마주보며 으르렁거리는 두 마리의 개들을 생각해봅시다. 털과 귀가 곤두선 채로 이를 드러내면서 으르렁거리는 개를 보면서도 '아유, 귀엽다' 하며 다가가는 것은 결코 현명한 일이 아니라는 것쯤은 누구나 압니다. 반면 주인이 돌아왔다고 허리를 낮추고 꼬리를 감아올려 흔들면서 좋아하는 개를 보면 누구나 그 개가 기분이 좋다는 것을, 기뻐하고 있다는 것을 알 수 있습니다. 두 경우의 개들은 굉장히 다른 행동 표현을 하고 있습니다. 보기만 해도 무슨 뜻이라는 것을 분명히 알 수가 있지요. 자기들끼리의 표현 방식이지만 개가 아닌 우리가 봐도 어느 정도 의미는 찾아낼 수 있는 것이죠. 인간이 다른 동물들의 의사소통을 연구할 수 있다는 가능성은 바로 여기에 있습니다.

이제 동물들이 서로 의사를 전달하는 수단을 우선 시각과 청각을 이용하는 것으로 나누어 살펴보도록 하겠습니다. 시각적인 것부터 먼저 살펴봅시다. 중미 코스타리카의 열대 정글에 서식하는 베짱이는 우리나라 베짱이와는 아주 다르게 생겼습니다. 이 베짱이는 뿔

왼쪽 베짱이는 먹기가 매우 까다로워
보입니다. 오른쪽 노린재의 색깔은
자연계에서 독소를 갖고 있다고
알리는 광고색입니다. 두드러지는 이들의
가시나 색깔은 오히려 몸을 보호하는
시각 정보가 됩니다.
ⓒ Dan Perlman

도 나 있고 다리에 무척 날카롭고 큰 가
시도 있지요. 그리고 가까이 가도 피하
지 않습니다. 오히려 가만히 서서 '너,
나 먹어볼래?' 하는 것처럼, 다른 포식
동물에게 당당히 제 모습을 보여줍니다.
이 베짱이를 삼킨다고 생각해봅시다. 아마 목구멍에 걸려서 무척
고생할 겁니다. 곧, 이 베짱이는 자기 모습을 오히려 남한테 알리려
고 합니다. 그렇게 해야 오히려 실수로라도 자기를 건드리지 않게
된다는 걸 알기 때문이지요.

비슷한 방법으로 색깔을 이용하는 동물들도 많이 있습니다. 열대
에 사는 한 노린재는 검은색에 흰 줄과 오렌지색이 두드러져 보이
는 몸을 가지고 있습니다. 보기만 해도 별로 맛이 없을 것 같은 느
낌이 들지요. 자연계에서 보통 이런 색깔은 독소를 갖고 있다고 알
리는 광고색입니다. 그래서 이 노린재도 별로 숨지 않고, 오히려 거
들먹거리며 남에게 자기를 보여줍니다. 한두 번 경험한 포식동물은
이런 동물 근처에는 아예 가지도 않습니다. 가시나 색깔 모두 시각
적인 정보를 전달하는 신호인 셈이죠.

가시나 색깔이 제공하는 정보는 꽤 정적인 정보입니다. 반면 행

동을 통해 동적인 정보를 제공하는 경우도 있습니다. 지금은 퇴임한 뉴욕대학의 제럼 브라운 교수의 연구에 따르면, 까치와 가까운 새인 어치는 머리깃털을 얼마나 세우느냐에 따라 마음 상태 또는 사회적 지위를 나타냅니다. 가장 기분이 안 좋을 때나 공격하려 할 때면 머리깃털을 90도 각도로 곧추세웁니다. 힘이 없는 놈은 늘 머리털을 낮추고 있어야 되지요. 힘도 없으면서 머리털을 잘못 세웠다가 되려 혼쭐이 나는 수가 있습니다. 곧, 지위가 높은 새일수록 머리털을 높이 세우는 경우가 많고, 지위가 낮은 새는 감추고 살살 기는 것이 좋다는 것이죠. 그래서 이 머리털의 각도를 측정해봤습니다. 30도, 60도, 90도, 이렇게 측정한 각도가 그들 사회의 지위와 거의 정확하게 맞아떨어졌습니다. 이렇게 동적인 정보도 읽어낼 수 있는 것이죠.

얼룩말은 반가운 친구를 만나거나 기분이 좋을 때면 귀를 세우고 이를 드러내면서 '히힝' 거립니다. 공격을 하거나 남을 위협할 때는 귀를 낮춘 상태에서 이를 드러내며 '히힝' 거립니다.

왼쪽 어치는 머리에 난 깃털을 얼마나 세우느냐로 기분과 사회적 지위를 나타냅니다. 오른쪽 얼룩말도 마음 상태에 따라 귀를 세우느냐 낮추느냐가 다릅니다. 이는 동적인 시각 정보입니다.

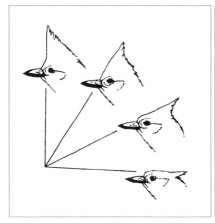

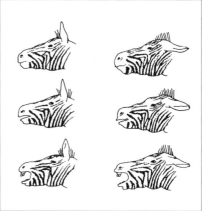

물론 두 경우의 '히힝' 소리에는 약간의 차이가 있습니다. 이런 모습을 보인 다음에 어떤 행동을 하는지 관찰하면 알 수 있습니다. 얼룩말의 시각 신호를 읽을 수 있는 것이죠. 이것 역시 동적인 것입니다.

개나 늑대 사회에서는 꼬리의 위치나 모습을 보고 상태나 지위를 알 수 있습니다. 지위가 높아야만 꼬리를 세울 수 있지요. 지위가 낮은 개체는 항상 꼬리를 감아 말고 있어야 됩니다. 힘도 없는 놈이 꼬리를 바짝 세우면, 제일 힘 있는 놈이 '지금 나한테 덤비겠다는 거야?' 하고 싸움을 걸어오지요. 그러니까 자기 지위에 맞게 행동해야 하는 겁니다. 그래서 가끔 우스운 일이 벌어지기도 하지요. 늑대 사회에서 제일 왕초 늑대, 서열 2위 그리고 별로 서열이 높지 않은 늑대가 있을 때, 서열이 높지 않은 늑대가 왕초 옆에서는 꼬리를 세우고 있다가, 왕초가 없어지면 바로 서열 2위 앞에서 꼬리를 내리기도 합니다.

아프리카나 열대 호수에 사는 민물고기 중에 시클리드cichlid라는 물고기가 있지요. 시클리드는 기분 상태에 따라 색깔이 변합니다. 또 정면에서 보면 마치 귀가 있는 것처럼 보이는데, 귀에 점이 생겼다 없어졌다 합니다. 이 점이 생기면 지금 기분이 안 좋다는 것으로 '너, 내가 공격할 테니까 빨리 피해' 라는 뜻이고, 점이 없어지면 '알았습니다. 제가 순응할 테니 좀 봐주십시오' 라는 뜻입니다. 이런 색깔의 변화는 순간적으로 일어납니다. 생리학자들이 연구해보니, 시클리드는 몸 안에 색소 세포를 가지고 있어서 이 색소 세포가 확장하면 색깔이 나타나고, 축소되면 색깔이 없어지거나 연해집니다. 시클리드는 아주 간단한 메커니즘으로 자기 심리 상태를 조절

할 수 있다는 것을 생리학자들이 세포 수준에서 밝혀
낸 것입니다.

인간도 얼굴로 많은 이야기를 합니다. 기분 나쁠 때
의 표정과 기분 좋을 때의 표정, 그리고 나쁜 인상을
주지 않기 위해 억지로 만드는 표정 등 여러 가지가
있지요. 시각을 이용하는 이런 의사소통은 너무나 많
고 다양하여 정리하기가 힘듭니다. 또 어떤 사람은 특
히 더 다양한 표정을 짓기도 하며, 어떤 사람은 꽤 무
표정한데 그런 사람의 마음을 읽는 것이 더 힘들죠.
변이가 별로 없는 얼굴로 많은 이야기를 하려 하기 때
문입니다.

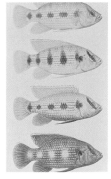

시각을 이용한 의사소통에는 여러 장점이 있습니
다. 첫째, 전달이 무척 빠릅니다. 빛의 속도로 움직이
니까 보이면 바로 의사가 전달되지요. 굳은 표정을 보
면 그 사람이 화가 났다는 걸 바로 알 수 있습니다.
'내가 화가 났는데'라고 설명하려면 몇 초라도 시간

시클리드는 기분 상태에 따라
몸 색깔이 변하는데, 몸 안의
색소 세포를 조절해
심리 상태를 표현한다는 것을
생리학자들이 밝혀냈습니다.

이 걸릴 텐데, 얼굴만 척 보면 바로 알 수 있는 것이죠. 둘째, 누가
신호를 보내는지가 확실합니다. 내가 지금 베짱이를 보고 있으면
바로 그 베짱이가 '날 먹지 마' 하고 얘기를 한다는 것을 알 수 있습
니다. 누가 나한테 그 얘기를 하는지, 그 대상을 분명히 알 수 있는
것이죠. 셋째, 꽤 정확한 조절이 가능합니다. 자기가 얘기하고자 하
는 것을 분명히 나타낼 수 있는 것입니다. 얼굴을 돌리면 표정을 보
지 못하게 할 수도 있으니, 아주 정확하게 조절할 수 있는 셈이죠.
이 점은 좋은 점이 될 수도 있고 나쁜 점이 될 수도 있습니다.

중남미에 사는 군함새frigate bird는 매우 재미있는 새지요. 다윈도 이 새에 관심이 아주 많았습니다. 번식기가 되면 군함새 수컷은 일정한 지역에 모여서 각기 자리를 잡고 암컷을 기다립니다. 그러다가 암컷이 오면 가슴을 최대한 크고 빨갛게 부풀립니다. 가슴이 넓을수록 그 품에 안기고 싶어서인지는 모르지만, 암컷은 그 부풀어 오른 빨간 가슴을 무척 좋아합니다. 그래서 암컷이 와서 보는 동안 수컷은 가슴 부풀리기를 멈출 수가 없습니다. 아마 보통 힘든 일이 아닐 겁니다. 이처럼 조절이 정확하다는 것은 어떻게 보면 이점이기도 하지만 늘 그것을 유지해야 하니 단점이기도 합니다. 항상 그 자리에 있어야 하고, 게다가 가슴을 빨갛게 부풀리고 있으면 암컷은 물론 다른 포식동물한테도 고스란히 노출되고 마니까요.

항상 내보여야, 곧 내가 그 자리에 있지 않고는 할 수 없는 의사 전달 수단이 바로 시각을 이용한 것입니다. 또 한 가지 나쁜 점은 장애물이 있으면 무용지물이 된다는 것입니다. 시각을 이용한 표현은 볼 수 있는 범위 안에서만 의미가 있으며, 가로막는 장애물이 있으면 안 됩니다. 어두운 데서도 통하지 않습니다. 그래서 밤에는 시각을 이용한 의사소통이 굉장히 어렵습니다. 이 문제를 해결한 거의 유일한 동물이 바로 반딧불이입니다.

개똥벌레라고도 하는 반딧불이는 옛날엔 우리나라에도 굉장히 많았지만, 최근엔 찾기 힘들 정도로 거의 전멸하고 말았습니다. 너무나 안타까운 일이죠. 반딧불이 암컷은 풀잎에 앉아 있고 수컷은 날아다니면서 반짝반짝 자신을 광고합니다. 암컷은 수컷이 보내는 신호를 감상하다가, '아, 이거 나랑 같은 종의 수컷이다' 하는 판단이 서고 마음에 들면 역시 반짝반짝 신호를 보냅니다. 이렇게 둘이

반짝반짝 신호를 몇 번 주고받은 뒤 수컷
이 내려와 함께 짝짓기를 합니다. 시각을
이용하는 동물은 거의 대부분 낮에 의사
소통을 하는데 어떻게 반딧불이는 밤에
의사소통을 하게 되었을까요? 궁금하지
않을 수 없습니다.

반딧불이가 빛을 발하는 기관도 아주
기가 막힙니다. 반딧불이의 발광 기관에
는 빛을 발하는 루시페린luciferin이라는 화
학 물질이 들어 있지요. 요즘에는 예전
에 비해 비교적 좋은 전구가 나왔다고는
하지만 우리가 사용하는 전구는 굉장히
비효율적입니다. 전구는 전기에너지를
빛에너지로 바꾸는 기계지요. 하지만 빛
에너지로 전환되는 것은 얼마 되지 않고
거의 대부분을 열로 뺏깁니다. 그래서
전구가 켜 있을 때는 너무 뜨거워서 만
지지도 못하지요. 그러니 얼마나 비효율
적입니까? 그런데 반딧불이의 빛을 내
는 기관은 만져도 절대 뜨겁지 않습니

시각을 이용한 의사소통의 한계는
어둡거나 장애물이 있으면 어렵다는
점인데, 이 문제를 해결한 거의
유일한 동물이 바로 반딧불이입니다.
반딧불이 암컷은 캄캄한 밤에
날아다니는 수컷과 반짝반짝 신호를
주고받은 뒤 짝짓기를 합니다.
ⓒ James Lloyd

다. 열이 발산되지 않는 찬 빛이기 때문입니다. 열손실이 거의 없
죠. 바로 이것을 연구하는 생화학자들도 여럿 있습니다. 반딧불이
의 빛을 잘 연구하면 효율이 엄청나게 높은 전구를 만들 수 있을 겁
니다.

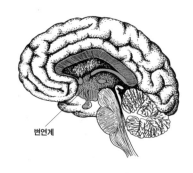

변연계

영장류 동물이 소리를 만들고
이해하는 것은 모두 뇌의 안쪽인
변연계에서 담당합니다.
반면 인간은 생각하는 뇌인
대뇌에서 언어를 담당합니다.

자, 이제 청각에 대해 살펴봅시다. 자
연계의 많은 동물들에게 청각은 아주 중
요합니다. 소리를 질러 자기를 표현하는
고릴라를 볼까요. 이렇게 인간과 아주
가까운 영장류, 곧 침팬지나 고릴라, 오
랑우탄 등은 모두 굉장히 청각적인 동물
입니다. 청각을 통해 많은 얘기를 나누
며 사는 동물이라 할 수 있죠. 지금은 연
구가 많이 진행돼 이 동물들이 내는 소리
가 무엇을 뜻하는지 많이 밝혀졌습니다. 심지어 아프리카에서 오랫
동안 침팬지를 연구한 제인 구달 박사는 온갖 침팬지 소리를 흉내
내는데, 침팬지가 그 소리를 듣고 답을 할 정도입니다. 현재 연구자
들은 침팬지가 내는 소리가 무슨 뜻이고 그런 단어 몇 개를 어떻게
붙이면 어떤 문장이 된다 하는 수준까지 이해하고 있습니다.

흥미로운 것은 침팬지가 그렇게 여러 가지 소리를 내면서 초보적
인 문장까지 만들지만 인간의 언어하고는 근본적으로 다르다는 것
입니다. 침팬지를 비롯한 많은 영장류들이 소리를 내고 듣고 이해
하는 것은 모두 뇌의 변연계limbic system에서 담당합니다. 변연계는
뇌 안쪽에 있는 부분인데, 해마, 뇌하수체 등이 모두 여기에 속합니
다. 그런데 인간은 생각하는 뇌인 대뇌에서 언어를 담당하지요. 이
것은 엄청난 차이입니다. 침팬지와 인간은 유전자로만 보면 1퍼센
트, 많아야 2퍼센트 정도 차이 납니다. 무척 가까운 사촌인 셈이죠.
그런 미세한 차이에서 언어 중추가 변연계에서 대뇌로 옮아오는 엄
청난 역사적 사건이 벌어진 겁니다.

대뇌에서 담당하는 인간의 언어는 사실 자연계에서 거의 유례를 찾아볼 수 없을 정도로 독특한 현상입니다. 많은 척추동물이 소리를 냅니다. 큰사슴은 번식기가 되면 자기 영역 안에서 저음으로 하루 종일 울어댑니다. 연구에 따르면, 이 울음소리는 저음일수록 더 매력적이라고 합니다. 저음을 내면서 제 영역 안에 부인들을 거느리고 사는 척추동물은 인간도 마찬가지지만 후두larynx에서 소리를 만들어냅니다. 새들도 소리를 냅니다. 하지만 그들은 울대syrinx 또는 명관에서 소리를 만듭니다. 그런가 하면 양서류인 개구리나 맹꽁이도 소리를 냅니다. 양서

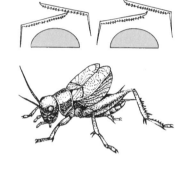

귀뚜라미는 입으로 울어서 소리를 내는 것이 아니라 날개를 비벼서 소리를 냅니다.

류는 울음주머니vocal sac에 공기를 들이마셨다가 뿜어내면서 소리를 냅니다. 이렇게 여러 척추동물이 소리를 내는 방법은 모두 일관성이 있습니다. 곧 호흡 기관에서 공기를 진동시켜 소리를 만들어내는 것이죠.

자연계에서 소리로 서로 신호를 하는 동물은 척추동물만이 아닙니다. 숫자로 보면 곤충들이 더 많습니다. 그중에서도 가장 먼저 생각나는 곤충은 역시 귀뚜라미가 아닐까요. 우리는 귀뚜라미가 운다고 얘기하지만, 사실 귀뚜라미는 입으로 울어 소리를 내는 것이 아니라 날개를 비벼 소리를 냅니다. 귀뚜라미의 윗날개는 딱딱하고, 속에 있는 날개는 아주 연합니다. 딱딱한 윗날개의 한쪽 면은 마치

빨래판처럼 오돌토돌하며, 반대쪽 날개에는 오돌토돌하게 생긴 끝부분이 있습니다. 바로 이 빨래판처럼 생긴 부분을 끝부분의 오돌토돌한 부분으로 긁어서 소리를 만드는 거죠.

귀뚜라미가 이렇게 두 날개를 비벼서 소리를 만드는 데 비해 귀뚜라미와 사촌격인 베짱이나 메뚜기는 날개 끝과 뒷다리 안쪽을 비벼서 소리를 냅니다. 다리 안쪽에 오돌토돌한 돌기가 있는데 그것을 윗날개의 가장자리에 비벼 소리를 내는 것이죠. 그래서 메뚜기가 소리를 낼 때 보면 다리가 엇갈리게 움직입니다.

메뚜기는 날개 끝과 뒷다리 안쪽을 비벼서 소리를 냅니다.

날개와 다리를 비비고 있는 거지요.

귀뚜라미나 베짱이, 메뚜기는 모두 메뚜기목에 속하는 곤충이지만, 매미는 따로 매미목에 속하는 곤충입니다. 소리 내는 동물 중 매미처럼 기가 막힌 동물도 별로 없을 겁니다. 몸집은 별로 크지 않은데 우는 소리는 엄청나게 크죠. 매미가 귀뚜라미나 베짱이와 확연하게 다른 소리를 내는 것은 소리를 내는 메커니즘이 완전히 다르기 때문입니다. 매미는 공명할 수 있는 울음통을 만들어놓고 그 벽면 즉 고막같이 생긴 막을 두드립니다. 베짱이나 귀뚜라미는 현악기를 사용하는데, 매미는 타악기를 두드리는 셈이죠. 현을 사용하는 음악과 두드리는 음악은 소리의 감이 완전히 다를 밖에요.

하지만 동물들이 내는 소리를 살펴보면 꽤 일관적인 데가 있습니다. 소리들을 녹음해서 전기적으로 분석해보면 많은 정보를 얻을 수 있습니다. 귀뚜라미가 '귀뚤, 귀뚤' 운다고 해봅시다. 연구 결과 '귀뚤'과 그 다음 '귀뚤'의 간격이 무척 중요하다는 것이 밝혀졌습니다. 그래서 녹음을 해서 이 간격을 늘려 들려주면 귀뚜라미는 그 소리를 전혀 이해하지 못합니다. 마찬가지로 새소리도 녹음해서 간격을 늘려 들려주면 알아듣지 못합니다. 예를 들어, 새가 '획휘히획' 하는 소리를 낸다고 할 때, 그 소리를 뒤섞어 '휘히획획' 하게 들리는 소리로 만들어 들려줘도 웬만큼 알아든

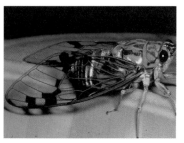

© Dan Perlman

매미는 몸속 울음통의 벽면을 두드려 소리를 냅니다.

습니다. 그런데 소리와 소리의 간격을 늘리면 전혀 알아듣지 못합니다. 인간이라면 소리가 좀 느리구나 하는 정도로 알아들을 것 같은데 귀뚜라미나 새들은 전혀 그렇지 않은 거죠.

소리를 연구하는 학자들은 새 소리에 대해 많은 연구를 했습니다. 봄이 되면 노래하는 새들이 있지요. 종달새, 꾀꼬리들의 노래가 아주 기가 막히게 아름답고 좋으니까 연구를 많이 했는데, 이런 새들의 노래는 사실 어떻게 보면 재미가 별로 없습니다. 시로 비유하자면 정형시라고나 할까요. 자수와 운율이 딱 맞는 정형시 말입니다. 누구나 다 똑같이 노래를 합니다. 물론 조금씩 차이는 있지만 규격이 꼭 맞는 거죠. 그래서 같은 종의 꾀꼬리는 모두 기본적으로 동일한 구조의 노래를 합니다. 내용도 동일합니다. 바로 '나와 결

혼해 달라' 는 것이죠. 새나 베짱이나 모두 똑같이 '나를 선택해주세요' 하고 노래합니다. 그래서 이런 노래보다는 정말 우리가 그저 '소리' 라고 말할 수 있는 소리를 내는 동물이 더 흥미롭습니다. 예를 들면, 침팬지가 내는 소리는 노랫소리가 아니지만, 그 안에는 정말 많은 정보가 담겨 있습니다.

이렇게 소리로 의사소통을 하는 것에는 여러 장점이 있습니다. 먼저 어느 정도 장거리에서도 의사소통이 가능합니다. 또 장애물도 돌아갑니다. 시각을 이용하는 것과는 달리 바위 뒤에서 소리를 내도 다 들을 수 있지요. 어두운 곳에서도 가능합니다. 이런 여러 장점 때문에 복합적인 정보도 그 안에 담을 수 있습니다.

그렇지만 나쁜 점도 많이 있습니다. 먼저 하루 종일 소리를 내는 것은 굉장히 힘든 일이죠. 우리도 말을 많이 하면 목이 아프지만, 다행히 작게 말을 해도 되지요. 하지만 크게 소리 내야 하는 동물들을 생각해봅시다. 개 짖는 소리를 낸다고 해서 고함원숭이howler monkey라는 이름이 붙여진 원숭이는 중남미에선 꽤 흔한 원숭입니다. 사실 몸집으로 보면 작은 원숭이지만, 소리만 들으면 거대한 고릴라라도 나타났나 하는 생각이 들 정도로 엄청나게 큰소리를 내지요. 학자들이 파나마나 코스타리카 같은 열대에 연구하러 모이면 고함원숭이의 소리를 흉내내는 대회를 열곤 합니다. 고함원숭이가 이렇게 큰소리를 지르는 이유는 제 영역에서 저쪽 다른 영역에 사는 수컷에게 '여기는 내 땅이야' 라고 얘기하기 위해서입니다. 그렇게 온 힘을 다해 큰소리를 내려면 에너지 소모가 엄청납니다.

소리가 주변 환경에 흡수되거나 다른 소리와 부딪쳐서 잘 안 들리는 경우도 있고, 남한테 이용을 당하기도 합니다. 이를테면 쥐는

고함원숭이는 자기 영역을
알리기 위해 큰소리로
고함을 칩니다.
ⓒ Dan Perlman

올빼미에게 제 의사를 전혀 전달하고 싶지 않지만, 바싹 마른 나뭇잎 위를 걸을 때 나는 바스락거리는 소리 때문에 어쩔 수 없이 들키고 맙니다. 의사소통을 하려는 의도가 아닌데 잘못 전달되는 거죠.

쥐는 어쩌다 그런다고 할 수도 있지만, 실제로 의사소통을 하기 위해서 내는 소리가 이용당하는 경우도 많습니다. 중남미에 서식하는 퉁가라개구리tungara frog는 우는 소리가 아주 재미있습니다. 그냥 귀로 들으면 전자오락실에서 오락할 때 나는 소리 같은 '삐융, 삐융, 삐융' 하는 소리가 납니다. 저녁 때 밖에 나가면 여기저기서 '삐융, 삐융, 삐융' 소리가 나지요. 비디오 게임기에서 나오는 소리 같다고 해서 우리끼리는 비디오개구리video frog라는 별명으로 부르기도 합니다. 퉁가라개구리를 연구한 텍사스 주립대학의 마이클 라이언Michael Ryan 교수가 퉁가라개구리의 소리 모습을 분석해보니, 앞부분에 '으으윽' 하는 소리가 나고 뒤에 '끅, 끅, 끅' 하는 짧은 소리들이 따라온다는 것을 알아냈습니다. 우리 귀에 '삐융' 하고 들리는 소리를 전기적으로 분석해보면 이처럼 복합적인 구조로 이뤄져 있다는 거죠. 그런데 뒤에 나오는 '끅, 끅, 끅' 하는 소리가 얼마나 매력적인지, 암컷들은 그 '끅' 소리를 여러 번 내는 수컷을 더 좋아합니다. 곧 숨이 길고 끝의 장식음을 넣을 줄 아는 수컷을 좋아하는 거죠. 그런데 문제는 박쥐 역시 이 소리를 좋아한다는 겁니다. 박쥐는 앞의 '으으윽' 하는 소리는 잘 듣지 못합니다. 그런데 뒤의 '끅' 소리는 굉장히 잘 듣지요. 그래서 그 소리를 들으며 내려와서 개구리를 낚아채 갑니다. 수컷 개구리의 입장에서는 참 난감한 문제입니다. '끅, 끅, 끅' 하는 소리를 내야 암컷이 올 텐데, 그 소리를 내다보면 죽을 수도 있으니까요. 그래서 그 사이에서 조절을 하느라고 어떤 수컷은 소리를 안 내고 어떤 수컷은 한 번만 내고 어떤 수컷은 세 번 내고, 이렇게 변이가 생기는 것입니다.

개구리에서만 이런 일이 벌어지는 것은 아닙니다. 귀뚜라미의 암컷도 장식음이 많은 수컷의 소리를 좋아하는데, 그 소리를 파리도 좋아한다는 것입니다. 이렇게 장식음을 들은 파리는 귀뚜라미를 찾아와 그 몸에 알을 낳습니다. 그러면 그 알이 나중에 구더기가 되고 구더기가 귀뚜라미의 살을 다 파먹고 또 다시 파리가 되어서 나옵니다. 이 귀뚜라미의 고민도 좋은 노래를 불러서 암컷 귀뚜라미를 많이 모으고 싶은데, 그렇게 하다보면 영 반갑지 않은 손님까지 등에 내려앉는다는 것이죠.

지금까지 동물들이 시각과 청각을 통해 아주 많은 것을 서로 이야기하고 알아듣는다는 것을 살펴보았습니다. 물론 어느 동물이나 한 가지 방법으로만 의사소통을 하는 건 아닙니다. 인간도 그렇듯이, 시각으로도 많은 의사를 표현하며 청각으로도 많은 것을 전달합니다. 그러나 대부분의 동물에서 좀더 우선적인 것이 있습니다.

상황에 따라 어느 한쪽이 더 우선되기도 하고, 아니면 거의 모든 상황에서 청각이나 시각 중 하나가 우선되기도 합니다. 그렇지만 대부분의 경우 약간의 차이가 있을지는 모르지만, 거의 모든 동물들이 시각, 청각, 후각 등 여러 감각 기관을 모두 이용합니다.

인간의 경우 한 가지 흥미로운 연구결과가 있어 알려드립니다. 남자들은 대체로 시각적인 자극에 더 반응을 보이는 반면, 여성들은 청각적인 자극에 더 또렷한 반응을 보입니다. 남자들에게 여성의 나체 사진을 보여주며 동공의 크기 변화를 측정하면 거의 모든 남성들이 예외 없이 변화를 보입니다. 하지만 여성들에게 남자 나체 사진을 보여주면 반응이 다양합니다. 동공이 커지는 여성도 있고 그렇지 않은 여성도 있습니다. 대신 여성들에게 사랑의 장면을 묘사한 달콤한 애정소설을 읽어주면 더욱 많은 여성들의 동공이 커진다는 연구가 프랑스 학자들에 의해 꽤 오래전에 진행되었습니다. 인간의 남녀는 감각기관에서도 이처럼 큰 차이를 보입니다. 남녀관계가 이 세상에서 가장 어려운 데에는 다 그럴만한 까닭이 있는 셈이지요.

09

동물들은 주로
냄새로 말한다

동물들이 후각, 곧 냄새로 어떻게 의사소통을 하는지 살펴봅시다. 인간은 굉장히 시각적이고 청각적이어서 과연 후각을 이용하기는 하는 건지 잘 느끼지 못하고 살지만, 사실 인간도 후각이 꽤 발달한 동물입니다. 더 발달한 사람도 있고 덜 발달한 사람도 있지요. 밖에서 돌아오면 어머니가 "어휴, 발 냄새" 하며 빨리 씻으라고 하시는 것처럼 대체로 남자보다 여자가 후각이 좀더 발달된 것 같기는 합니다.

인간이 과연 후각이 얼마나 발달했는지, 후각으로 얼마나 서로의 감정과 느낌을 전달받는지에 관한 증거는 의외로 쉽게 찾을 수 있습니다. 프랑스는 향수 산업으로 엄청난 돈을 버는 나라입니다. 향수처럼 부가가치가 높은 산업도 드물지요. 작은 병 안에 겨우 물 몇 방울 집어넣고 엄청 비싸게 파는 게 향수니까요. 물론 병 안에 든 것이 물은 아닙니다. 그것을 만들기 위해 굉장히 오랜 시간과 많은 돈을 들여 연구했겠지만, 경제의 원리를 모르는 사람의 입장에서 재료비만 놓고 보면 향수처럼 비싼 것이 없어 보입니다. 만약 인간에게 후각이 없다면 프랑스의 향수 산업은 하루아침에 무너지고 말 겁니다. 향수 산업이 이렇게 발달한 사실 자체가 바로 좋은 향수를 뿌리면 그만큼 좋은 느낌을 준다는 걸 우리가 알고 있음을 뜻합니다.

인간이 냄새로 서로 의사소통을 할 수 있다는 것을 처음 밝힌 사람은 시카고대학의 마사 매클린톡Martha McClintock 교수입니다. 매클린톡은 하버드대학 학부 학생 시절에 그런 아이디어를 처음 생각해냈습니다. 분명히 인간에게도 뭔가가 있을 거라고 추측은 했지만, 그 당시에는 이런 연구가 거의 진행되지 않았지요. 하버드대학 교정 옆에는 몇 년 전에 종합대학으로 변신한 레슬리 여자대학이 있습니다. 매클린톡은 그 대학 기숙사에 갓 들어온 1학년 신입생의 월경 주기를 조사했습니다. 그리고 월경 주기가 매달 그대로 유지되는지 아니면 조금씩 변하는지를 계속 조사했지요. 6개월에서 1년 정도가 지나면 처음 기숙사에 들어왔을 때 제각각이던 여학생들의 월경 주기가 점점 비슷해진다는 것을 알아냈습니다. 그래서 매클린톡은 학부 학생으로서 졸업 논문을 쓰면서 이런 현상을 밝히기 위한 이론을 하나 세워놓았습니다. 즉, 분명히 인간도 서로 간에 뭔가 화학적으로 교신을 한다는 것이죠.

몸 안을 순환하면서 생리 현상을 조절하는 화학 물질을 호르몬hormone이라고 합니다. 그런데 그 호르몬과 아주 비슷한 페로몬

pheromone이라는 물질이 있습니다. 페로몬은 호르몬과 마찬가지로 분비샘에서 만들어집니다. 하지만 그냥 몸 안에서만 도는 것이 아니라 몸 밖으로 나가 환경 속에서 다른 생명체에 영향을 미치고 행동의 변화를 일으키는 물질입니다. 다른 동물에서는 페로몬이 분비된다고 알려졌지만 인간도 과연 그럴까요? 매클린톡이 이것을 처음으로 밝히기 시작한 것입니다.

인간에게서 냄새가 난다는 것은 모두 알고 있습니다. 우리나라 사람들은 비교적 냄새가 덜 나는 편이지만, 서양 사람들 중에는 근처에 가기 꺼려지는 사람들이 종종 있지요. 사실 동물 사회의 여러 의사소통 수단 중에서 가장 일반적이고 보편적인 것은 화학적인 방법을 이용한 것입니다. 그래서 인간을 포함한 동물 대부분이 냄새로 말한다고 해도 과언이 아닙니다.

페로몬 중에서 제일 먼저 알려진 것이 성 페로몬sex pheromone입니다. 성 페로몬과 관련해 제일 먼저 연구된 것은 누에나방이지요. 누에나방 수컷은 아주 멋지게 잘 발달된 더듬이를 가지고 있습니다. 더듬이가 복잡하게 만들어진 이유는 암컷이 풍기는 페로몬을 감지하기 위해서입니다. 대부분의 동물에서 수컷이 암컷 앞에서 노래를 부르거나 춤을 추며 교태를 부리면 암컷이 구경하다가 '그래, 네가 제일 마음에 든다'며 수컷을 선택하는 것과는 달리, 나방은 암컷이 어딘가에 앉아서 냄새를 풍기면 수컷이 더듬이로 그 냄새를 감지하며 찾아갑니다. 암컷이 내는 이 냄새가 바로 성 페로몬인데, 이것이 누에나방에서 처음으로 밝혀졌습니다.

누에나방의 성 페로몬을 처음으로 밝힌 사람은 독일의 화학자 아돌프 부테난트Adolf Butenandt입니다. 부테난트가 이것을 밝힐 당시만

누에나방 수컷은 아주 발달한
더듬이를 가지고 있습니다.
암컷이 풍기는 페로몬을
잘 감지하기 위해서입니다.
ⓒ Dan Perlman

해도 화학이라는 학문이 그렇게 많이 발달하지 않았습니다. 지금은
암나방 한 마리만 잡아서 배를 조금 눌러 분비되는 물질을 흡수지
에 약간 묻히기만 하면, 그 화학구조식까지 모두 밝혀낼 수 있지요.
그 정도로 지금은 정밀한 화학 방법이 개발되었지만, 그 당시에는
그런 방법이 전혀 없었습니다. 그래서 부테난트는 학생들과 함께
무려 25만 마리의 암나방을 잡아야 했습니다. 25만 마리, 정말 꽝
장한 숫자죠. 그 암나방을 갈아서 원심분리를 한 다음 순수한 물질
을 추출하고 또 추출해서 결국 12mg을 얻어냈습니다. 그 물질로
누에나방의 성 페로몬의 주체가 무엇인지를 찾아냈지요. 그가 연구
했던 누에나방의 학명은 *Bombyx mori*입니다. 그래서 이 누에나방
의 성 페로몬에는 봄비콜Bombykol이라는 이름을 붙여주었습니다. 그
리고 봄비콜의 화학구조식을 밝혀낸 공로로 부테난트는 노벨화학
상을 수상했습니다. 25만 마리의 암나방을 잡느라고 얼마나 많은
시간과 노력을 기울였을지 상상해보세요. 노벨화학상이 아니라 노
벨노동상을 주어도 전혀 아깝지 않을 겁니다.

봄비콜의 화학구조를 밝힌 다음에는 이 봄비콜이 어떻게 수나방의 더듬이에 의해 감지되는지를 부테난트와 그 제자들이 연구했습니다. 수나방의 더듬이를 자세히 살펴보면 새의 깃털 구조와 상당히 흡사합니다. 큰 줄기 옆에 작은 가지, 그리고 그 가지에 또 가지가 달려 있는 식으로 굉장히 미세하게 이루어진 안테나라는 것을 알 수 있습니다. 그리고 이 가는 털 하나하나마다 신경세포가 하나씩 들어 있습니다. 결국 더듬이 하나에 화학 반응을 일으킬 수 있는 17,000여 개의 반응기가 담긴 셈입니다. 신경생물학자들은 이 신경세포에 전극을 꽂은 다음 페로몬에 의해 자극을 받았을 때 신경세포의 반응을 전기적으로 분석했습니다. 그렇게 연구해보니 누에나방의 더듬이는 봄비콜 분자가 하나만 와서 건드려도 '반짝' 하고 반응을 보일 정도로 예민했습니다. 분자 하나에 반응을 하는 것입니다. 두 개가 오면 좀더 많은 반응을 보이고, 더 많은 분자가 오면 더 많이 반응을 보이다가 어느 수준 이상만 되면 '아, 이게 뭐다'는 것을 인식하게 됩니다. 그래서 분자가 40여 개만 들어와서 신경세포를 건드리면, 그 신경세포는 드디어 이건 충분히 해볼 만한 일이라고 판단하여 그 자극을 뇌로 보내줍니다. 그리고 분자 수준에서는 극미량이라고 할 수 있는 200여 개의 분자만 부딪치면 '암컷이 어디 있다. 가서 찾아. 빨리 날아가' 하고 뇌가 명령을 내리지요. 누에나방은 이 정도로 민감한 기계를 갖고 있습니다.

청각을 이용하는 동물이 소리를 질러 먼 곳까지 들리도록 하려면 에너지가 굉장히 많이 소모됩니다. 그런데 페로몬처럼 화학물질로 의사소통을 하는 경우에는 그 화학물질을 뿜어내는 것이 아니라, 분비샘을 그냥 공중에 열어놓으면 됩니다. 그러면 바람이 정보를 운반해줍니다. 그래서 성 페로몬은 바람의 방향을 따라 퍼집니다. 바람에 실려 온 봄비콜 분자가 수나방의 안테나를 때리면 수나방은 처음에는 방향을 잡지 못하고 어디서 오는 것인지 알기 위해 이리저리 돌아다닙니다. 그러다가 어느 순간 '이쪽으로 갈수록 점점 진해지는구나' 하고 페로몬의 농도가 진한 쪽을 향해 거의 직선으로 이동합니다. 암컷 근처에 오면 또 너무 진해서 그런지 정확하게 방향이 안 잡힙니다. 그러면 또 여기저기 찾다가 암컷을 만나 드디어 짝짓기를 하게 되지요. 이렇게 화학적으로 의사소통을 하는 것은 굉장히 경제적입니다. 200개의 분자만 있어도 된다면 많은 양의 물질을 만들 필요도 없습니다. 제작비는 물론이고 광고하는 비용도 아주 적게 듭니다. 에너지를 소비하며 소리를 질러야 되는 것도 아니고, 그냥 바람을 이용하면 되니까요. 정말 경제적인 방법이지요.

부테난트는 페로몬을 처음 발견했을 때, 봄비콜의 화학구조식에는 네 가지가 있다는 것을 알아냈습니다. 분자가 붙는 방식에 따라 트랜스시스, 시스트랜스 등 네 가지 서로 다른 삼차원적 구조가 만들어지지요. 이 네 구조 중에서 어떤 것이 반응이 가장 좋은지, 곧 똑같은 물질로 이루어졌어도 그 화학구조가 어떤지에 따라 효과가 다르다는 것이 밝혀졌습니다.

엄청나게 다양한 종류의 페로몬이 밝혀진 지금은 모두 페로몬은 거의 예외 없이 여러 화학물질들의 칵테일이라는 사실을 잘 알고 있습니다. 그런데 봄비콜은 예외였습니다. 제일 먼저 발견된 성 페로몬인 봄비콜은 지극히 순수한 하나의 화학 물질로 되어 있습니다. 그래서 부테난트는 모든 성 페로몬은 하나의 물질로 되어 있고, 그것이 공중으로 전파되어 수컷에게 전달되면 성적인 흥분을 일으킨다고 설명했습니다. 이런 설명은 그 뒤의 연구자에게 큰 어려움을 주었습니다. 연구자가 다른 성 페로몬을 연구해보니 한 물질만 나오는 것이 아니라 두세 개가 섞여 나오는 겁니다. 그래서 '이게 틀린 게 아닌가? 내가 순수하게 분리하지 못한 게 아닌가?' 하고 오랫동안 고민하게 되었지요. 시간이 흘러 성 페로몬을 비롯해 거의 모든 페로몬은 한 물질로 되어 있는 것이 아니라 칵테일처럼 몇 가지 물질이 섞여 있다는 것을 알게 되었습니다. 칵테일은 누가 만드느냐에 따라서, 그리고 어떤 걸 어떤 비율로 섞느냐에 따라서 맛이 달라집니다. 이것은 화학적인 의사소통 수단이 굉장히 경제적인 동시에 무궁무진한 다양성을 창출해낼 수 있는 수단이라는 것을 의미합니다.

이제 화학적인 방법으로 의사소통하는 동물을 페로몬의 종류와 기능을 통해 살펴볼까요. 낡은 책을 들추면 그 안에 작은 벌레가 기어다니는 걸 본 적이 있을 겁니다. 다듬이벌레라는 곤충입니다. 열대에 가면 색깔도 화려하고 몸길이도 거의 1센티미터나 되는 다듬이벌레들도 있습니다. 아름다운 색을 띠고 자신을 광고하는 동물은 대부분 몸속에 무언가 좋지 않은 것을 가지고 있는 경우가 많습니다. 곧 '너, 나 먹고 싶으면 먹어봐. 너만 고생할 걸' 하는 뜻을 색으로 표현하는 것입니다. 광고는 크게 할수록 유리한 법이지요.

화려한 색을 띤 다듬이벌레도 광고 효과를 높이기 위해 바글바글 모여 삽니다. 모이려면 '모여라' 하는 신호를 보내야 하는데, 그럴 때 분비하는 페로몬이 결집 페로몬aggregation pheromone입니다. '이리로 다 모여라, 우리 함께 있자. 그러면 그만큼 효과가 있을 거야'라는 신호를 보내기 위해 페로몬을 분비하는 것이죠. 숲 속을 걸어 다니다 보면 밝고 화려한 색을 띠는 것들이 모여 있는 걸 많이 볼 수 있습니다. 그런 동물들은 대부분 결집 페로몬을 분비해서 그렇게 뭉칩니다. 일단 모인 다음 무슨 일이 생기면, 무슨 일이 생겼다는 신호를 보내는 페로몬을 분비합니다. 잡아먹는 쪽에서 보면 독소가 많아서 절대 못 먹는 것을 빼놓고는 흩어져 있는 것보다 모여 있으면 훨씬 먹기가 편합니다. 모여 있는 곳을 그냥 덮쳐서 먹으면 되니까요. 그래서 모여 있는 동물은 급한 경우에 흩어져 도망가도록 경보를 울릴 수 있습니다.

경보는 보통 소리로 많이 내지만 경보냄새도 있습니다. 곧 페로몬을 분비하는 것이죠. 이런 경보 페로몬alarm pheromone 중에서 가장 많이 연구된 것이 꿀벌이 분비하는 것입니다. 일벌들이 가끔 자기 벌집 앞에서 꽁지를 하늘로 치켜들고 침이 있는 부분을 활짝 열어 놓는 경우가 있습니다. 바로 경보 페로몬을 분비하는 행동입니다. 이렇게 하면 '큰일 났습니다. 외부에서 누가 침입을 했습니다' 라는 내용의 경보 페로몬을 감지한 다른 일벌들이 벌통에서 몰려나와 힘을 합쳐 침입자를 공격합니다. 간단한 실험을 통해서 확인할 수 있습니다. 페로몬이 분비되는 일벌의 몸 일부를 떼어내 벌통 앞에 갖다 놓으면 순식간에 다른 일벌들이 모여듭니다. 꿀벌에서 경보 페로몬을 만드는 분비샘은 그것을 처음 발견한 사람의 이름을 따서 나사노프 분비샘Nasanov gland이라고 하지요. 현재 이 페로몬은 구조식까지 모두 밝혀져 있습니다.

개미도 사회를 구성하고 살기 때문에 위급한 일이 벌어지면 페로몬을 분비합니다. 외부에서 누가 공격해 들어왔을 때 동료들을 불러 모아서 외부 침입자들을 물리치는 것이죠. 경보와 결집을 합해

위험을 감지한 일벌은 벌집 앞에서 침이 있는 꽁지를 거꾸로 세우고 활짝 열어 경보 페로몬을 분비합니다.

놓은 정도로 생각하면 됩니다. 이런 페로몬은 경보 페로몬과는 조금 구별해서 소집 페로몬recruitment pheromone이라고 합니다. 사회성 곤충 집단에서는 경보음이 너무 자주 울리면 곤란합니다. 그런데 개미 사회에는 조금만 공격을 받아도 경보 페로몬을 울리는 일개미들이 많습니다. 늑대가 나타났다고 거짓말했던 양치기 소년처럼 별일도 아닌데 경보 페로몬을 남발하는 일개미가 있는 겁니다. 인간 사회라면 이런 경우 또 거짓말이겠거니 하고 관심을 갖지 않을 텐데, 개미나 벌은 그렇지 않습니다. 경보 페로몬이 분비될 때마다 포기하지 않고 모여듭니다. 그 대신 경보 페로몬은 휘발성이 강합니다. 그래서 울리긴 울렸는데 별일이 없으면 금방 증발해버립니다. 따라서 순식간에 모였다가 '에이, 없네' 하고 금방 흩어져버리죠. 만약 페로몬이 휘발성이 낮아 빨리 없어지지 않으면 많은 시간을 낭비할 테지만, 금방 날아가므로 시간 낭비는 많지 않습니다. 휘발성을 이용해 나름대로 조절하는 것이죠.

반면에 성 페로몬은 금방 날아가 버리면 곤란합니다. 암컷이 앞

개미는 외부 침입자가
공격해 오면 위험을 알리고
모여서 물리치자는 뜻의
소집 페로몬을 분비합니다.
ⓒ Dan Perlman

아 있는 곳으로 수컷이 올 때까지는 남아 있어야 합니다. 그렇지만
또 너무 오래 머물러도 안 됩니다. 암컷이 성 페로몬을 뿌리고 위험
한 상황이 발생해서 다른 곳으로 날아가 버렸는데도 성 페로몬이
계속 남아 있으면, 수컷은 1킬로미터를 힘들여 날아왔는데 암컷은
없고 그 자리에 냄새만 남아 있게 되지요. 이것도 곤란합니다. 적당
한 휘발성이 필요한 것이죠. 이렇듯 페로몬의 휘발성은 그 기능에
따라서 적당한 수준으로 조절되어 있습니다.

집에서 기르는 개와 산책을 하면 도중에 간간이 오줌을 눕니다.
돌아올 때 길을 기억하기 위해서 오줌을 싸기도 하지만, 대부분의
동물이 오줌을 싸는 이유는 자기 영역이라는 것을 알리기 위해서입
니다. 그래서 동물들은 사람에 비해 오줌을 많이 눕니다. 멧돼지가
오줌을 누는 것을 보면 꼭 수도꼭지를 있는 대로 다 틀어놓은 것 같
죠. 그 이유는 아직 많이 연구되어 있지 않습니다. 어쩌면 인간도
아주 오랜 옛날 야생에 살 때는 지금보다 훨씬 많은 양의 오줌을 누
었을지도 모르죠. 오줌만 이용하는 것이 아니라 토끼를 비롯한 몇

여우원숭이는 꼬리에 있는
분비샘으로부터 냄새를 풍겨
영역을 표시합니다. 이처럼
사회성을 유지하기 위해
분비하는 페로몬을 통틀어
사회성 페로몬이라고 합니다.

몇 동물은 똥을 이용하기도 합니다. 군데군데 똥을 모아놓은 것은
자기 영역을 표시하는 것이지요.

이것이 바로 영역 페로몬territorial pheromone입니다. 굉장히 많은 동
물에서 볼 수 있지요. 오소리는 자기 영역을 표시하기 위해 오줌을
누고 다닙니다. 아프리카 동쪽에 있는 큰 섬나라 마다가스카르에
사는 어떤 여우원숭이lemur는 심각한 눈빛을 하고는 무슨 주문을 외
우는 것처럼 꼬리를 흔들어댑니다. 고함원숭이가 '여기는 내 땅이
야'라는 것을 소리로 알리는 것처럼 여우원숭이는 냄새로 그것을
알립니다. 냄새를 풍기기 위해 냄새를 만드는 분비샘이 있는 꼬리
를 흔들어대는 것이죠. 이쪽에 사는 놈은 저쪽을 보고 흔들고, 저쪽
에 사는 놈은 이쪽을 보고 흔들고, 서로 쳐다보면서 흔듭니다. 우리
관점으로 보면 옆집과 담장을 마주보고 서서 서로 냄새를 풍기며
'여기는 우리 집이야' 하는 이 장면이 무척이나 우습지만, 의외로
많은 동물이 자기 사회를 유지하기 위해 이런 행동을 합니다. 이렇
게 사회를 유지하기 위해 분비하는 페로몬을 통틀어 사회성 페로몬

social pheromone이라고 합니다.

사회성 페로몬이 아주 잘 발달된 곳이 꿀벌 사회입니다. 여왕벌은 마치 차세대 여왕벌이 탄생하는 것을 시기라도 하듯 제 딸들을 찾아서 물어 죽입니다. 아주 애절한 소리를 내면서 돌아다니다 딸들이 대답하면, '너, 거기 있었니?' 하고 문을 찢고는 들어가서 딸들을 물어 죽입니다. 여왕벌은 계속 물어 죽이려 하지만 그 중 몇몇을 일벌들이 잘 보호했다가 차세대 여왕벌로 탄생시키는 것이죠. 일벌이 될 애벌레가 사는 방은 그냥 육각형인데, 차세대 여왕벌이 자라는 방은 점점 커져 벌집 밖으로 불거집니다. 그 방에서 여왕이 나와서 다른 벌집에서 나온 수벌과 만나 혼인 비행을 하는 것이죠. 혼인 비행을 할 때 여왕이 내는 화학 물질이 있습니다. 동물행동학자들이 여왕벌이 내는 화학물질(학자들은 그것을 '여왕물질'이라고 하지요)을 솜에 묻혀 비행기를 타고 돌아다니면 수벌들이 몰려들어 졸졸 따라다닙니다. 여왕물질이 수벌들에게는 성 페로몬의 역할을 하는 것이죠. 수벌들은 그 페로몬의 냄새를 맡고 쫓아와 여왕과 짝짓기를 합니다.

여왕벌은 여러 수벌과 교미를 해서 몸속에 많은 정자를 품고 돌아옵니다. 혼인비행을 나갔던 딸 중에서 제일 먼저 성공한 딸이 돌아오면, 그 딸들이 자랄 때는 잡아먹으려고 살기등등했던 엄마 여왕벌이 순순히 제 집을 내주고 일벌들 절반 정도를 데리고 다시 새로운 집을 찾아 나섭니다. 딸에게 권좌를 물려주고 새로운 지역으로 가는 것이죠.

새로운 여왕이 하나의 왕국을 만들어가는 과정을 보면, 수벌을 유인하는 데 쓰인 여왕물질이 이제는 사회 질서를 유지하는 역할을

여왕물질은 수벌을 유인하는 데 쓰이기도 하고, 사회 질서를 유지하는 데 쓰이기도 하는 사회성 페로몬입니다. 여왕물질의 영향을 받은 벌들은 엄연한 암컷인데도 난소가 발달하지 않아 평생 일벌로 살아갑니다.
ⓒ Topic Photo

하는 걸 알 수 있습니다. 나머지 일벌들, 사실 여왕과 유전적으로는 전혀 다를 바 없는 엄연한 여성으로 태어난 일벌들이 여왕물질의 영향을 받으면 난소가 발달하지 않습니다. 그래서 알 낳는 일에는 전혀 관심을 갖지 않고 여왕을 위해서 열심히 일만 하며 평생을 살게 되죠. 여왕벌이 죽고 얼마 동안 시간이 흐르면 일벌들이 알을 낳기 시작합니다. 여왕물질의 화학적 영향이 더 이상 발휘되지 않으면 저절로 다시 성적인 발육을 하는 것입니다. 그래서 알을 낳기는 낳는데, 짝짓기를 안 했으니 정자가 없는 그 알에서는 전부 수벌만 태어납니다. 꿀벌 사회에서 수벌은 일을 전혀 하지 않는 존재입니다. 따라서 그런 사회는 유지될 수 없어 서서히 사라지고 말지요. 여왕벌이 없으면 그 사회가 무너질 수밖에 없는 것입니다. 이렇듯 사회성 페로몬은 그 사회의 질서와 안녕, 그리고 평화와 번영을 유지하는 데 결정적인 역할을 하지요.

앞에서 어떤 동물은 이런 페로몬을 가지고 있고, 또 어떤 동물은 저런 페로몬을 가지고 있다고 설명했지만, 사실은 잘 파고들어가

보면 한 동물이 여러 페로몬을 가지고 있는 겁니다. 물론 굉장히 단순한 동물도 있겠지만 꿀벌이나 개미 정도가 되면 무척 복잡한 페로몬 구조를 가지고 있습니다. 몸 안에 여러 개의 분비샘을 가지고 각각의 분비샘에서 나오는 화학 물질을 적절한 비율로 섞어 여러 종류의 이야기를 하는 것입니다. 마치 인간이 단어를 연결해서 문장을 만들듯 서로 다른 화학 물질들을 조금씩 섞어서 전혀 다른 문장을 만들어냅니다. 냄새로 이루어진 굉장히 다양한 언어 구조를 통해 서로 의사소통을 하고 있는 겁니다. 동물들의 화학 언어를 연구하는 것은 매우 흥미진진합니다. 인간도 어쩌면 냄새를 통해 많은 이야기를 나누고 있는지도 모릅니다. 왜 어떤 사람은 말을 안 해도 은근한 매력을 풍기는지, 혹시 그 이유가 냄새 때문은 아닌지 분석해보는 것도 재미있을 겁니다.

10

개미들은
어떻게 말하나

제가 쓴 책 가운데 『개미제국의 발견』이라는 책이 있지요. 그 책은
개미 사회의 정치·경제·문화를 인간 사회의 그것들과 비교하며
서술한 것입니다. 개미 사회가 유지될 수 있는 이유는 인간 사회와
마찬가지로 개미들만의 언어가 있기 때문입니다. 사회가 유지되려
면 그 구성원들간의 의사소통은 필수적이지요. 개미는 인간 사회에
버금가는 사회를 구성하고 있습니다. 인간 사회에서 벌어지는 거의
모든 일들이 개미 사회에서도 일어납니다. 그들은 전쟁을 하고 노
예를 부리며, 농업이나 낙농업 같은 산업 활동도 하고, 강도가 있는
가 하면 사기꾼도 있고, 분업제도를 개발하여 노동력을 향상시키는
등 인간 사회와 다를 바가 별로 없습니다.

개미 사회의 의사소통 수단 가운데 가장 기본적인 것은 역시 냄새입니다. 그들은 후각 즉 화학적 방법에 의해서 가장 많이 대화합니다. 예를 들어 어떤 개미가 먹이를 발견했을 경우를 생각해봅시다. 양이 적은 경우는 혼자 충분히 옮길 수도 있습니다. 하지만 혼자 옮기기엔 너무 많은 양이라 누군가의 도움이 필요한 상황이라면 어떻게 할까요. 조금 진화가 덜 된 개미는 직접 자기 동료를 데리러 갑니다. 그러고는 자신이 발견한 먹이를 조금 먹어보도록 한 다음 그 먹이가 있는 곳으로 함께 갑니다. 가는 모습을 살펴보면, 뒤따라가는 개미는 앞선 개미의 몸에 더듬이를 거의 대다시피 하며 쫓아갑니다. 하지만 가는 내내 둘의 속도가 꼭 일치할 수는 없어 잠시 지체하는 경우도 생기고 앞선 개미가 따라오는 개미를 물고 끌고 가기도 합니다. 하지만 이 방법은 한 번에 한 동료밖에 데리고 가지 못하는 한계가 있습니다. 그리 효율적인 방법은 아니지요.

그래서 개미들은 좀더 대중적인 의사 전달 수단을 개발했습니다. 그것이 바로 냄새길을 그려놓는 방법입니다. 먹이를 발견한 개미가 그 먹이의 일부를 물고 집으로 돌아오는 모습을 살펴보면 꽁지를 땅에 끌면서 오는 걸 볼 수 있습니다. 이 꽁지 안에는 분비샘이 있는데 이 분비샘에서 냄새길을 그릴 냄새길 페로몬trail pheromone을 분비합니다. 그렇게 해서 먹이가 있는 곳에서부터 집까지 냄새길이 생기게 됩니다. 집에 돌아온 개미는 물고 온 먹이를 동료 개미들에게 조금씩 나누어주고 맛을 보게 합니다. 그러면 맛에 유혹된 동료 개미들이 집 밖으로 나가 냄새길을 따라 먹이가 있는 곳으로 갑니다. 두 개의 더듬이로 냄새의 농도를 측정하여 냄새길에서 멀어지지 않도록 조절하면서 냄새길을 따라갑니다. 위에서 내려다보면 냄

① 페로몬이
분비되는 곳

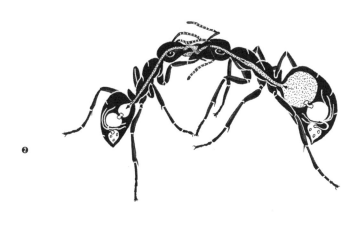

②

③

먹이를 발견한 개미가 ❶ 꽁지에서 분비되는 페로몬으로 냄새길을 그리며 집에 돌아와 ❷ 동료 개
미들에게 물고 온 것을 나누어주어 맛을 보게 하면 ❸ 동료들이 더듬이로 냄새의 농도를 측정해 냄
새길에서 멀어지지 않도록 조절하면서 냄새길을 따라갑니다.

나뭇잎을 재료로 버섯
농사를 지어 먹고사는
잎꾼개미는 날카로운
턱으로 나뭇잎을 자르는데,
잎사귀가 매우 큰 거네라
같은 식물도 순식간에
잘라 가버릴 정도입니다.
ⓒ Dan Perlman

새길을 가운데 두고 두 더듬이가 좌우로 움직이면서 약간 비틀거리는 모습이지요.

먹이가 있는 곳에 도착한 개미는 먹이를 물고 다시 집으로 돌아오는 동안 냄새길에 덧칠을 합니다. 냄새길은 휘발성 화학 물질로 쉽게 증발해버리므로 첫 동료 개미가 냄새길을 따라 먹이가 있는 곳으로 도착할 때면 한쪽 끝에서부터 서서히 사라지기 시작합니다. 그래서 냄새길은 계속 강화되어야 합니다. 이런 식으로 먹이가 모두 운반되어 남은 게 없게 되면 마지막 개미는 더 이상 냄새길을 그리기 위해 꽁지를 끌지 않습니다. 먹이가 다 운반된 것을 알지 못하고 집을 떠난 개미가 중간에서 냄새길이 끊긴 것을 발견하면, 더 운반할 먹이가 없음을 알고 집으로 돌아가지요.

이처럼 냄새길을 그려 의사소통하는 개미들은 아주 많습니다. 특히 중남미 열대 지방에 사는 잎꾼개미에 대한 연구가 많이 되어 있습니다. 우리말로는 가위개미, 또는 버섯(곰팡이)을 기른다 하여 버섯농부개미라고 하기도 하지요. 이 개미는 지구상에 사는 모든 동물들 가운데 농사를 제일 먼저 시작했습니다. 인류가 농사를 시작한 게 고작 1만여 년 전인데 비해, 이들은 무려 6,000만여 년 전부터 농사를 지어왔습니다. 잎꾼개미는 한 발로 이파리의 끝을 쥔 채 날카로운 턱으로 톱질을 하듯 둥글게 나뭇잎을 자릅니다. 이렇게 자른 나뭇잎을 가지고 집으로 돌아오면 작은 일개미들이 그 나뭇잎을 잘게 부수어 죽처럼 만든 다음 그 위에다 버섯을 기르지요. 이렇게 재배한 버섯이 이 개미들의 주

잎꾼개미는 나뭇잎이나 꽃잎 등을 운반할 때 냄새길에 의존하는데, 이들은 1밀리그램의 페로몬만으로 지구 세 바퀴를 돌 정도의 냄새길을 그릴 수 있다고 합니다.
ⓒ 최재천

식입니다. 6,000만 년 동안 이들은 이와 같이 버섯 농사를 지어왔습니다.

　예전에 코스타리카 열대 지방에서 이 개미들이 거네라Gunera라는 식물의 잎사귀를 순식간에 잘라 가버리는 것을 직접 관찰한 적이 있습니다. 그 식물의 잎사귀는 사람 한 명 정도는 충분히 쌀 수 있는 엄청난 크기였는데, 잎꾼개미들은 잎맥만 앙상하게 남기고 몽땅 훑어갔습니다. 사람들이 열대 지방에서 온대 지방에서처럼 대규모 농사를 지을 수 없는 것도 혹 이 개미 때문이 아닐까 생각합니다. 잎꾼개미들은 나뭇잎뿐 아니라 꽃잎도 버섯 재배의 원료로 사용합니다. 물론 이런 원료를 운반할 때면 냄새길에 의존하는데 그 길이가 600~700미터, 심지어 1킬로미터에 이릅니다. 화학자들이 분석한 바에 따르면, 잎꾼개미는 1밀리그램의 페로몬만으로 지구를 세 바퀴나 돌 정도의 냄새길을 그릴 수 있다고 합니다. 정말 효율적인 의사소통 수단이지요?

개미의 몸속에는 아주 많은 분비샘이 있습니다. 분비샘마다 상황에 따라 각각 다른 화학물질들을 분비하며, 필요에 따라 다양하게 섞어 여러 다른 내용물을 만들기도 합니다.

이 밖에도 잎꾼개미는 여러 다른 화학 물질을 다양하게 배합하여 각각 다른 정보들로 사용하고 있습니다. 개미의 몸 안에 있는 여러 분비샘에서 다양한 화학 물질을 분비하고, 또 이것들이 다르게 섞여 여러 다른 문장을 만들겠지요. 개미학자들이 확인한 바에 따르면, 개미의 종류에 따라 냄새길 페로몬이 분비되는 분비샘이 다르며 또한 각각 다른 화학 물질이 이용된다고 합니다. 어느 분비샘에서 나오는 물질이 냄새길 페로몬으로 쓰이는가는 아주 간단한 실험을 통해 알아볼 수 있습니다. 혐의가 있는 두 개의 분비샘에서 각각 물질을 짜내어 바닥에 문질러 길을 만든 다음 개미집의 문을 열어주면 어느 물질로 그린 길을 따라가는지 쉽게 분간할 수 있습니다.

개미를 해부해보면 몸속에 굉장히 많은 분비샘이 있습니다. 각각의 분비샘은 각각 다른 화학 물질들을 분비합니다. 개미는 자신의 필요에 따라 각각 다른 부위에 있는 분비샘에서 다른 화학 물질을 분비합니다. 예를 들어 화학 물질이 꽁지를 통해 밖으로 나가 냄새길을 그려야 하는 상황일 때 그 화학 물질은 꽁지 부분에 모인 분비샘에서 분비됩니다. 다른 내용을 전달할 경우에는 입 근처에 있는 턱샘에서 다른 화학 물질이 분비되기도 합니다. 또 이 화학 물질들은 다양하게 섞여 필요에 따라 여러 가지 다른 내용의 정보를 만들기도 합니다.

그렇다면 한 가지 의문이 생깁니다. 냄새길을 따라 먹이를 운반

하는 개미들에 앞서 맨 처음 먹이를 발견하고 그것을 집까지 가지고 오는 개미는 어떤 방법을 사용한 것일까요? 20세기 초반 아프리카 튀니지에서 일하던 이탈리아의 산치라는 의사가 개미는 해를 기준 삼아 방향을 찾는다는 사실을 처음으로 발견했습니다. 그는 개미들이 걸어 다니는 곁에 판자를 놓아 개미들로 하여금 해를 볼 수 없게 했지요. 그러자 개미들은 우왕좌왕하면서 길을 잃는 듯했습니다. 그러다가 판자의 그림자를 벗어나자 다시금 해를 보고 방향을 찾아서 집으로 향했습니다. 또 개미들이 걷는 길옆 해의 방향에는 판자를 설치하고 반대쪽에는 거울을 놓아 해를 반사시켰더니 이번에는 개미들이 뒤로 돌아 거꾸로 걷기 시작했습니다. 그러다가 거울을 벗어나 자신들 뒤쪽에 해가 있는 것을 발견하고는 다시 방향을 수정하여 걷기 시작했습니다.

예전에 하버드대학에 있다가 지금은 애리조나주립대학의 석좌교수로 부임한 횔도블러Bert Hölldobler 교수도 비슷한 연구를 했습니다. 애리조나 사막에 사는 수확개미harvester ants로 실험을 했는데, 사막한가운데서 집으로 한창 돌아가고 있는 개미를 잡아 상자 속에 넣고

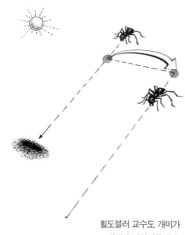

휠도블러 교수도 개미가 냄새나 지형지물 등을 이용해서가 아니라 태양과 자신과의 각도를 통해 집을 찾는다는 것을 증명했습니다.

50미터 정도 옆으로 이동시킨 다음 상자에서 꺼내주었습니다. 그러자 개미는 50미터만큼을 비켜난 채로 계속해서 길을 가다가 결국에는 집에 도착하지 못했습니다. 이것은 이 개미가 무슨 냄새 또는 지형지물 등 집의 위치에 대한 공간적인 정보에 입각하여 집을 찾는 것이 아니라 단지 태양과 자신과의 각도에 관한 정보만으로 집을 찾는다는 것을 보여줍니다. 그래서 50미터 옆으로 옮겨진 것을 계산하지 못한 개미는 집을 지나쳐 계속 가게 된 거죠.

스위스 취리히 대학의 뤼디거 베너Rudiger Wehner 교수는 사하라 사막에 사는 개미들을 연구하여 재미있는 사실을 밝혔습니다. 사막은 낮에 무척 덥기 때문에 돌아다니는 동물들이 별로 없습니다. 그런데 이곳에 사는 개미는 그 무더운 날씨에도 나와서 돌아다니는 곤충이나 작은 동물들을 잡아먹고 사는데, 사막의 모래가 아주 뜨겁기 때문에 나와 있는 동안 아주 재빠르게 움직여야 합니다. 그래서 먹이를 물면 곧바로 돌아서서 직선으로 집을 향해 갑니다. 베너 교수는 일련의 잘 기획된 실험들을 통해 개미가 방향을 틀 때마다 집 방향의 각도를 늘 계산한다는 사실을 발견했습니다. 물론 우리처럼 계산하는 것은 아니지요. 개미의 뇌 속에 이런 특이한 계산을 담당하는 메커니즘이 존재한다는 것입니다. 그 뇌 부위를 찾는 연구가 한창입니다.

사막의 개미들은 말할 나위도 없지만 온대 지방의 개미들은 보통 밤에는 일하지 않습니다. 밤에는 기온이 많이 떨어지므로 변온동물인 개미는 몸을 움직이기 어렵습니다. 하지만 따뜻한 지방에 사는 개미들 중에는 밤에도 일하는 개미들이 있습니다. 그렇다면 밤일을 하는 개미들은 무엇을 기준으로 방향을 잡을까요? 다른 많은 동물들이 그렇듯이 개미들도 밤에는 별을 방향의 기준으로 삼습니다. 북극성처럼 붙박이별을 기준으로 하여 집을 나설 때 그 별과의 각도를 쟀다가 돌아올 때에는 그 각도를 반대로 계산하여 방향을 잡습니다. 그렇다면 열대 정글같이 햇빛이 비치지 않는 숲 속의 개미들은 또 어떻게 방향을 찾을까요? 연구에 따르면 나뭇잎들로 꽉 찬 숲 속에 빛이 새들어오는 작은 구멍들을 기준으로 삼습니다. 개미는 이 빛 구멍의 패턴을 기억하여 방향을 파악하는 것이죠.

또 어떤 개미들은 소리를 통해 의사소통을 하기도 합니다. 동남아시아 열대 지방이나 호주 북부 지방, 아프리카 열대 지방에 사는 베짜기개미weaver ant들은 나뭇잎들을 한데 엮어 살 집을 만듭니다. 이 같은 나뭇잎 집을 만들기 위해서는 굉장한 협동 작업이 필요합니다. 먼저 한 개미가 나뭇잎의 가장자리를 입으로 물면 다른 개미가 그 뒤에서 앞의 개미의 허리를 물고 잡아당기고, 또 그 뒤에 또 다른 개미가 허리를 무는 식으로 긴 살아 있는 사다리를 만들어 잡아당깁니다. 이렇게 해서 두 나뭇잎을 가까이 붙인 다음 애벌레 한 마리를 데려다 명주실을 짜게 합니다. 애벌레는 그 명주실로 고치를 틀고 번데기가 되려던 참이었는데 졸지에 나라를 위해 봉사하게 된 셈이지요. 애벌레가 명주실을 짜내는 동안 일개미는 이 애벌레를 입으로 물고 두 나뭇잎을 엮는 재봉 작업을 합니다. 그래서 우리

베짜기개미는 ❶서로 몸을
이어 사다리를 만들어 반대쪽
잎사귀를 잡아당긴 다음
❷여러 마리 개미가 입과
다리로 물고 늘어져 잎사귀를
붙듭니다. ❸그리고 애벌레로
하여금 명주실을 짜내어
재봉 작업을 하여 ❹나뭇잎을
이어 만든 집을 완성합니다.
이들은 이 과정에서 소리를
통해 서로 힘을 북돋우고
의사를 전달합니다.
ⓒ Bert Hölldobler,
Journey to the Ants

가 그들을 베짜기개미라고 부르지요. 그런데
이 개미들의 허리와 배 부분에는 빨래판처럼
생긴 돌기가 있습니다. 이 돌기는 집을 짓는
일련의 협동 과정에서 의사소통은 물론, 서로
에게 힘을 북돋우기 위한 소리를 만들어내는
기관입니다. 이 돌기를 비벼 개미들은 '여기
다, 여기, 영차! 영차! 당겨' 하듯 소리로 의
사를 전달하는 것입니다.

그런가 하면 촉각을 통해 의사소통을 하는 경우도 있습니다. 개
미들 가운데 머리가 특이하게 생긴 개미가 있습니다. 보통 개미들
은 머리가 동그랗고 도톰한데 머리가 편평하게 태어나는 개미가 있
습니다. 이 개미의 역할은 개미굴 문을 막고 보초를 서는 겁니다.
소위 문지기개미인데 문이 좀 클 경우에는 두세 마리가 한꺼번에 동원되기도 합니다. 이 개미가 개미굴 안에서 머리로 문을 막고 있으면 먹이를 찾아 밖으로 나갔다가 돌아온 동료 개미가 더듬이로 문지기개미의 머리를 두들깁니다. 그러면 문지기 개미는 이 촉각신호를 느껴서 그가 동료 개미인지 아닌지를 판단합니다. 피부를 통해 느낄 수 있는 그들만의 암호가 있는 것입니다. 이 암호가 틀리면 문지기개미는 문을 열어주지 않습니다.

개미 사회는 우리 인간 사회 못지않게 복잡합니다. 그 같은 사회를 유지하기 위해서 개미들은 많은 부분을 후각에 의존하지만 소리를 사용하기도 하고 때에 따라서는 시각을, 또 어떤 때는 촉각을 사용하기도 하는 등 온갖 종류의 감각 기관을 동원합니다. 이런 소통 수단을 통해 개미들은 서로 많은 이야기를 주고받으며 살아갑니다. 과연 그들은 무슨 이야기를 나누는 것일까요? 지금까지 과학자들의 연구로 많은 것을 알아냈지만 아직도 많은 이야기가 수수께끼로 남아 있습니다.

11

꿀벌들의
춤 언어

앞장에서는 개미들이 어떻게 서로 의사소통을 하며 개미 사회에서 벌어지는 모든 일들을 수행하고 살아가는지 살펴보았습니다. 자, 그럼 이제는 우리 인간과 개미만큼이나 아주 복잡한 사회를 구성하고 사는 꿀벌들의 사회를 살펴볼까요.

개미 사회의 가장 기본적인 의사소통 수단은 결국 냄새입니다. 개미는 냄새로 거의 모든 의사소통을 하지요. 물론 소리도 조금 이용하고 또 촉각도 조금 이용합니다. 하지만 기본이 되는 의사소통 수단은 바로 냄새입니다.

벌은 개미와 굉장히 가까운 곤충이지만 조금 다릅니다. 벌도 소리로 상당 부분 의사소통을 합니다. 벌통 안은 너무 어두워서 어느 정도는 소리로 서로 의사소통을 할 수밖에 없지요. 그런데 벌이 벌통 안에서 내는 소리는 벌이 날아다닐 때 날개를 움직여 내는 소리와 조금 다릅니다. 벌통 안에서는 날개를 실제로 움직이는 것이 아니라 날개와 날개근육 사이를 살짝 끊어놓고, 나는 것처럼 행동하면서 소리를 냅니다. 잘 들어보면 우리 귀에도 약간 들릴듯 말듯하죠. 그 소리를 녹음해서 조금 크게 들어보면 아주 애절한 느낌이 듭니다. 마치 아주 가냘프게 흐느끼는 소리 같지요. 여왕벌이 그 소리를 내면서 돌아다니면 차세대 여왕이 될 애벌레는 자기 방에서 비슷하게 애절한 소리를 따라 냅니다. 정말 애절할 수밖에 없는 것이 그 소리를 여왕벌이 듣고 나면 그 방문을 찢고 들어가서 자기 딸을 물어 죽입니다. 참 이상한 일이지요. 일벌들끼리도 그런 애잔한 소리를 내면서 서로 의사소통을 합니다.

냄새도 벌들의 사회에서 의사소통 방법으로 쓰입니다. 위험한 일이 생기면 꽁지 부분을 열어 독침이 있는 부분에서 페로몬을 분비해 '모두 모여 이 위험을 타개하자'는 말을 하는 데 냄새를 사용합니다. 또 여왕은 여왕대로 여왕물질을 분비해서 냄새를 풍기는데, 이 여왕물질은 앞에서도 얘기했듯이 매우 특수한 역할을 수행합니다. 이른바 '화학적 세뇌'라고 표현하는데, 이 여왕물질의 세례를 받은 일벌들은 본래는 제대로 태어난 암컷임에도 거의 불임 상태가 됩니다. 생식 기관이나 번식 기관이 더 이상 성장하지 않지요.

하지만 이런 예는 벌들의 사회에서 벌어지는 또 다른 언어에 비하면 부수적인 경우라고 할 수 있습니다. 생물학자들은 이것을 춤언어dance language라고 부르는데, 꿀벌 사회에서는 춤을 추면서 서로 얘기를 합니다. 춤언어라는 단어가 낯설겠지만, 언어학자들은 언어

꿀벌들은 춤을 추면서
서로 얘기를 합니다.
생물학자들은 이것을
춤언어라고 부릅니다.

를 이렇게 정의한다고 합니다. "언어라는 것은 지금 이곳에서 벌어
지는 일이 아니라 시공간적으로 멀리 떨어져 있을 때 벌어지거나
벌어졌던 어떤 일을 상징적인 표현을 통해서 남에게 알리는 것이
다." 예를 들어 집에 돌아갔을 때 집고양이가 '왜 이제 왔어, 나 지
금 몹시 배고프다구' 하며 다리를 감고 '야옹야옹' 한다면, 그것은
물론 의사소통을 하는 것이지만 언어라고 부르기는 곤란합니다. 그
것은 단지 '나 지금 배고프다'고 알리는 것뿐이지요. 동물들끼리
서로 싸우는 경우에도 나 지금 화났다는 것을 알리기 위해서 으르
렁거리는 소리를 냅니다. 그것도 언어라고 보기는 어렵지요. 왜냐
하면 지금 당장 내 마음이나 몸 속에서 벌어지는 변화를 그저 어떤
자극에 대한 반응처럼 나타내는 것은 앞에서 말한 언어의 정의에
미치지 못하기 때문입니다. 적어도 몇 시간 전에 벌어졌던 일, 그것
도 지금 여기서 벌어지는 일이 아니라 다른 곳에서 일어났거나 행
했던 일을 기억해두었다가 그것을 남이 알아들을 수 있는 부호로
전달할 수 있어야 언어라고 할 수 있지요. 벌들은 그것을 합니다.

알다시피, 꿀벌들은 꿀을 모읍니다. 사람들 입장에서야 꿀벌이 모은 꿀로 양봉업을 하는 것이 중요하지만, 자연계에서 꿀벌이 중요한 이유는 꿀벌이 많은 식물의 꽃가루받이를 해주기 때문입니다. 꿀은 꽃가루받이를 해준 대가로 식물이 꿀벌한테 준 것입니다. 그것을 우리 사람들이 좀 미안하지만 가져다 먹는 것이지요. 벌은 많은 꿀을 자기 집에 저장해야 겨울 내내 먹고 살 수 있으니까 매일같이 열심히 모아 옵니다. 벌통 앞에 가보면 좀 쉬어도 될 것 같은데 그 많은 벌들이 쉼 없이 왔다 갔다 하면서 일을 합니다. 도대체 어떻게 그럴까요? 벌들은 우리가 상식적으로 생각하는 것보다 훨씬 더 먼 거리를 날아다니면서 꿀을 찾아다가 제 벌통으로 가져옵니다. 벌이 인간만한 크기라고 가정한다면, 하루에 벌이 날아다니는 거리는 서울에 부산까지 거리의 열 배쯤 됩니다. 그렇게 넓은 지역을 벌들이 날아다니면서 꿀을 모으는 겁니다. 조금 낯선 동네에만 가도 길을 잃을 수 있을 텐데, 그렇게 멀리 어디에 꽃밭이 있는 줄 알고 가서 꿀을 가져오는지, 그리고 어떻게 다시 집으로 돌아오는지, 또 좋은 꿀이 있는 꽃밭을 찾았을 때 어떻게 동료들에게 그곳을 알려주는지 궁금한 것이 한둘이 아니죠. 꿀을 찾으면 벌들은 동료들을 그리로 인도하여 거기에 있는 꿀을 실어 나르는 집단행동을 합니다. 어떻게 그럴까요?

벌들 중에는 꿀벌보다 진화가 덜 된 벌들이 있습니다. 그런 벌들 중에는 좋은 꿀을 찾으면 집에 와서 동료를 자극해 그들을 데리고 함께 날아가는 벌들도 있습니다. 그런데 그 벌들은 한 번에 한두 마리밖에 못 데리고 갑니다. 하지만 진화의 역사를 거치며 점점 더 좋은 방법들이 개발된 겁니다. 앞의 예보다 조금 더 진화된 벌들은 날

꿀벌은 꿀을 찾으면 동료들을
그리로 인도하여 거기에 있는
꿀을 실어 나르는 집단행동을
합니다. 폰 프리쉬 박사가
이 과정을 밝혀냈습니다.
ⓒ Dan Perlman

아가다가 약 10미터에 한 번씩 땅에 앉아서 거기에 냄새를 조금 뿌려놓고 또 날아가다가 앉아서 냄새를 뿌려놓고 갑니다. 그러면 마치 개미들이 냄새길을 따라가듯이 벌들도 날아가다가 내려앉아서 그 냄새를 조금 맡고 또 조금 날아가다가 내려앉아 냄새를 맡는 식으로 길을 따라갑니다. 그런 방법은 개미들한테는 좋은 방법입니다. 개미들은 늘 땅에서 기어다니니까 땅에 냄새길만 그려놓고 그걸 따라가면 되지요. 그러나 벌들에게는 별로 좋은 방법이 아닙니다. 공중에서 조금 날아가다가 냄새를 맡기 위해 가끔 내려앉아 '흠흠' 냄새를 맡고 '여기였나?' 하고 또 올라가야 하는 방법은 효율이 그리 높아 보이지 않습니다.

그래서 꿀벌들은 다른 방법을 개발했지요. 춤을 추는 것입니다. 아침에 벌통 앞에 가서 보면 벌들이 몇 마리 나옵니다. 벌은 이른 새벽부터는 일을 못 합니다. 벌은 굉장히 부지런한 곤충이지만 곤충들은 스스로 열을 내어 몸을 데우지 않으면 움직일 수가 없습니다. 사람들은 아침에 일어나자마자, 어떤 사람들은 조금 오래 걸리지만, 벌떡 일어나 왔다 갔다 할 수 있지요. 그러나 곤충은 몸을 데우는 데 시간이 필요합니다. 아침에 일어나면 스스로 에너지를 써서 운동을 하여 근육이 조금 따뜻해져야 날 수 있습니다. 그래서 벌들은 해가 뜨고 나야 일을 나가기 시작합니다. 그런데 모든 꿀벌들이 한꺼번에 나가서 다 돌아다니며 제가끔 꿀이 많은 꽃밭을 찾는 것은 아닙니다. 꿀벌들은 더 효율적인 방법을 찾아냈지요. 큰 벌통의 경우, 아침에 20여 마리의 정찰벌이 나갑니다. 정찰이 그들의 임무입니다. 누가 정찰벌로 태어나는지, 혹은 임명이 되는지, 아니면 출세를 해야 정찰벌이 될 수 있는 것인지는 아직 정확히 밝혀지지 않았습니다. 정찰벌은 일단 사방으로 쫙 퍼져나가 돌아다닙니다. 그리고 얼마 있다가 보면 그들이 하나둘씩 돌아와 춤을 추기 시작합니다. 그러면 벌통에 있던 벌들은 모두 춤추는 벌들을 쫓아다닙니다. 시간이 지남에 따라 점차 더 좋은 내용을 이야기한다고 판단되는 정찰벌 뒤로 많은 벌들이 모여듭니다. 그러니까 어떻게 보면 굉장히 민주적인 방법이지요. 누가 권력을 동원해서 '날 따르라' 하는 것이 아니라 제일 좋은 꿀을 찾아온 정찰벌에게 점진적으로 많은 벌들이 모여들어 그날은 그 정찰벌이 찾아낸 꿀의 출처를 따라 모두 한 곳으로 몰려가 일을 합니다. 분열이 생기고 여럿이 쪼개져 '난, 너 싫어. 우리는 저 정찰벌이 발견한 꿀을 찾아갈래' 하는 것이 아니라 한 벌통의 벌들은 다 같이 합심해서 한 정찰벌의 이야기를 지지하고 믿고 따라갑니다.

이 과정을 밝힌 분이 카를 폰 프리쉬입니다. 동물행동학, 특히 행태학의 아버지라 할 수 있는 세 분 가운데 한 분이며, 그래서 공동으로 노벨상을 수상했습니다. 원래 오스트리아 사람인데 독일에서 오

집으로 돌아온 정찰벌은
턱을 열고 가져온 꿀을 게워
동료 벌이 혀로 맛을
보도록 합니다.

랫동안 교편을 잡았지요. 폰 프리쉬 이전엔 아무도 벌통 앞에 가서 꿀벌들을 보면서 '저 벌이 저 벌한테 이야기하는구나' 하고 생각한 사람이 없었습니다. 이분이 처음으로 발견했지요. 그분의 혜안에 우리는 지금도 탄복합니다. '도대체 누가 얘기를 해? 모두 다 윙윙 날갯짓만 하고 있는데.' 그런데 잘 들여다보면 춤추는 꿀벌이 있고, 그 춤을 따라다니는 꿀벌들이 있습니다. 바로 그것을 알아낸 것이죠.

정찰벌은 집으로 돌아와 우선 동료들에게 시식의 기회를 제공합니다. 자신이 가져온 꿀이 얼마나 좋은지를 홍보하는 것이죠. 이것이 정찰벌이 하는 일입니다. 정찰벌이 집으로 돌아와 턱을 열고 가져온 꿀을 한 방울 게워 물고 있으면 동료 벌이 혀를 날름거리며 빨아먹습니다. 벌들은 들이마시지 않습니다. 벌의 혀는 모세관처럼 가는 대롱으로 되어 있어서 물에 담그면 모세관 현상에 의해서 쭉 빨려 올라갑니다. 꿀이 양질이 아니라고 판단되면 관심을 갖지 않습니다. 다른 정찰벌을 찾아갑니다. 그 과정에서 아주 좋은 꿀이라고 판단되면 그 다음에는 그 꿀을 가져온 정찰벌이 추는 춤을 뒤에

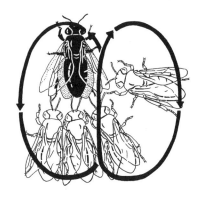

폰 프리쉬 박사는 꿀의 출처를
알려주는 벌들의 춤이 거리에 따라
달라지는 것을 발견했습니다.
❶가까운 곳이면 원을 한 번 그리고
다시 반대로 도는 식으로 춤을 추는데,
❷50미터를 넘는 거리면 8자형으로
춤을 춰 알려줍니다.

서 따라가면서 꿀의 출처에 관한 정보를 얻습니다. 정찰벌은 춤을 출 때 날개를 펴고 실제로 날아가는 흉내를 내는 것이 아니라 날개를 몸에 붙인 채 뒷몸통을 흔듭니다. '드르르륵' 흔들면서 춤을 추지요. 그러면서 올라가면 다른 동료들이 그 뒤를 쫓아가면서 '아, 무슨 얘기를 하고 있구나' 알아차리는 겁니다. 이는 사실 캄캄한 벌통 안에서 벌어지고 있는 일입니다. 사실은 보고 따라가는 것이 아니라 소리를 듣고 따라다니는 것입니다. 그래서 춤을 추지만 소리춤을 추는 것이라고 말할 수 있지요.

폰 프리쉬 박사는 벌통에서 비교적 가까이 있는 꿀의 출처를 알려주는 춤은 별로 복잡하지 않은 원형춤이라는 것을 발견했습니다. 출발해서 '붕~'한 바퀴 돌고 원을 한 번 그리고 나면 휙 돌아서서 반대로 '붕~' 하고 돌고 또 돌아서서 반대로 돌고, 이런 식으로 춤을 춥니다. 갔다가 왔다가 돌아서서 또 갔다가 또 돌아서서 왔다가 그런 식이지요. 그런데 꿀의 출처에서 벌통까지의 거리가 50미터 정도를 넘어서면, 춤의 모양이 달라집니다. 8자형의 춤을 춥니다. 이 춤에는 가운데 춤을 추는 부분이 있고 가장자리를 도는 부분이 있는데 사실 이제 원은 더 이상 의미가 없어집니다. 가운데로 걸을 때 추는 춤이 직선춤인데, 몸의 뒷부분을 '부르르르' 떨면서 춤을 추기 때문에 꼬리춤waggle dance이라고도 합니다. '부르르르' 떨면서 직선으로 얼마를 간 다음 '빙~' 돌아서 원래 자리로 돌아오고 '부르르르' 떨면서 걷고, 그 다음에는 반대쪽으로 돈 다음 '부르르르' 떨며 걷고 하는 동작을 반복합니다.

　어떤 때에는 집에 돌아온 정찰벌이 조급한 마음에 벌통 안으로 들어가지도 않고 벌통 밖 평평한 바닥에서 춤을 추는 때가 있습니다. 벌통 밖에 동료들이 서 있으니까 미리 얘기를 하는 것이죠. 밝은 야외에서는 태양을 기준으로 방향을 알려줍니다. 정찰을 하고 돌아올 때 태양과 꿀이 있었던 곳과의 각도를 재며 돌아옵니다. 그런 다음 꿀의 출처를 향해 태양과의 각도를 유지하면서 춤을 춥니다. 그러면 동료들은 바로 그 방향으로 날아가라는 뜻으로 알아듣습니다. 그러나 벌통 안에는 햇빛이 들어오지 않아 어둡지요. 그 안에 벌집들이 수직으로 놓여 있습니다. 그래서 옆에서 보면 육각형 방들이 수평으로 놓여 있지요. 그러니까 벌들은 벌통 안에서 수직으로 된 벽에 붙어 춤을 춰야 합니다. 기준이 되어줄 태양도 안 보이고 평면에서 춤을 추는 것이 아니라 수직면에서 춤을 춰야 하니 방향을 잡기가 어렵지요. 그래서 벌들은 새로운 방향의 기준을 설정합니다. 태양을 기준으로 삼던 것을 지구의 중력을 기준으로 삼습니다. 벌통 안의 그 어두운 수직면에서는 이제 수직으로 윗방향이 태양의 방향입니다. 그것을 태양의 방향으로 삼고 태양에서 예를 들어, 오른쪽으로 일정한 각도를 유지하며 날아가라는 내용을 알려주려면 수직면에서 중력 방향과 정반대 방향과 그만한 각도를

정찰벌은 태양과 꿀이 있던 곳의 각도를 재서 돌아옵니다. 야외에서는 그 꿀의 출처를 바라보고 태양과의 각도를 유지하면서 춤을 추며, 벌통 안에서는 지구 중력 방향을 태양의 방향으로 삼아서 춤을 추어 각도를 알려줍니다.

유지하면서 '부르르르' 떨고 직선춤을 추고 한바퀴 돈 다음 또 추고 하는 행동을 반복합니다. 집에 있던 다른 일벌들도 그 어두운 벌통 속에서 자기 동료를 따라 몇 번 함께 추고는 '그래 어딘지 알았다' 하며 벌통 밖으로 나와 더 이상 정찰벌의 도움 없이 태양을 기준 삼아 날아갑니다.

꿀벌들은 한참 전에 자기가 밖에서 재 온 각도를 시공간적으로 전혀 연결되어 있지 않은 상황에서 자기 동료들에게 춤이라는 상징적인 기호를 사용하여 이야기해주고, 동료 꿀벌들은 그 기호만 보고도 무슨 얘기를 하는지 알아듣고 그리로 날아가서 꿀을 날라 옵니다. 이것은 앞의 정의에 따르면 분명히 언어입니다. 그래서 우리는 꿀벌을 언어를 가진 동물로 규정합니다.

그런데 방향만 알려주고 거리를 안 알려주면 어디까지 가라는 것인지 알 수 없으니 정확한 거리까지 알려줍니다. 거리는 춤의 속도를 가지고 알려줍니다. 빨리 추는 춤은 '잠시만 날아가면 돼' 라는 뜻이지만, 직선춤을 추는 속도가 느리면, 즉 '부르르르르르륵' 하고 올라갔다가 돌고 '부르르르르르륵' 하고 올라갔다 돌고 하면 한참 날아가야 된다는 뜻입니다. '고생 좀 해야 돼' 하는 뜻이지요. 이것은 우리 인간이 계산해볼 수 있습니다. 초시계를 가지고 1분에 꼬리춤 즉 직선춤을 몇 번 추는지 조사해보면 쉽게 알 수 있습니다.

예를 들어, 1분에 5번 출 때와 1분에 10번 출 때의 거리는 후자가 정확히 두 배입니다. 그것을 계산해서 우리도 정찰벌의 지시를 따라볼 수 있습니다. 벌들의 말을 알아들을 수 있는 것입니다. 폰 프리쉬 박사 덕분에 벌통 앞에 가서 그들의 춤을 보고 해석해서 각도를 알아내고, 춤추는 속도를 재서 1분에 몇 번씩 하는지 세어보고 '2.5킬로미터 정도 된다'는 뜻이구나 하는 걸 알아낸 다음 그 방향으로 2.5킬로미터 가보면 거기서 그 벌통의 꿀벌들이 꽃밭에서 꿀을 따는 장면을 목격할 수 있는 것이죠.

어떻게 보면 단순해 보이지만, 꿀벌의 춤 속에 들어 있는 정보를 이해하기 위해서 마틴 린다우어Martin Lindauer 박사는 이런 실험까지 했습니다. 인도 남쪽에 스리랑카라는 섬나라가 있지요. 한여름에는 북회귀선을 따라 태양이 움직입니다. 먼저 오전에 스리랑카의 캠비라는 곳에서 벌들이 나오면 정북 방향에 설탕물을 놓고 훈련을 시켰습니다. 그러니까 정찰벌이 벌통 안에서 수직면으로 올라가면서 '부르르르' 떠는 춤을 추었겠지요. 다른 벌들은 벌통을 나와서 태양 방향으로만 날아가면 되는 것이었죠. 이렇게 훈련을 시켜놓고는 12시 6분에 그 벌통을 무언가로 뒤집어씌워 비행기를 타고 북회귀선을 넘었습니다. 그리고 봄베이 근처에 후나라는 곳에 내려서 벌통을 열어놓았습니다. 그 시간이 30분 정도 걸렸습니다. 벌들은 이제 어느 방향으로 갈까요? 오전에는 북쪽에 태양이 있었는데 북회귀선을 넘은 12시 36분에는 태양이 남쪽에 있습니다. 벌들은 모두 남쪽으로 날아갔습니다. 태양의 위치가 반대로 바뀌었으니까요. 북회귀선을 넘었다는 걸 벌들은 모르는 것입니다. 그래서 태양만 보고 날아간 겁니다. 우리가 보기에 벌들이 굉장히 우스운 짓을 하는 것 같지만 벌들의 입장에서는 정확하게 행동한 겁니다.

폰 프리쉬 박사는 이 같은 발견으로 노벨상을 수상했고 이쯤 되면 꿀벌의 춤에 거리와 방향에 관한 정보가 들어 있다는 증거가 충분한 것 같았는데, 끈질기게 이에 이의를 제기한 젊은 학자가 하나 있었습니다. 이제는 나이가 퍽 든 교수가 되었지만 당시에는 미시건 대학에서 갓 학위를 한 에이드리언 웨너Adrian Wenner라는 학자입니다. 그는 여왕벌이 여왕물질을 분비하며 수벌들을 유인하는 과정을 연구해서 훌륭한 업적을 남겼는데, 사사건건 폰 프리쉬 박사의 발목을 잡는 행동으로 더 유명해졌습니다. 학회에서 폰 프리쉬 박사가 발표를 하면 손을 들고 "거리에 관한 것은 이해하겠는데, 방향은 이해하기 어렵습니다. 다른 가능성을 어떻게 배제할 수 있습니까? 아카시아 꽃의 꿀을 따온 벌에서는 아카시아 냄새가 나고, 클로버에서 온 벌은 클로버 냄새가 납니다. 벌들은 대개 동네에 아카시아 꽃이 어디 있는지 압니다. 그래서 냄새를 맡거나 꿀맛을 보고 나서 '너 아카시아 꿀 따왔구나' 하고는 아카시아 꽃이 있는 곳으로 가는 것이 아닐까요? 과연 방향에 관한 정보가 그 춤 안에 정말 들어 있는지 어떻게 알 수 있습니까?" 웨너는 폰 프리쉬 박사가 논문을 내면 곧바로 반박 논문을 내고 학회에서 발표하면 손을 들고 '그거 100퍼센트 장담하실 수 있습니까?' 하고 질문했답니다. 폰 프리쉬 박사는 웨너 박사를 아주 곤혹스러워했다고 합니다.

꿀벌이 봄에 분봉을 할 때 보면, 딸들이 커서 차세대 여왕이 되는 것을 시기라도 하듯이 울면서 돌아다니며 딸을 찾아 물어 죽이던 여왕벌이 그 딸들 중에서 누군가가 교미를 하고 혼인비행을 성공리에 마치고 돌아오면 집을 내주고 자신은 일벌의 절반 정도를 데리고 나가 새집을 찾습니다. 어떻게 보면 굉장히 효과적인 방법이지요. 한 번 나라 살림을 해봤으니 애송이 여왕벌이 일벌들을 데리고 나가서 집을 차리는 것보다 실패할 확률이 낮을 수 있습니다. 꿀벌 사회에서는 이렇게 자식한테 아예 집을 주고 여왕벌이 또 나가서 집을 찾습니다. 분봉을 할 때에도 정찰벌 스무 마리 정도가 나갔다 돌아와서 장차 살 집을 찾았다고 춤을 춥니다. 자연계에서는 벌들이 나무 구멍 같은 데서 삽니다. 이런 구멍들을 정찰벌이 나가서 뒤져보고 다시 돌아와 자기 동료들 몸을 짓밟으며 그 위에서 춤을 춥니다. '내가 찾은 구멍이 아주 좋아요.' 그런데 한번 상상해보세요. 분봉을 하고 난 뒤 다음 봄 분봉할 때까지 벌집 안의 벌들의 수가 거의 정확히 두 배로 늘어납니다. 그래야 그 다음 해에 또 절반은 남고 절반은 나갈 수 있으니까요. 그래서 이 정찰벌들이 해야 되는 일은 이사 들어갈 벌들의 수를 알아보고 그 수가 두 배가 될 때까지 편안하게 살 수 있는 구멍을 찾아야 하는 것입니다.

그런데 도대체 벌들은 이런 구멍을 어떻게 찾을까요? 구멍의 부피를 어떻게 잴까요? 그 질문들에 대한 답은 톰 씨일리Tom Seeley 교수가 밝혀냈습니다. 그는 현재 미국 코넬대학의 교수로 있는데, 폰 프리쉬의 전통을 이어 받은 꿀벌 연구의 제1인자입니다. 이 실험은 그가 하버드대학에서 박사학위를 받을 때 했던 실험입니다. 정찰벌들이 들어오게끔 통을 만들어주고 벌이 부피를 어떻게 재는지 지켜보았습니다. 정찰벌은 구멍 안을 여러 번에 걸쳐 여러 방향으로 걷습니다. 이렇게 걸어보고 저렇게 걸어본 다음 돌아가서 춤을 춥니다. 걸으면서 부피를 측정한다는 추측이 가능합니다. 과연 어떻게 그러는지 알기 위해서 씨일리 교수는 아주 교묘한 방법으로 실험을

곤충에게는 물체의 움직임을
감지하는 겹눈 외에 빛의
밝기를 감지하는 홑눈이
두 겹눈 사이 머리 중앙 부위에
2개 내지 5개까지 있습니다.
ⓒ Topic Photo

했습니다. 통을 두 겹으로 만들고 바깥에서 도르래를 돌리면 안쪽
벽이 돌게끔 설계했습니다. 정찰벌이 통 안에 들어와 걷기 시작할
때 도르래를 돌리면 정찰벌이 걸을 때 밑바닥도 같이 돕니다. 그러
니까 사실 통은 작아도 바닥이 도니까 정찰벌은 상당히 오래 걸어
야 끝까지 갈 수 있게 되죠. 그렇게 돈 다음 그 정찰벌은 돌아가서
'내가 큰 집 찾았다'며 사뭇 장황한 춤을 춥니다. 나중에 벌들이 모
두 그를 따라 날아와 그 작은 구멍에 들어갈 수 없어 난리가 납니
다. 이 실험으로 꿀벌이 걸어서 길이를 잰 다음 부피로 환산한다는
것을 알아낸 것이죠. 정확히 어떻게 계산하는지는 아직 모릅니다.
우리처럼 π의 3제곱을 하는지 어떤지는 모르지만, 그들 나름대로
부피를 재는 방법을 갖고 있다는 것이죠. 분봉을 할 때에도 새 벌집
의 장소를 알려주어야 되니까 방향과 거리를 춤으로 가르쳐줍니다.
씨일리의 이런 연구에도 웨너는 여전히 물고늘어졌습니다.

그래서 '노벨상 받은 저 분이 틀릴 수도 있어' 하고 의심하는 사
람들이 늘어나던 어느날 결정적인 실험 결과가 하나 발표되었습니

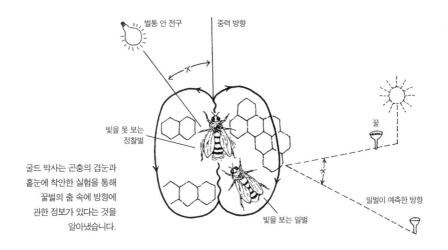

벌통 안 전구

중력 방향

꿀

빛을 못 보는
정찰벌

굴드 박사는 곤충의 겹눈과
홑눈에 착안한 실험을 통해
꿀벌의 춤 속에 방향에
관한 정보가 있다는 것을
알아냈습니다.

빛을 보는 일벌

일벌이 예측한 방향

다. 현재 프린스턴대학 제임스 굴드James Gould 교수가 코넬 대학에서
박사학위를 하던 시절에 한 실험입니다. 동물행동학계에는 불후의
명작으로 알려진 실험이지요. 굴드는 곤충의 눈에 착안했습니다.
곤충의 겹눈은 아주 작은 눈들이 모여 있는 것으로서 물체가 움직
이는 걸 잘 감지하지요. 그런데 곤충에게는 빛의 밝기를 감지하는
눈이 따로 있습니다. 두 겹눈 사이 머리 중앙 부위에 조그마한 홑눈
이 2개 내지 5개 있습니다. 굴드는 이처럼 곤충의 두 눈의 기능이
다른 것에 착안해서 벌통으로 돌아오는 정찰벌을 벌통 앞에서 잡아
홑눈들을 페인트칠을 해서 가려버렸습니다. 그렇게 하면 벌은 빛을
보지 못합니다. 움직이는 물체는 희미하게 식별할 수 있지만 빛은
감지하지 못합니다. 그런 다음 벌통 안에 전구를 하나 켜주었습니
다. 벌들은 태양이 있으면 방향의 기준으로 태양을 이용합니다. 벌
통 안에서는 태양을 기준으로 사용할 수 없어서 할 수 없이 중력 방
향을 이용하는 것이죠. 그래서 전구를 켜놓으면 벌통 안에 있는 벌
들은 모두 그 불빛을 태양처럼 생각하고 그것을 기준으로 방향을

잡을 겁니다. 그런데 춤을 추는 정찰벌은 빛을 감지하는 홑눈이 가려져서 전구를 감지할 수가 없지요. 그래서 정찰벌은 중력 방향을 기준으로 춤을 춥니다. 꿀은 태양의 방향과 직선거리에 있었습니다. 그래서 그 정찰벌은 중력 방향의 정반대로 올라가며 춤을 춥니다. 밖으로 나가거든 태양을 보고 곧바로 날아가라고 춤을 추고 있는데 따라하는 벌들은 모두 전구를 보고 있기 때문에 '나가서 태양을 기준으로 일정한 각도를 유지하며 오른쪽으로 날아가라'는 얘기로 알아듣습니다. 그래서 벌들은 밖으로 나와 태양을 보고 똑바로 날아가는 것이 아니라 일정한 각도를 유지하며 오른쪽으로 날아간 겁니다.

정찰벌로 하여금 이를테면 거짓말을 하도록 하고 방향에 관한 정보가 꿀벌의 춤 안에 들어 있다는 걸 결정적으로 밝혀준 실험입니다. 행동 실험이 이렇게까지 명확한 결과를 나타내는 경우는 별로 없습니다. 동물행동학에서 하는 연구의 결과들은 대개 변이가 많은 편인데 이 실험만큼은 명확하게 방향에 관한 정보가 그 춤 안에 들어 있지 않다면 도저히 일어날 수 없는 결과를 보여주었습니다. 그래서 굴드는 이 실험 덕분에 박사학위도 마치기 전에 프린스턴대학에 교수로 발탁됩니다.

그로부터 수년 후 독일에서는 더 명확한 실험결과를 발표했습니다. 정찰벌처럼 춤을 출 수 있는 기계를 고안해냈습니다. 일종의 초보적인 단계의 로봇인 셈이지요. 그 기계 끝에 솜뭉치를 달고 거기에 꿀을 묻혀 꿀벌들이 와서 조금씩 빨아먹게 했지요. 그리고 그 기계를 컴퓨터를 이용해서 마치 꿀벌이 춤을 추듯 움직이게 했습니다. '부르르르' 떨다가는 획 돌고 '부르르르' 떨다가는 획 돌고 하는 식으로 말입니다. 예를 들어 30도 각도를 유지하며 춤을 추게끔 기계를 조절하면 꿀벌들은 그 기계가 분명 벌이 아닌데도 그것을 따라 다녔습니다. 그럴듯한 소리를 내며 비슷하게 움직이도록 만들어놓으니까 그것을 정찰벌인 줄 알고 따라다닌 다음 예정된 장소로 벌들이 날아왔습니다.

소설 『개미』를 보면 사람이 개미랑 이야기를 나눕니다. 우리는 이미 벌하고 이야기하는 단계에 온 겁니다. 비록 어디로 오라는 내용뿐이지만 우리는 벌에게 말을 걸 수 있습니다. 그리고 그들이 무슨 말을 하는지도 어느 정도 해석할 수 있습니다. 이제 우리가 서로 대화를 나누고 싶어한다는 것을 벌이 깨닫고 우리한테 말을 걸어오기만 하면 됩니다. 그래서 '네가 보고 있는 것을 알아' 하고 춤을 추면서 '저리로 날아와서 나 좀 만나자'고 우리한테 이야기를 하고 우리가 그곳으로 가서 그들을 만나기만 하면 쌍방의 의사소통이 되는 것이죠. 어쩌면 정말 황당무계한 이야기 같지만, 언젠가 그런 날이 오지 않을까요?

12

동물 사회의
의례 행동

동물 사회에도 인간 사회와 마찬가지로 일련의 의식儀式들이 존재합니다. 사람들이 혼례식이나 장례식 같은 의식을 치르는 것처럼 동물들도 여러 다양한 의례ritual 행동들을 하지요. 의례화ritualization는 어떤 특정한 행동이 처음 행해질 때의 기능과 달리 정례화된 행동이 되면서 새로운 상징적 의미를 부여받는 것을 말합니다. 꿀벌의 춤언어가 좋은 예입니다. 그럼, 다른 동물들의 의례 행위들에 대해 좀더 자세히 알아볼까요?

먼저 꿀벌의 꼬리춤에 대해 좀더 알아봅시다. 날개는 움직이지 않고 몸 뒷부분을 '부르르르' 흔들면서 춤을 추어서 붙은 이름인데 이 춤은 단순히 꿀벌이 나는 행동이 아닙니다. 어느 거리만큼 날아

게들의 집게는 먹이를 자르는 데 사용되는 기관인데, 수놈이 암놈에게 구애할 때 사용되기도 합니다.
ⓒ김태원

가라는 의사를 전달하는 표현입니다. 처음에는 실제적 기능을 하던 행동이 어느덧 다른 의미를 상징적으로 표현하는 의사소통의 수단으로 변한 것입니다. 또한 새들의 날갯짓도 본래 기능과는 다른 의미를 지닌 의례적 행동의 예입니다. 새들이 비행하는 모습을 잘 살펴보면 단번에 하늘로 날아오르는 게 아니라 속도를 내며 달리면서 이륙을 준비합니다. 그러다가 날기 시작하는데 새들은 이 준비 동작에 해당하는 날갯짓을 비행 순간이 아닌 경우에도 자주 합니다. 관찰에 따르면, 이 같은 행동은 '이것은 내 땅이다' 라는 것을 알리는 신호로 사용됩니다. 원래는 비상 행동이었는데 전혀 다른 기능을 갖게 된 것이죠. 이런 행동은 보통 각자의 영역 변방에서 행해지는데 이로써 자기 영역을 다른 새에게 알릴 수 있습니다. 비상 동작이 의사소통 수단으로 변한 것이죠.

또한 먹는 행위가 의례화되어 다른 의미를 나타내기도 합니다. 게들 가운데 한쪽 집게가 아주 커진 농게가 있습니다. 집게는 먹이를 먹을 때 사용하는 기관입니다. 하지만 농게는 집게를 구애할 때 사용합니다. 수컷은 자신이 파놓은 굴 밖으로 나와 커다란 한쪽 집게를 암컷을 향해 흔들어대지요. 암컷이 다가오면 집게를 흔들면서 계속 춤을 추다가 암컷이 아주 가까이 오면 집게로 잡아끌어 자기 굴로 들어갑니다. 원래 먹는 데 사용되었던 집게가 구애의 의사소통 수단이 된 것이죠.

밑들이 수컷은 먹이를 암컷에게 선사하고 암컷이 먹이를 먹는 동안 짝짓기를 합니다.

구애 행위 중에 수컷이 암컷에게 먹이를 선사하는 새들이 있습니다. 새들의 이런 행위도 먹는 행위가 전혀 다른 의미의 의식이 된 좋은 예입니다. 먹이를 암컷에게 선사하는 것은 '당신이 지금 나를 선택하면 앞으로도 이렇게 잘 먹이고 또 당신이 자식을 낳으면 자식도 이처럼 잘 먹일 것입니다'라는 뜻입니다. 암컷은 이 먹이를 받아먹고 마음에 들면 수컷과 짝짓기를 합니다. 특히 바닷새들이 이런 구애 행위를 많이 하는데, 먹이는 바다에서 잡아온 맛있는 생선입니다.

많은 종의 곤충들도 구애 행위에 먹이를 이용합니다. 예를 들면 밑들이라는 곤충이 그렇지요. 수컷 밑들이가 먹이를 한 마리 잡아 암컷에게 선사하고 암컷이 먹이를 먹는 동안 짝짓기가 이루어집니다. 먹이 선물을 주지 않으면 짝짓기를 할 수 없을뿐더러 먹이 크기가 클수록 짝짓기에 성공할 확률이 높아집니다. 먹이를 먹는 데 시

동물의 입맞춤은 어미새와
새끼새뿐 아니라 성체들끼리
서로 먹이를 나누어 먹는
동작이기도 하며, 짝짓기를
위한 구애 행위이기도 합니다.

간이 오래 걸려야만 오랜 시간 짝짓기를 할 수 있고, 그래야만 수컷
의 정자가 성공적으로 암컷의 난자에 도달할 수 있으니까요.

　선물을 하게 된 기원도 이와 비슷한 무언가가 있을지도 모릅니
다. 남성이 여성에게 물질적인 무언가를 보여야 '앞으로 이 남자가
계속 나를 먹여 살릴 수 있겠구나' 하고 여성이 생각할 테니까요.
갈매기도 구애 행위 중 암컷에게 먹이를 선사하는 대표적인 새입니
다. 수컷 갈매기는 구애 행위 중간에 물고기 한 마리를 암컷에게 제
공하는데 거의 입맞춤을 하는 수준입니다. 입맞춤을 하는 동물들의
예는 아주 많지요. 동물들의 입맞춤은 대부분 먹이를 주고받는 과
정인데, 이처럼 성체(成體)의 경우 짝짓기를 위한 것이기도 하고,
자기가 가진 먹이를 서로 나누어 먹는 동작이기도 합니다. 새들의
경우 어미 새가 새끼 새에게 먹이를 주면서 입맞춤하는 것은 아주
일상적인 일이고, 성체들끼리 먹이를 주고받는 경우도 흔히 볼 수
있습니다. 새들은 자신이 삼킨 음식물을 단번에 위로 집어넣는 것
이 아니라, 위로 보내기 전 단계에서 한동안 저장하기 때문에 반쯤

소화된 음식물을 언제든지 끄집어내어 새끼나 암컷에게 줄 수 있습니다. 인간도 그런 입맞춤을 합니다. 어쩌면 우리가 야릇한 감정을 느끼며 하는 입맞춤도 기원을 따져 올라가면 원래는 서로 먹이를 주고받던 행동이 사랑을 표현하는 행동으로 의례화된 것인지도 모릅니다. 먹이를 주고받던 기능을 가졌던 행동이 사랑의 신호로 의례화된 것인지도 모르지요.

지금부터 거의 20년 전 한스 크루크Hans Kruuk라는 독일의 행동생물학자가 아프리카 동물들을 연구하는 과정에서 하이에나에 대한 새로운 사실을 발견했습니다. 아프리카에 사는 동물들은 대부분 야행성이라 이들의 습성을 이해하려면 밤 생활을 살펴봐야만 합니다. 그래서 크루크 교수는 적외선 카메라를 들고 밤에 그들을 쫓아다녔습니다. 관찰한 결과, 기존에 알려진 사실과는 달리 하이에나는 먹이를 사냥하기 위해 사자와도 경쟁하는 아주 용맹스러운 동물이라는 사실이 밝혀졌습니다.

또 하이에나의 특징 가운데 하나는 암컷의 성기가 수컷의 성기만큼이나 크다는 것입니다. 암컷의 성기나 수컷의 성기는 발생학적으로 동일한 기원을 갖고 있는데, 대부분의 포유동물에서 암컷의 음핵은 수컷의 성기처럼 크게 자라지 않고 단지 성적인 흥분을 느낄 수 있는 기관으로 변합니다. 하지만 하이에나의 경우 암컷의 음핵이 수컷의 성기만큼 크게 자랍니다. 하이에나 암컷은 임신을 했을 때 다른 동물에 비해 자궁 속에 남성호르몬이 대단히 많이 분비되는 것으로 밝혀졌습니다. 암컷들도 호르몬의 영향을 받아 음핵이 남성 성기처럼 발달하는 것이죠. 그렇지만 그 기능은 다른 암컷들과 차이가 없습니다. 짝짓기도 하고 새끼도 낳지요.

생식 행위가 사회적인
의식 행위로 바뀐 경우를
영장류에서 많이 발견할 수
있는데, 남에게 아부를
한다거나 서로 화해를 할 때
이런 행위를 합니다.

얼룩하이에나 사회는 모계중심 사회이고 수컷들의 사회적 서열
은 대체로 중간 이하입니다. 먹이를 한 마리 잡으면 여왕격의 암컷
이 가장 먼저 먹고, 그 뒤를 따라 여왕의 식구들이 먹고, 그들이 다
먹은 뒤에야 수컷이 먹을 수 있습니다. 암컷이 더 크고 근육도 더
발달되어 있죠. 암컷이 수컷을 제거할 수도 있습니다. 암컷의 사회
죠. 그리고 최근 연구에 따르면, 왕위를 세습하여 한 혈족이 오랫동
안 권력을 유지한다고 합니다. 이렇게 되다 보니 암컷들 사이에 서
열이 분명합니다. 이와 같은 서열 사회에서 하이에나들 사이에 이
루어지는 인사가 특이합니다. 서열이 낮은 암컷이 다른 암컷 사회
에 들어가려면 독특한 인사를 해야 하는데, 한쪽 다리를 들고 남성
생식기처럼 생긴 음핵을 보여줍니다. 그러면 서열이 높은 암컷이
냄새를 맡고 그가 자기 집단에 들어와도 되는지를 판단합니다. 허
락할 경우, 서열이 높은 암컷은 발을 약간 들어 자기 것도 조금 냄
새 맡게 합니다. 이 냄새를 맡는 행위는 집단의 구성원들이 서로를
확인하는 하나의 의식 절차입니다. 음핵은 원래 생식에 관련된 기

관이고 냄새를 맡는 행위 또한 생식적인 행위이지만 하이에나 사회에서는 이것이 사회 질서를 유지하기 위한 상징적인 의례로 바뀐 것입니다.

다른 동물에서도 생식 행위가 사회적인 의식 행위로 바뀐 경우를 찾아볼 수 있습니다. 특히 영장류에서 많이 발견되는데, 남에게 아부를 한다거나 서로 화해를 하는 경우 이런 행위들을 합니다. 비비는 때로 수컷이 수컷을 올라타고 교미를 하는 듯한 행동을 하기도 합니다. 수컷끼리 성관계를 갖는 것처럼 보이지만 실제로는 서열이 낮은 수컷이 서열이 높은 수컷에게 '저는 당신의 부하입니다' 하고 아부하는 행위입니다.

크루크와 그 동료들이 좀더 자세히 연구한 것에 따르면, 서열이 낮은 수컷이 꼬리를 올린 다음 서열이 높은 수컷에게 자기 생식기를 보여주면서 점점 가까이 다가가서는 상대 수컷의 코밑까지 엉덩이를 들이밉니다. 이 행위는 주로 암수간의 성행위에서 볼 수 있는 행동이지만 이처럼 수컷 사이에서 아부와 충성을 표현하는 사회적인 의사소통의 기능을 하기도 합니다. 사회생물학자들은 인간 사회의 동성애도 비슷한 기원을 갖고 있는 건 아닌지 연구합니다. 동성애가 병적인 증후가 아니라 다른 동물 사회에서 보이는 것처럼 어떤 사회적 기능을 가진 것으로서 특별한 진화적 경로를 거친 행동일지 모른다는 전제하에서 연구하는 것이죠.

영장류 중에는 수컷의 생식기가 마치 화장을 한 것처럼 아주 화사하고 밝은 색깔을 띠는 경우가 종종 있습니다. 서열이 높은 수컷일수록 생식기의 색깔이 더 밝지요. 그 수컷들은 서열이 높다는 것을 알리기 위해 밝은 대낮에 자신의 영역 변방에 나가 성기를 전시하곤 합니다. 이와 같은 행위가 낯설어 보이지만 사실 인간 사회에서도 이와 비슷한 행위들이 행해집니다. 오지에 사는 몇몇 부족들을 보면 남성 성기를 과장하는 풍습이 있고, 추장이나 높은 지위에 있는 남성일수록 그 정도가 심합니다. 또한 가톨릭 신전의 기둥에도 과장된 형태의 남성 성기가 등장합니다. 우리나라의 돌하루방도 남성 성기의 모양을 본뜬 것이죠. 심지어 근래에는 우리나라 어느 지방 도시에 남근을 조각해 전시한 남근 공원까지 생겼습니다. 이런 의식들은 모든 문화권에서 남성 숭배의 상징이나 영토 보호 및 경계의 의미로 사용되었습니다. 바로 인간이 행하는 의식들의 동물적 기원을 생각해볼 수 있는 대목이죠.

이번에는 게에서 생식 행위의 일부이기도 한, 집 짓는 행위가 또 다른 의미의 사회적 기능을 하는 경우를 살펴볼까요. 바닷가에서 피라미드나 산봉우리처럼 생긴 모래 더미를 발견할 수 있는데, 이것은 수컷 달랑게의 일종이 암컷과 신방을 꾸밀 집을 만들어놓은 것입니다. 구멍을 파서 들어갈 자리만 만드는 게 아니라 파낸 흙과 주변의 흙을 모아 봉우리를 높고 뾰족하게 쌓습니다. 이 봉우리가 크고 늠름할수록 암컷들이 좋아하기 때문에 수컷은 이 봉우리를 만드는 데 정성을 쏟습니다. 그래서 독일의 유명한 동물행동학자 에두아르드 린센마이어K. Eduard Linsenmair 교수는 바닷가에서 수컷 게들처럼 모래 봉우리를 높이 쌓아놓고 암컷을 기다려보았습니다. 그러자 암컷들이 전부 그가 쌓은 집으로 몰려들었습니다. 그가 쌓은 봉우리는 다른 수컷들이 쌓은 것과는 비교도 할 수 없을 정도로 컸습니다. 집을 짓는 행위가 암수간의 의사소통 수단으로 진화한 것입니다.

집을 짓는 행위가 다른 의미로 변한 예를 정자새에서도 찾아볼 수 있습니다. 호주 북부의 열대 우림이나 뉴기니 섬에 사는 정자새 수컷들은 암컷과 은밀하게 만날 수 있는 공간인 이른바 '물레방앗간'을 만듭니다. 수컷 정자새는 나뭇가지를 집어다가 엮어 깊숙하고 은밀한 굴을 만들어놓고 암컷을 기다립니다. 암컷이 날아오면 춤을 추면서 굴을 들락날락하며 암컷을 유혹합니다. 암컷이 굴 안으로 따라 들어오면 거기서 짝짓기가 이루어지죠. 그런 다음 암컷은 그곳을 떠나 혼자 어디론가 가서 둥지를 만들고 새끼를 낳아 기릅니다. 수컷은 단지 암컷과 짝지을 장소를 그렇게 애써서 꾸미는 것이죠.

종마다 수컷들이 만드는 정자의 모습에 엄청난 변이가 있습니다. 어떤 종은 굴처럼 만들고, 어떤 종은 양쪽에 벽만 세우는 등 다양합니다. 또 수컷마다 선호하는 색이 달라 이곳을 장식하는 물건들의 색깔이 제각각이죠. 『제3의 침팬지』, 『총, 균, 쇠』, 『문명의 붕괴』 등으로 우리 독자들에게도 친숙한 생물학자 다이아몬드Jared Diamond 교수가 뉴기니 섬 숲속에 파란색, 노란색, 빨간색 포커칩을 흩뿌려 놨더니 어떤 수컷은 파란색 칩만, 어떤 수컷

정자새는 수컷이 암컷을 유혹하기 위해 정자를 꾸미는 모양새가 종마다 다릅니다. 인간의 미적 감각이 이렇게 동물의 미적 감각에서 진화했을지도 모른다는 것이 사회생물학자들의 생각입니다.

은 노란색 칩만, 그리고 또 다른 수컷은 빨간색 칩만을 장식품으로 모았다고 합니다. 어떤 수컷은 달팽이만 모으기도 하고, 어떤 수컷은 꽃으로 정자를 장식하기도 합니다. 매일 아침 꽃이 싱싱한지 확인하고 시들면 새로운 꽃으로 바꿔 꽂는다고 합니다. 이처럼 각각의 개체는 독특한 미적 감각을 지니고 있는 것으로 보입니다. 그래서 사회생물학자들은 인간의 미적 감각에도 동물적인 기원이 있을 것이라고 가정하고 인간의 미적 감각의 진화에 대해 연구하고 있지요.

13

동물 사회의
첩보전

지금까지 동물들은 도대체 무슨 말을 어떻게 하고 어떻게 알아들을까에 대해 알아보았습니다. 이제는 남의 의사소통 수단을 몰래 엿듣는 동물들에 대해 이야기해볼까요. 같은 종 내에서는 이런 일이 쉬운 편입니다. 하지만 엉뚱하게도 다른 종의 암호 체계나 의사소통 수단을 배워 이득을 얻는 동물들도 있습니다. 과연 그들은 어떻게 그걸 할 수 있을까요. 사실 이 분야는 아직 명확히 밝혀진 부분이 그리 많지 않아 앞으로도 더욱 활발하게 연구해야 할 분야입니다.

이런 일들이 가장 많이 벌어지는 곳은 큰 사회를 구성하고 사는 동물 세계입니다. 먼저 개미부터 살펴보기로 하지요. 때때로 개미 집을 돌아다니는 일개미들 사이에 전혀 다르게 생긴 곤충들이 왔다

반날개딱정벌레는 개미들끼리
나누는 화학적 의사소통, 곧
냄새를 흉내 내어 개미들
속에서 버젓이 살아남습니다.
ⓒ Bert Hölldobler

갔다 하는 게 보입니다. 이렇게 개미에게 잡혀 먹히지도 않고 전혀
불편함 없이 왔다 갔다 잘 돌아다니는 주인공은 바로 딱정벌레입니
다. 딱정벌레 중에서도 반날개라는 딱정벌레인데 윗날개가 조금 짧
아 그렇게 부르지요. 개미는 워낙 자기들만의 의사소통 수단이 잘
발달되어 있기 때문에 같은 종이라도 남의 군락에서 들어온 놈은
냄새만 맡고도 벌써 '이건 우리 집안 놈이 아닌데' 하며 가차 없이
공격합니다. 반날개딱정벌레는 그런 개미들 틈에서 어떻게 아무 제
재 없이 마구 돌아다닐 수 있을까요? 돌아다니는 정도가 아니라 일
개미한테 먹을 것까지 염치없이 요구하기도 합니다. 일개미가 지나
가면 슬며시 다가와 더듬이로 툭툭 건드리면서 '나야 나, 먹을 것
좀 줘' 하며 귀찮게 굴지요. 그러면 일개미가 몸 속에서 반쯤 소화
된 음식을 게워 턱에 물고 있으면 딱정벌레가 널름 받아먹습니다.
이런 일이 어떻게 일어날 수 있을까요?

이 같은 일은 개미 사회에서는 항상 벌어지는 일입니다. 음식물
을 가지고 들어온 일개미에게 집안에 있던 일개미가 먹이를 달라고

할 때 똑같은 행동을 합니다. 더듬이로 상대를 건드리면 거의 똑같은 방법으로 음식물을 게워줍니다. 개미들끼리 하는 이 같은 의사소통 수단을 딱정벌레가 그대로 배워서 하는 것이죠. 그렇다면 개미는 눈이 먼 것일까요? 분명히 딱정벌레는 자기네들과 다르게 생겼으니 '어 이놈 봐라' 하고 잡아먹어도 될 것 같은데 말입니다. 개미들은 기본적으로 화학적인 의사소통, 곧 냄새로 말을 하기 때문에 시각적으로는 아무리 다르게 생겼어도 냄새만 같으면 일단 문제가 발생하지 않지요. 그

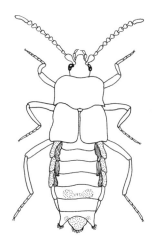

반날개딱정벌레는 배와 등에 즐비하게 나 있는 외분비샘 덕분에 개미들 사이에서 살아갈 수 있습니다.

래서 딱정벌레가 개미들의 이런 화학적 의사소통 수단을 그대로 흉내내면 개미들은 전혀 의식하지 못하고 동료 일개미인줄 알고 열심히 먹이를 먹입니다. 딱정벌레는 그런 식으로 개미들 사이를 마구 돌아다닙니다.

이런 일은 바로 딱정벌레의 배와 등에 즐비하게 나 있는 외분비샘 때문에 가능합니다. 이 외분비샘의 입구에는 깃털같이 생긴 구조가 있는데 그곳에 페로몬이 늘 촉촉하게 적셔져 있습니다. 반날개는 개미가 지나가면 자기가 외부에서 온 불청객이 아니라고 적극적으로 알립니다. 그래서 일개미가 근처에 왔다 싶으면 꽁지를 치켜세워 일개미의 입 근처에 떠받치며 일개미로 하여금 외분비샘에서 나오는 화학물질을 먹게 합니다. 일개미가 이 화학물질을 먹으면 '저 친구는 내가 그리 걱정할 상대가 아니구나. 우리와 함께 살 수 있는 친구구나' 하고 느끼게 됩니다. 이 화학물질은 일종의 암호

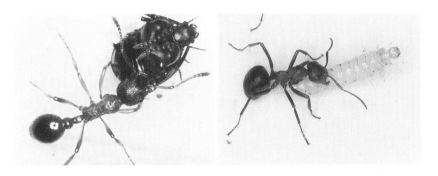

반날개딱정벌레를 일개미가 집으로 데려갑니다(왼쪽). 그러나 애벌레의 몸에 물질을 발라 분비샘을 막아버리면 개미가 먹이로 알고 물고 갑니다.(오른쪽)

(왼쪽)ⓒ Bert Hölldobler, Zur Physiologie der Gast-Wirtbeziehungen(Myrmecophilie) bei Ameisen. II. Das Gastverhütnis des imaginalen Atemeles pubicollis Bris (*Col Staphylinidae*) zu Myrmica and Formica(*Hym. Formicidae*). Z. vergl. Physiol. 66:215-250(1970)

(오른쪽)ⓒ Bert Hölldobler, Zur Physiologie der Gast-Wirtbeziehungen(Myrmecophilie) bei Ameisen. I. Das Gastverhütnis der Atemeles-und Lomechusa-Larven (*Col Staphylinidae*) zu Formica(*Hym. Formicidae*). Z. vergl. Physiol. 56:1-21(1967)

지요. 군대에서는 암호를 대라는 물음에 똑바로 대답하지 못하면 큰일이 나지요. 하지만 정확한 암호를 대면 통과할 수 있습니다.

딱정벌레는 성충이 되었을 때에만 이런 행동을 하는 것이 아니라 어렸을 때부터 이런 행동을 합니다. 일개미는 집 밖에서 반날개의 애벌레를 발견하면 자기 집으로 물고 갑니다. 마치 '너 왜 여기 나와 있니?' 하며 걱정하는 듯이 말입니다. 딱정벌레 애벌레는 개미 애벌레가 아양 떠는 모습을 그대로 흉내냅니다. 개미 애벌레도 일개미가 다가오면 고개를 쳐들고 턱 밑으로 자기 머리를 갖다 대고 아양을 떨면서 음식을 받아먹습니다. 일개미는 자기 애벌레도 아닌데 왜 그걸 모르고 딱정벌레 애벌레에게 음식을 주는 걸까요? 바로 딱정벌레 애벌레 몸 각 마디마다 한 쌍씩 있는 외분비샘에서 분비하는 달콤한 화학물질 때문이죠.

일개미는 딱정벌레 애벌레를 집으로 데리고 와서 자기들의 '아가

방'에 집어넣습니다. 아기들을 기르는 방에 넣어놓으면 이 애벌레는 개미들의 아기를 먹고 삽니다. 이들은 개미의 애벌레와는 모습이 분명히 다릅니다. 하지만 개미들은 전혀 인식하지 못합니다. 딱정벌레 애벌레는 개미 애벌레들 사이에 들어가 그들의 암호를 흉내내며 기가

일개미가 반날개딱정벌레 애벌레를 개미 애벌레인 줄 알고 데려와 아가방에 집어넣으면, 이들은 개미의 알과 애벌레를 먹고 삽니다.
ⓒ Bert Hölldobler

막힌 간첩 생활을 하는 셈이지요. 개미는 왜 이렇게 손해만 보며 살까 하는 의문도 듭니다. 하지만 그것은 우리가 너무 야박하게 생각하는 것인지도 모릅니다. 개미 사회는 어느 정도 손해를 봐도 괜찮을 만큼의 여유를 갖춘 사회라는 의미일지도 모릅니다. 개미집을 파보면 딱정벌레 애벌레, 귀뚜라미 등 별의별 것들이 다 들어와 삽니다. 개미는 그만큼 성공한 동물입니다. 개미집에 들어와 사는 곤충들의 목록만으로도 두꺼운 책 한 권이 될 정도입니다.

나비 중에도 개미집에 들어가 사는 종이 있는데, 부전나비가 대표적인 예입니다. 부전나비과에 속한 나비들 중 상당수가 개미가 없으면 못 삽니다. 개미들이 먹여 살려야 삽니다. 어미 부전나비는 식물의 잎에 자그마한 알을 낳는데, 그 알에서 태어난 애벌레도 개미들을 만나면 특유의 페로몬을 분비합니다. 겉으로 보면 나비 애벌레는 개미랑 닮은 데가 전혀 없는데도 개미는 마치 자기들 애벌레인양 부전나비 애벌레를 물고 집으로 들어가지요. 부전나비 애벌레는 개미집에 들어가서 개미 알과 애벌레들을 잡아먹으며 자란 뒤 훗날 나비가 되어 개미집을 훨훨 날아 나옵니다. 이런 나비들을 키

위주는 특정한 개미 종들이 있습니다. 이 개미들이 없어지면 나비들도 같이 없어지게 되지요.

개미들은 자기들끼리 전쟁을 자주 합니다. 한 지역에 너무 여러 나라가 세워지면 먹을 것도 부족하고 여러 가지로 불편한 점이 많습니다. 그래서 전쟁을 하게 되는데, 전쟁을 하는 가장 큰 이유는 바로 노예를 확보하기 위해서입니다. 남의 집에 쳐들어가서 그 나라의 알, 애벌레, 번데기들을 업어 자기 집으로 데리고 옵니다. 그 알에서 깨어나는 새끼들은 분명히 남의 나라 일개미들입니다. 자신과 같은 종족이 아닌데도 그 새끼들에게 자기네 말을 가르칩니다. 대한민국에서 태어났으니까 한글을 써야 한다고 가르치는 셈이죠. 개미들의 말은 앞에서도 말했듯이, 화학적인 언어입니다. 곧 화학적인 세뇌를 한다는 뜻입니다. 남의 나라에서 업어온 개미들이 성충으로 태어날 때 자신의 여왕이 분비하는 화학물질로 세례를 주면 평생 그 나라에 충성을 다 합니다. 노예 개미들은 노예를 부리는 개미들 나라의 말을 배워 그 말만 알아듣게 됩니다. 자신은 분명히 다른 나라의 개미인데 자기 주제를 전혀 모르고 남의 나라, 이 경우에는 사실 원수의 나라를 위해 평생 몸 바쳐 일하게 되는 거죠.

개미 중에는 도토리 안에 들어가서 사는 종이 있습니다. 대개 딱정벌레 등이 도토리에 구멍을 뚫고 들어가 파먹고 나면 그 구멍으로 개미가 들어가 삽니다. 우리나라에도 사는 호리가슴개미는 작은 도토리 안에 한 나라를 건설하고 삽니다. 작은 도토리 안에 여왕개미도 있고, 일개미들도 그 안에서 바삐 오가며 삽니다. 도토리의 크기는 정해져 있으니 나라가 커지면 근처 다른 도토리로 몇 마리의 일개미들이 이주를 합니다. 그래서 규모가 큰 호리가슴개미 나라는

여러 도토리로 구성되어 있습니다. 도토리들 간에 일종의 연결망이 있습니다. 가을에 산에 가서 도토리를 너무 많이 주우면 다람쥐에게도 좋지 않지만 개미한테도 좋지 않은 영향을 미칩니다. 이제부터는 다람쥐뿐 아니라 개미를 위해서도 도토리를 너무 많이 가져오지 말았으면 합니다.

도토리에 사는 빨간 개미 (호리가슴개미) 가운데 종종 눈에 띄는 까만 개미는 다른 종이면서 빨간 개미의 의사소통 방법을 터득한 뒤 빨간 개미 나라의 여왕개미를 물어 죽이고 이 나라를 집어삼켜 까만 개미 나라로 만듭니다.
ⓒ Dan Perlman

가끔 이런 도토리들을 열어보면, 빨간 개미들 숲에 까만 개미 한 마리가 들어 있는 것을 볼 수 있습니다. 이 까만 개미는 여왕개미입니다. 그러나 여왕은 여왕이되 함께 사는 개미들의 여왕은 아닙니다. 다른 종인데 어느 날 슬그머니 도토리 속에 있는 남의 나라에 들키지 않고 침투합니다. 여왕이 사는 방까지 들어가는 데 성공하면 여왕을 물어 죽이고 자기가 여왕 행세를 하는 겁니다. 그 나라의 말과 암호를 터득한 가짜 여왕이 몰래 잠입하여 쿠데타를 일으켜 정권을 잡는 데 성공한 것입니다. 처음 정권을 잡았을 때에는 빨간색 일개미들이 있지만 빨간색 일개미들이 죽고 나면 그 여왕의 새끼들인 까만 개미들이 돌아다니기 시작합니다. 나라를 홀랑 집어삼킨 거죠.

늑대거북은 혀의 일부분을 움직여 먹이인 줄 알고 달려드는 물고기를 잡아먹습니다. 제 몸의 일부를 변형시켜 다른 동물이 먹이로 여기게끔 진화한 것입니다.

　　남의 암호를 터득하여 역이용하는 경우들은 다른 동물 사회에서도 흔히 벌어집니다. 늑대거북의 예를 들어보지요. 이 거북은 연못이나 바다에 사는데 모습이 주변이랑 많이 비슷하죠. 그만큼 변장을 잘합니다. 그리고 이 거북의 혀에 보면 작은 돌기가 튀어나와 있는데, 입을 벌리고 앉아 있으면 그것만 꼬물꼬물 움직입니다. 다른 물고기들이 그게 먹이인 줄 알고 먹으러 다가오면 순식간에 입을 다물어 잡아먹지요. 어떻게 자기 몸의 일부를 변형시켜 다른 동물들이 그걸 먹으러 다가오게끔 진화할 수 있었을까요? 참 풀기 어려운 숙제 중 하나입니다.

　　늑대거북이 턱을 다무는 속도는 실로 엄청납니다. 턱을 활짝 벌리고 있다가 그걸 다물면서 물고기를 잡으려면 그 속도가 얼마나 빨라야 할까요? 어릴 적 이런 장난 해보셨을 겁니다. 양 손바닥을 벌리고 있다가 상대방의 주먹이 들어오면 재빨리 잡는 놀이 말입니다. 쉬워 보이지만, 사실 해보면 그리 쉽지 않지요. 늑대거북이 먹이를 잡는 장면을 찍어 천천히 돌리면서 계산을 해보니까 입이 닫히는 속도가 1/500~1/1000초밖에 안 되더랍니다. 얼마나 빨리 닫히면 물고기가 미처 빠져나가지도 못하고 잡힐까요? 하지만 이렇게 빨라도 사실은 실패도 많이 합니다. 늑대거북의 턱 근육 구조를 연구해보면, 마치 방아쇠 같은 메커니즘임을 알 수 있습니다. 우리처럼 애서 입을 다무는 게 아니라 방아쇠를 당기면 그냥 원래 상태

끈끈이공거미는 나방의 성 페로몬을
흉내내는 화학 물질을 분비해 나방을
유혹해 잡아먹습니다.
ⓒ Ken Haynes

로 돌아가는 겁니다.

　남의 암호 체계를 이용하는 거미도 있습니다. 이 끈끈이공거미는 거미줄을 치는 끈끈이를 한데 모아 끈끈이 공을 만듭니다. 그걸 다리에 매달아 다른 곤충을 잡아먹는 데 씁니다. 특히 나방을 많이 잡아먹는데, 제물이 가까이 오면 끈끈이 공으로 철커덕 붙여서 잡아먹습니다. 그런데 그냥 돌아다니는 나방을 잡을 수도 있겠지만, 그러면 허구한날 매달려 누군가가 가까이 오기를 기다려야 하겠지요. 그래서 이 거미들은 진화의 역사를 통해 더 적극적으로 고객을 유혹하는 방법을 터득했습니다. 바로 나방들의 성 페로몬과 흡사한 화학물질을 만드는 겁니다. 거미는 그런 화학물질, 즉 페로몬을 공중으로 뿜어 보냅니다. 그럼 수나방들이 암나방이 그곳에 있는 줄 알고 거미 주변으로 몰려들기 시작합니다. 거미는 그렇게 모여든 수나방들을 한 마리씩 찍어먹습니다. 수나방 입장에서 보면 너무나 한심한 일이지요. 여자를 만나는 줄 알고 왔다가 졸지에 먹이가 되어버린 겁니다.

　남의 의사소통 수단을 몰래 이용하는 동물 중에서 최우수선수는

포투리스 반딧불이 암컷은
다른 종의 신호를 흉내내어,
이를 보고 짝짓기하려 내려
앉은 수컷을 잡아먹고 삽니다.

ⓒ James Lloyd

아마도 반딧불이일 겁니다. 미국에는 포투리스*Photuris*라는 속명을
지닌 반딧불이가 사는데 아주 기발한 놈입니다. 반딧불이 수컷은
몸의 끝부분에 있는 빛을 만드는 기관에서 찬 빛을 만들어 비추면
서 날아다닙니다. 깜깜한 밤하늘에 날아다니며 깜빡거리는 수컷의
신호에 암컷이 답을 하면 짝짓기가 이뤄집니다. 종에 따라 이 반짝
거리는 패턴이 모두 다릅니다. 암컷은 풀숲에 앉아 있다가 마음에
드는 자기 종의 수컷을 발견하면 그의 신호에 답신을 보냅니다. 둘
은 이처럼 몇 번 신호를 주고받다가 수컷이 암컷을 찾아 내려와 잠
자리를 같이하게 되지요.

　그런데 흥미롭게도 포투리스 암컷은 남의 종의 수컷이 보내는 신
호를 알아차리고 그 종의 암컷의 신호를 흉내냅니다. 아무런 낌새
도 알아차리지 못한 수컷이 기분 좋은 밤이 될 것을 예감하며 내려
앉으면 포투리스 암컷의 밥이 되는 겁니다. 참으로 허무한 수컷의
삶이죠. 미국 동부의 어느 지역에 가면 하룻밤에도 여러 종의 반딧
불이들이 날아다닙니다. 제가끔 독특한 불꽃 신호를 뿜내며 날아다

넙니다. 포투리스 암컷은 풀숲에 앉아 있다가 하룻밤에 많으면 세 종류의 신호를 흉내낸다고 합니다. 반딧불이는 아마 좁쌀보다도 작은 뇌를 가지고 있을 것입니다. 그 작은 뇌로 '아 저것은 XX종의 수컷 신호네. 그 종의 암컷은 이런 신호를 보내지' 라는 결정을 내린다고 상상해보세요. 참으로 놀랍지 않은가요.

남의 종 내에서 다른 종의 흉내를 내는 것 중에는 뻐꾸기처럼 남의 둥지에 자기 새끼를 낳는 새들도 있습니다. 새들은 자기 새끼들을 전체 모습을 보고 구별하는 게 아닌 것 같습니다. 어미 새가 먹이를 물고 둥지에 돌아오면 모든 새끼 새들은 죄다 입들을 있는 대로 크게 벌리고 소리를 지르기 때문에 실제로 어미 새가 보는 건 새끼 새들의 벌린 입뿐입니다. 그래서 남의 둥지에 알을 낳는 새들은 입 안의 모습을 닮아야 하지요. 입 안의 모양이 의붓부모의 새끼들의 그것과 흡사하지 않으면 들키고 맙니다. 살아남기 위해서 남의 암호 체계를 아주 세밀한 부분까지 철저히 모방해야 합니다.

마지막으로 자기 종 내에서도 암수끼리 서로 암호 체계를 터득하고 역이용해야 하는 경우 하나를 소개할까 합니다. 아프리카 호수에 사는 시클리드라는 물고기 중에는 새끼를 입 안에 넣어 키우는 종이 있습니다. 어미가 알을 낳은 후 곧바로 돌아서서 그 알들을 모두 입 안으로 삼킵니다. 알이 입 안에서 부화할 때까지 보호하는 것은 물론, 부화하면 그 조그만 물고기들도 상당히 클 때까지 물고 다닙니다. 안전한 곳에 가면 뱉어내어 먹이를 먹게 하고, 조금만 낌새가 이상하면 후루룩 삼켜 피하곤 하지요. 그런데 문제는 수정 과정입니다. 물고기는 체외 수정을 하기 때문에 암컷이 알을 낳으면 수컷이 그 위에 정액을 뿌려야 하는데, 이 물고기 암컷은 수컷에게 그럴 시간을 주지 않는다는 것입니다. 암컷이 알을 낳자마자 바로 다 삼켜버리니까 정액을 뿌릴 시간이 없습니다. 조금만 입을 벌려달라고 아무리 사정을 해도 안 됩니다. 그래서 수컷들은 나름대로 기발한 방법을 개발해냈습니다. 진화의 역사를 통해 배지느러미에 알처럼 생긴 무늬들을 갖게 되었습니다. 그래서 알을 품은 암컷 앞에 가서 특유의 춤을 추면 암컷은 '알이 더 있는데 다 못 삼켰군' 하며 그 알들을 삼키러 다가옵니다. 수컷은 암컷이 그 알들을 삼키러 입을 벌리는 바로 그때 정액을 뿌립니다. 그러면 수컷의 정자들이 암컷의 입 속으로 들어가서 그 안에 있는 알들을 수정시킵니다. 같은 종인데도 속임수를 써야 번식할 수 있는 이 종의 수컷들은 참으로 피곤한 삶을 사는 것 같습니다.

14

▼

동물들의
숨바꼭질

앞에서는 동물 사회에서 남의 나라 의사소통 수단을 배워 이득을 취하는 동물들의 이야기를 했습니다. 이번에는 그런 수준까지는 가지 않더라도 최소한 서로 먹고 먹히는 동물의 세계에서 어떻게 하면 덜 먹히고 더 잘 잡을 수 있는지 애쓰는 과정에서 벌어지는 신기한 예들을 묶어 들려드리려 합니다. 동물 사회에서 벌어지는 숨바꼭질에 대한 이야깁니다. 과연 동물들은 어떤 식으로 사냥을 하고 또 먹잇감이 되지 않기 위해 어떤 행동들을 하는지 살펴볼까요?

박쥐 얘기부터 해보지요. 박쥐 하면 징그러워하는 사람들이 많은데, 사실 박쥐처럼 귀엽고 신통한 동물도 없습니다. 하늘은 새들이 지배하는 세상 같지만, 사실 새들이 나는 모습을 보면 좀 어수룩합

박쥐는 초음파를 이용해
얽히고설킨 아주 복잡한 미로도
다치지 않고 잘 빠져나갑니다.

니다. 절벽에 둥지를 틀고 사는 새들의 경우 둥지에 돌아오는 과정에서 곧잘 절벽에 부딪힙니다. 제대로 둥지에 안착해야 하는데 급정거를 하는 게 영 쉽지 않아 보입니다. 그러다 둥지에 있는 자기 알도 발로 차서 절벽 밑으로 떨어뜨리기도 합니다. 사실 새들은 날개를 만들어 나는 데 성공한 대표적인 동물이지만, 유연성 면에서는 박쥐만 못 합니다. 박쥐가 나는 모습을 보면 방향 전환이나 유연성에서 새들과 비교가 안 됩니다.

대부분의 새들은 낮에 나는 반면 박쥐는 밤에 날아다니는데, 아무 것도 보이지 않는 어둠 속에서도 부딪치지 않고 잘 날아다닙니다. 박쥐는 초음파를 이용하기 때문에 빛이 없어도 날아다닐 수 있죠. 박쥐는 코앞에 달린 잎 모양처럼 생긴 기관으로 초음파를 보내고 레이더처럼 생긴 큰 귀로 되돌아오는 초음파를 받아 분석해서 '아! 앞에 장애물이 있구나' 하며 피하고, '아, 저만치 나방이 있구나' 하며 접근해서 잡아먹습니다. 이런 일은 사실 순식간에 벌어집니다. 그러니까 박쥐는 레이더에다 컴퓨터까지 겸비하고, 자기가 내보내는 전파를 재빨리 분석해서 다음에 할 행동을 결정하는 굉장한 동물입니다.

박쥐가 초음파를 이용한다는 사실을 처음으로 밝힌 학자는 도널드 그리핀Donald Griffin입니다. 하버드대학에서도 교편을 잡았고 프린스턴대학과 록펠러대학에서도 가르쳤던 예리한 관찰력과 풍부한 상상력을 지닌 훌륭한 동물행동학자입니다. 그리핀 박사는 자신의 발견을 실증해보이기 위해 방송국에서 실험을 했습니다. 방 안에 얼기설기 선들을 늘어놓은 다음 박쥐가 어떻게 행동하는지 필름에 담았습니다. 적외선 카메라로 박쥐의 비행을 촬영하고, 또 한쪽에서는 우리 귀에는 들리지 않는 박쥐의 초음파 소리를 녹음해서 분석했지요. 박쥐는 얽히고설킨 아주 복잡한 미로를 다치지 않고 잘 빠져나갔습니다. 우리 눈에는 전혀 보이지 않는 장애물을 박쥐는 모두 빠져나갔습니다.

박쥐가 나방을 잡는 모습에 대해 알아볼까요. 박쥐는 자기가 내보낸 소리가 나방에 부딪혀 되돌아오는 소리를 듣고 나방을 향해 날아갑니다. 그렇다면 나방은 바보처럼 그 자리에서 가만히 기다릴까요? 나방도 귀가 있습니다. 우리처럼 생긴 귀는 아니지만, 나방은 소리의 진동에 흔들리는 가는 털끝에 연결된 막이 소리를 감지합니다. 그래서 박쥐가 내는 소리를 먼저 듣고 피하지요. 나방이 피하는 모습을 찍어보면, 나방 종류에 따라 피하는 모습이 다 다릅니다. 박쥐의 소리를 듣자마자 어떤 나방은 그냥 곧바로 땅으로 떨어져 풀숲에 숨으려고 합니다. 어떤 종은 먼저 공중으로 솟구쳐 올라갔다 내려옵니다. 그런가 하면 어떤 종은 뱅글뱅글 돌면서 박쥐가 예측하기 어려운 방향으로 움직이지요. 되도록 불규칙하게 말입니다.

이렇게 나방도 피신을 하기 때문에 박쥐가 단순히 초음파에서 읽은 위치로 간다면 나방은 벌써 사라져버리고 없을 겁니다. 결국 나방을 놓치고 말겠죠. 하지만 박쥐 역시 바보가 아닙니다. 박쥐가 움직이는 모습을 카메라에 담아보면, 소리가 반사된 위치 곧 나방이 발견된 장소로 향하는 게 아니라 그 나방이 움직일 방향을 미리 예

박쥐는 자신의 소리를 듣고 피하는
나방이 도망칠 방향을 미리 계산하고
움직여 잡습니다.

측하여 그리로 날아갑니다. 박쥐 나름대로 예측을 하는 것이죠. 하지만 언제나 예측이 들어맞는 건 아닙니다. 나방은 나방대로 되도록 불규칙하게 움직이려 하고, 박쥐는 박쥐 나름대로 예측하기 때문에 그 둘이 맞아떨어지면 성공하는 것이고 그렇지 않으면 실패하는 거죠. 하지만 박쥐에게는 커다란 날개가 있습니다. 박쥐는 사실 입으로 나방을 잡는 것이 아니라 날개로 잡습니다. 대충 근처까지만 가면 날개로 감아서 입에 집어넣습니다. 그러니까 웬만큼만 방향을 잡으면 되는 것이죠. 그리고 소리를 한 번만 보내는 것이 아니라 연속적으로 보냅니다. 나방이 움직이는 방향을 따라 연속적으로 신호를 보내고 감지하기 때문에 마냥 운으로 잡는 것은 결코 아닙니다.

한쪽에서는 먹기 위해서 온갖 기발한 방법을 다 동원하여 접근하고, 다른 쪽에선 먹히지 않기 위해 나름대로 노력합니다. 동물의 세계에서는 어느 한쪽이 문제를 푸는 게 아니라 양쪽에서 서로 문제를 풀기 때문에 점점 더 어려워집니다.

모든 동물들이 박쥐나 나방같이 거창한 방법을 사용하는 것은 아닙니다. 하지만 많은 동물들이 포식자로부터 자신을 보호하기 위해 다양한 방법을 고안해냈지요. 그 가운데 가장 보편적인 것이 보호색입니다. 자기 모습과 피부색을 주변과 비슷하게 만들어 들키지 않게 하는 것이죠. 중남미에 사는 베짱이 중에는 색깔이나 패턴이

주변에 있는 나무껍질과 너무나 닮아서 바로 옆에서도 좀처럼 찾아내기 힘듭니다. 열대에 사는 몇몇 나방들은 나뭇잎과 생김새와 색깔

많은 동물이 포식자로부터 자신을 보호하기 위해 다양한 방법을 만들어냈는데, 대표적인 것이 보호색입니다.
© Dan Perlman

이 어찌나 비슷한지 나뭇잎인지 나방인지 거의 구별이 안 갑니다. 나뭇잎처럼 색깔이 초록색일 뿐 아니라 날개 중간에 나무 잎맥처럼 줄이 나 있고 잎맥을 따라 작은 잎맥이 난 것 같은 모양을 하고 있습니다. 벌레가 파먹은 모습까지 닮은 곤충도 있습니다. 보호색을 띠는 동물들은 또 자기와 비슷한 주변 환경을 찾아다니며 삽니다. 나무껍질 같은 색을 가진 곤충이 빨간색 배경에 있으면 보호색 효과를 볼 수 없겠죠. 그들은 주변과 자기가 비슷하다는 걸 어떻게 인식할까요? 그 작은 머리로 어떻게? 그저 신비로울 따름입니다.

　예전에 제가 파나마 정글에서 연구하던 시절 실수로 한두 번 밟은 기억이 있는 개구리가 있습니다. 갈색 몸 한가운데 흰 줄이 나 있는데 종종 나뭇가지 옆에 코를 대고 앉아 있습니다. 여러 마리가 한꺼번에 같이 있는 경우에도 모두 정글 바닥에 떨어져 있는 나뭇가지나 뿌리에 코끝을 대고 있습니다. 그러면 마치 잔가지들이 삐죽삐죽 뻗어 있는 것처럼 보입니다. 이처럼 모습도 닮았지만 모습이 닮은 효과를 극대화하기 위한 행동까지 알맞게 진화한 경우도

이 개구리들은 꼭 삐친 가지처럼 보이도록 나뭇가지에 코를 대고 나란히 앉아 있습니다. 닮은 효과를 극대화하기 위한 행동까지 진화한 것입니다.
ⓒ최재천

자연계에는 심심찮게 나타납니다. 정말 그들의 뇌가 우리처럼 그런 계산을 하는 것은 아니겠지만 어떻게 그런 행동이 진화했는지를 연구하는 것은 매우 흥미로운 일입니다.

어떤 동물들은 남을 잡아먹기 위해 숨습니다. 사진에 보면 나무 둥지에 무언가가 붙어 있는 것 같습니다. 큰 거미가 앉아 있는 모습입니다. 거미의 다리와 눈, 몸통 그리고 그 주변에 이끼가 잔뜩 끼어 있는데 몸에도 이끼처럼 푸른색이 감돕니다. 이렇게 가만히 앉아 있다가 그 앞을 누가 무심코 지나가면 덥석 쥐어버립니다. 먹이를 잡기 위해 주변 환경과 비슷한 색을 띠게 된 경우죠. 노린재과에 속하는 곤충 중에는 썩은 나무둥치에서 지푸라기를 뒤집어쓴 채 돌아다니는 종도 있습니다. 가만히 있으면 잘 안 보입니다. 이 노린재를 잡아서 붓으로 몸에 붙은 걸 다 털어내고 떨어뜨려놓아 보았습니다. 제일 먼저 하는 일이 지푸라기 같은 것들이 쌓여 있는 곳으로 파고드는 것입니다. 마치 자기가 발가벗고 돌아다니면 들킬 수 있다는 걸 아는 듯한 인상을 줍니다. 이들의 작은 뇌 속에 들어가서 그들이 어떻게 생각하는지 알아볼 수 있다면 얼마나 신날까 생각해 봅니다.

이들 중에 특별히 기막힌 노린재가 하나 있어 소개합니다. 자객벌레라고 부르는 노린재인데 종종 흰개미를 잡아먹고 삽니다. 이놈은 흰개미 굴에서 나온 흙덩이들을 먼저 온몸에 붙입니다. 흰개미 굴에서 나온 것이니 냄새도 비슷하지요. 이렇게 흙덩이 같은 모습으로 걸어가다가 들킬 것 같으면 납작하게 엎드리고 또 걸어가는 식으로 흰개미 굴 입구까지 접근한 다음, 지나가는 흰개미 한 마리를 잡아먹습니다. 그런데 몽땅 먹어치우는 게 아니라 흰개미 몸에 구멍을 내서 체액만 빨아먹고 시체를 입에 물고 굴 앞에 가서 흔듭니다. 그럼 그 시체 냄새가 굴 안에 진동하게 되고, 동료가 죽은 것을 안 흰개미들이 우르르 몰려나옵니다. 그럼 그때 더 많이 잡아서 먹는 거죠.

© Dan Perlman

동물들은 단지 숨기 위해서가 아니라 남을 잡아먹기 위해 주변 환경과 비슷한 색을 띠기도 합니다.

이런 조그만 곤충이 우선 자기 신분을 숨겨야 한다는 것과 시체를 미끼로 사용해 더 많은 먹이를 잡아먹을 수 있다는 것을 어떻게 알까요? 분명히 인간처럼 계산을 하지는 않을 겁니다. 그러기엔 그들의 뇌는 너무나 작지요. 진화의 역사를 거치며 이들이 어떻게 이런 행동을 할 수 있게 되었는지 그 과정을 밝히는 일은 매우 흥미로운 연구 주제입니다.

뿔매미류 곤충 중에는 특별히 다른 물체처럼 보이도록 진화한 것들이 많습니다. 언뜻 보면 꼭 새똥같이 생긴 종도 있습니다. 사실

생존에 유리하도록 새똥이나 꽃잎 등 움직이지 않는 다른 물건처럼 보이게 진화한 동물들도 있습니다.
ⓒ Dan Perlman

이렇게 새똥을 모방한 곤충들은 심심찮게 많습니다. 길쭉한 모양의 새똥을 흉내내는 나방도 있습니다. 이렇게 지저분한 배설물을 흉내내는 것들이 있는가 하면 아름다운 것을 흉내내는 것도 있습니다. 마치 꽃잎처럼 보이는 뿔매미도 있습니다. 이동할 때는 톡톡 튀어 다니지만 줄기에 들러붙어 있을 때에는 멀리서 보면 꽃으로 착각할 정도지요. 이들이 과연 꽃잎을 닮으면 잘 살 것이라고 생각해서 닮기로 했을까요? 그렇지는 않았을 겁니다. 우연히 꽃잎과 비슷하게 닮은 것들이 생존에 유리해 번식을 더 많이 하게 되고, 그런 과정이 오랜 세월 반복되면서 지금은 우리로 하여금 머리를 긁적이게 할 정도로 정교해진 것입니다.

또 하나의 예로 우리 산야에서도 많이 볼 수 있는 자벌레라는 곤충이 있습니다. 자벌레는 나뭇가지를 흉내내 몸 끝부분만 나무에 붙이고 몸을 곧추세우고 있어서 옆에서 보면 마치 잔가지가 돋은 것처럼 보입니다. 위험이 없다고 생각되면 잎을 갉아먹다가, 좀 위험하다 싶으면 다시 몸을 꼿꼿하게 세우지요. 중남미 열대에 이와 비슷하게 생긴 놈이 있는데, 처음엔 가지처럼 몸을 꼿꼿이 하고 있는 전략을 쓰다가 무언가가 아주 가까이 와서 이 작전이 실패했다고 판단되면 곧바로 상대를 놀래키는 작전을 씁니다. 몸을 획 뒤집으면서 덤비는데 어쩌면 그렇게 뱀을 쏙 빼닮을 수 있는지. 뱀의 눈을 닮은 반점도 있고 전체적인 몸의 생김새도 영락없이 독사의 모습을 닮았습니다. 실제로 작은 벌레에 불과하다는 걸 아는 우리에게는 쉽게 통할 전략이 아니지만, 작은 동물들의 입장에서 보면 다른 동물을 먹으러 가는데 갑자기 눈앞에 뱀이 나타나는 셈이죠. 효과가 분명히 있을 겁니다. 그래서 이놈은 두 가지 작전을 준비하며 삽니다. 가만히 있는 작전과 놀래키는 작전을 번갈아 쓰는 것이죠.

자연계에서 남의 흉내를 내는 동물들에게 가장 자주 모델로 쓰이는 동물은 아마 꿀벌과 말벌일 겁니다. 그들은 독침을 가지고 있기 때문에 많은 동물들이 가까이 하기를 꺼려합니다. 그래서 자연계에는 벌의 노란색과 검은색 줄무늬를 흉내낸 동물이 한둘이 아닙니다. 꽃밭에 가보면 꽃 가장자리에 마치 공중에 붕 떠 있는 것처럼 나는 곤충들이 있습니다. 벌은 그렇게 날지 못하지요. 이들은 벌이 아니라 파리들입니다. 이들은 독침도 없으면서 꿀벌의 색깔을 흉내내어 다른 포식동물들을 속이며 삽니다. 사람들의 경우에도 곤충에 대해 잘 알지 못하는 사람들은 그들이 벌인 줄 알고 피하지요.

벌 말고 동물들이 자주 흉내내는 모델은 바로 개미입니다. 개미 중에도 독침을 가진 것들이 많지만, 독침이 중요한 게 아니라 개미 주변에 잠깐이라도 얼쩡거리다 보면 한 마리

어떤 자벌레는 평상시엔
나뭇가지처럼 몸을 숨기다가,
이 작전이 실패하면
다음에는 남을 놀랩니다.
생김새도 영락없이 독사의
모습을 닮았습니다.

벌의 노란색과 검은색 줄무늬를
흉내낸 파리는 독침을 두려워하는
다른 동물들을 속여 살아남습니다.

가 아니라 20~30마리가 들러붙어 꼼짝
없이 당하게 됩니다. 이런 개미를 흉내
내면 큰 이득을 볼 수 있습니다. 개미를
닮은 노린재들이 퍽 흔합니다. 이렇게
닮은 모습을 하고 돌아다니면 다른 곤충
들이 다 피합니다. 건드렸다간 오히려
당할 수 있으니까요. 또 거미가 개미를
흉내 내기도 합니다. 그런데 사실 거미
도 무서운 동물입니다. 그러다 보니 거미를 흉내내는 파리도 있습
니다. 과일파리 중에는 생김새가 땅을 기어다니면서 점프를 하고
먹이를 잡아먹는 이른바 깡충거미를 닮은 것들도 있습니다.

바퀴벌레는 우리들 집에만 들끓는 게 아니라 숲속에 가보아도 천
지입니다. 많은 동물들이 바퀴벌레를 먹고 삽니다. 열대에 가서 군
대개미가 행진을 하는 장면을 보고 있노라면 군대개미 앞에서 미처
피하지 못해 뛰는 곤충들 중 상당수가 바퀴벌레입니다. 어떻게 보
면 생태계를 상당 부분 바퀴벌레가 먹여 살린다고 할 수도 있는데,
그 바퀴들 중 딱정벌레 흉내를 내는 것들이 많이 있습니다. 딱정벌
레 중에는 독소 또는 역겨운 화학물질을 분비하는 놈들이 많습니
다. 또 그런 딱정벌레들은 색깔이 아름다운 경우가 많지요. 바퀴들
은 이런 딱정벌레의 화려함을 흉내냅니다. 바퀴벌레는 딱정벌레와
같은 지역에 살면서 자기 지역에서 독소를 지니고 있는 딱정벌레를
흉내내어 이득을 얻습니다.

남을 흉내내는 동물들은 혼자 하는 경우도 있지만 여러 종이 함
께 모여 효율을 높이는 경우도 있습니다. 제왕나비는 박주가리를

주로 먹고 사는데 이 박주가리에게는 큰 짐승에게도 심장마비를 일으킬 수 있는 엄청난 독소가 들어 있습니다. 제왕나비는 이 박주가리를 먹으며 독소를 몸에 지니게 됩니다. 새들이 무심코 이 제왕나비를 먹었다간 혼쭐이 납니다.

개미를 닮은 위의 거미처럼
벌 말고 동물들이 많이 흉내내는
동물은 개미입니다.
자연계에서 개미는 떼로
들러붙으면 꼼짝없이 당하는
위협적인 존재이기 때문입니다.
© Dan Perlman

그래서 이 제왕나비와 아주 비슷하게 생긴 나비들이 여럿 있습니다. 대표적인 나비가 바로 총독나비viceroy butterfly입니다. 한때 총독나비는 독소도 갖고 있지 않으면서 제왕나비를 흉내내어 이득을 취한다고 알려졌었습니다. 그러나 좀더 면밀한 연구를 통해 총독나비도 독소를 지니고 있다는 사실이 밝혀졌습니다. 제왕나비와 총독나비는 같은 지역에 살면서 포식동물들을 함께 훈련시키는 것이지요. 혼자 하는 것보다 여럿이 같이 하면 아무래도 효과가 크겠죠. 그래서 일방적으로 한 종이 다른 종들을 흉내내는 게 아니라 가끔 여러 종들이 서로 닮아감으로써 집단 효과를 얻기도 합니다.

나비 중에 제일 흔한 부전나비 중에는 머리가 어딘지 꼬리가 어딘지 모를 정도로 야릇한 몸의 구조를 지니도록 진화했습니다. 이들의 날개에는 대체로 줄무늬가 나 있는데, 날개를 접으면 앞날개 무늬와 뒷날개 무늬가 연결되어 멀리서 보면 줄무늬가 일직선으로 보입니다. 흥미로운 점은 줄무늬들이 모두 나비의 머리 쪽이 아니라 날개의 끝을 향하고 있다는 것입니다. 그리고 날개의 끝에는 마치 더듬이처럼 보이는 가늘고 긴 돌기들이 발달했습니다. 일반적으

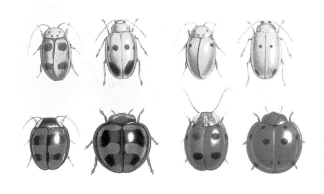

독소를 지니는 딱정벌레의 화려함을 흉내내 목숨을 유지하는 동물이 많은데, 특히 많은 동물의 먹잇감인 바퀴벌레가 그렇습니다.

로 도마뱀이나 새들은 먹이동물의 머리와 몸통 부분을 공격하는데, 이런 부전나비의 경우에는 종종 날개의 끝을 공격하게 되지요. 날개는 끝이 조금 잘리더라도 생명에는 큰 지장이 없습니다. 이런 나비들은 그렇지 않은 나비들에 비하여 생존 가능성이 그만큼 더 높을 겁니다.

사실 저는 20여 년 전 처음 중남미의 열대림을 드나들 무렵 실제로 이 같은 적응이 진화적인 이득을 누리고 있는가를 검증하기 위해 흥미로운 실험을 구상하여 수행한 적이 있습니다. 충분한 숫자의 부전나비를 확보하여 우리가 흔히 볼 수 있는 배추흰나비같이 날개에 특별한 무늬가 없는 나비와 함께 포식동물에게 제공한 다음 어떤 결과가 나타나는가를 보려 했습니다. 그런데 충분한 숫자의 부전나비를 확보하는 일은 예상보다 훨씬 어려웠습니다. 한꺼번에 그만한 숫자의 부전나비를 잡을 수 있으면 좋을 텐데 그렇지 못해 할 수 없이 충분한 수를 확보할 때까지 미리 잡은 나비들을 잘 사육해야 했습니다. 그들을 사육하는 일은 결코 쉽지 않았습니다. 결국

부전나비 가운데는 날개 줄무늬를 이용해 날개 꼬리 부분과 머리 몸통 부분이 뒤바뀐 것처럼 보이도록 하는 종이 있습니다. 다른 동물이 머리를 먹기 위해 공격했는데 실상은 날개에 불과하므로, 살아 도망갈 수 있기 때문입니다.
ⓒ 최재천

저는 거의 한 달 동안 애만 쓰고 그 실험을 포기하고 말았습니다. 그런데 얼마 후 보스턴 대학의 연구팀이 아주 간단한 방법으로 실험을 수행하여 최고의 학술지에 실었더군요. 그들은 저처럼 구하기 어려운 부전나비를 야외에서 채집하는 대신, 실험실에서 배추흰나비를 대량으로 기른 다음 그 흰나비에다 부전나비의 무늬를 그려 넣어 비교 실험을 했습니다. 그림을 그려 넣지 않은 흰나비와 비교해서 실험을 해보니까, 그림을 그려 넣지 않은 나비들은 포식동물들이 머리 쪽을 공격해서 많이 죽는데 반해 꼬리 쪽으로 줄무늬를 그려 넣은 나비들은 주로 날개 쪽을 공격당해 날개가 좀 잘리더라도 살아서 도망치더랍니다. 제가 아이디어 싸움에서 참패한 뼈아픈 경험이었습니다.

15

동물들의
방향 감각

동물들의 방향 감각에 관해 얘기하려고 하면 제일 먼저 비둘기가 떠오릅니다. 비둘기는 아주 먼 곳에서도 정확하게 집을 찾아오는 동물로 유명하지요. 실제로 제2차 세계대전 중 비행기나 다른 교통수단이 마비되었을 때, 비둘기의 몸에 편지를 몰래 숨겨 교신하기도 했습니다. 하지만 비둘기만 이런 일을 하는 것은 아닙니다. 가까운 예로 개를 살펴볼까요? 개를 데리고 길을 떠나면 중요한 길목마다 소변을 보았다가 그 냄새를 맡으면서 돌아오는 걸 볼 수 있습니다. 우리 인간도 무작정 다니지 않지요. 되돌아올 때를 대비하여 골목 어귀마다 소변을 누는 것은 아니지만 두리번거리며 주변 풍경, 특히 중요한 지형지물을 기억해두지요. 그렇다면 굉장히 먼 거리를 이동

아프리카 초원의 초식동물 누는 건기와 우기에 따라 아프리카 대륙의 꽤 먼 거리를 엄청난 수가 함께 몰려다니며 풀과 물을 찾아 이동합니다.

하는 동물이나 철따라 이동하는 철새는 과연 어떤 방식으로 방향을 잡는 걸까요? 어디로 가야 하는지 도대체 어떻게 아는 것일까요?

동물 영화에 자주 등장하는 아프리카 초원의 큰 초식동물 누Wildebeest는 엄청난 수가 함께 몰려다닙니다. 이들은 한곳에 머무르는 것이 아니라 건기와 우기에 따라 아프리카 대륙의 꽤 먼 거리를 풀과 물을 찾아서 계속 이동합니다. 어떻게 이렇게 먼 거리를 이동하는 걸까요? 왜 한 곳에 정착해서 살지 못하는 걸까요? 그리고 왜 어떤 새들은 텃새가 되어서 한 지역에 살고, 기러기 같은 철새들은 항상 옮겨 다녀야 하는 걸까요? 누처럼 여러 해를 사는 동물에는 길잡이 역할을 하는 동물의 존재를 가정할 수 있습니다. 무리 중 이미 이동해본 경험이 있는 개체들이 있게 마련입니다. 그래서 그들이 앞장을 서면 경험 없는 어린 개체들도 그 뒤를 따를 수 있겠지요.

하지만 미국과 멕시코를 왔다 갔다 하며 살아야 하는 제왕나비는 다릅니다. 멕시코에는 해마다 제왕나비들이 집결하여 겨울을 나는 높은 산이 있습니다. 어미 세대는 그곳에서 죽고 알에서 새로 깨어난 나비들이 다시 미국으로 돌아옵니다. 아무 경험이 없는데 새로운 길을 찾아가는 것이죠. 제왕나비가 이동하는 거리는 어림잡아 2,500킬로미터가량 됩니다. 어른 손바닥의 반 정도 크기인 나비가 그 엄청난 거리를 도대체 어떻게 알고 찾아갈까요?

새 중에서 가장 작은 새는 미국 대륙에 사는 벌새hummingbird입니다. 벌새에는 다양한 종이 있습니다. 중남미 코스타리카 같은 곳에서 설탕물이 나오는 벌새 먹이통을 정원에 매달아놓으면, 한 시간 만에 10여 종의 벌새가 모여듭니다. 초록색, 빨간색, 노란색 등 다양한 색의 벌새가 날아와 설탕물을 빨아먹죠. 벌새의 몸무게는 1원짜리 동전만큼이나 가볍습니다. 벌새는 공중에 떠 있는 상태로 꿀을 빨아먹습니다. 물론 하늘 높이 나는 새들 중에는 날개를 활짝 편 채 상승기류의 도움을 받아 공중에 머물 수 있는 새들이 있지만, 스스로 날갯짓을 하여 공중 한 자리에 떠 있을 수 있는 새는 벌새뿐

제왕나비는 따뜻한 계절에는 미국에서 살고, 추워지면 멕시코로 와서 나무에 집결해 번식을 하며 겨울을 납니다. 이들이 이동하는 거리는 무려 2,500킬로미터에 달합니다.

입니다. 벌새는 굉장히 빠른 속도로 날갯짓을 하는 것은 물론 날개를 거꾸로 움직일 수도 있어서 공중에 떠 있을 수 있습니다. 그러려면 날개의 방향을 바꿔가며 굉장히 빠른 속도로 날갯짓을 해야 합니다. 그래서 벌새는 신진대사율이 특별히 높은 동물입니다. 벌새는 날갯짓을 많이 하는 만큼 많이 자주 먹어야 하죠.

벌새 중에는 미국 서부 캘리포니아 연안을 따라서 철따라 이동하는 철새들이 있습니다. 이들은 한 여정에 무려 850킬로미터 가량을 이동합니다. 1원짜리 동전 무게밖에 되지 않는 이 작은 새가 850킬로미터를 그 빠른 속도의 날갯짓으로 날아가려면 영양분이 계속 공급되어야 합니다. 그래서 이 새들은 기러기처럼 계속 날아가지 못하고 가는 도중 꽃에서 꿀을 빨기 위해 수시로 내려앉습니다. 더욱 어려운 점은 이들이 꿀을 빨 수 있는 꽃들이 정해져 있다는 것입니다.

1원짜리 동전 무게밖에
되지 않는 벌새는 철마다
캘리포니아 연안을 따라 850
킬로미터 가량을 이동합니다.

　인간은 가시광선에서 빨주노초파남보의 색을 볼 수 있는 반면,
곤충은 빨간색을 보지 못합니다. 그 대신 자외선 쪽을 더 볼 수 있
습니다. 그래서 빨간색 꽃에는 곤충이 찾아오지 않습니다. 만약 빨
간색 꽃을 찾아오는 곤충이 있다면 그 빨간색 안쪽에 자외선 패턴
이 그려져 있기 때문입니다. 그 곤충은 빨간색 뒤에 숨겨져 있는 자
외선을 보고 찾아오는 것이죠. 그런데 척추동물인 새는 빨간색을
봅니다. 그래서 벌새가 머무르고자 하는 꽃들 중에는 빨간색을 띠
는 것들이 많죠. 850킬로미터 여정에 모양이나 색이 벌새에게 적합
한 꽃들이 군데군데 있어야만 중간중간 양분을 섭취하고 또 힘을
내서 날아갈 수 있습니다. 이렇게 작은 새가 그렇게 고생하면서 그
먼 길을 이동하는 까닭이 무엇일까요?
　새들 중 가장 먼 거리를 이동하는 새는 북극 지역에 사는 북극제
비갈매기입니다. 이들은 매년 북극 지방을 떠나 거의 남극까지 갔
다 옵니다. 우리가 흔히 보는 갈매기보다 훨씬 작은 새가 무려 4만
킬로미터를 왔다 갔다 하는 것입니다. 과연 이 새들은 어떻게 방향

을 잡고 이동하는 것일까요? 동물들은 다 나름대로 진화의 역사를 통해 터득한 방법을 갖고 있습니다. 과연 어떤 방법들을 개발했는지 간단한 것부터 살펴봅시다.

비교적 단순한 동물들은 어느 방향으로 움직일 것인가를 아주 단순한 물리적인 반응에 의해 결정합니다. 구더기가 구불구불 기어올 때 빛을 비추면 바로 등을 돌려 빛의 반대 방향으로 갑니다. 빛을 싫어하기 때문입니다. 워낙 어두운 곳에서 사는 동물이라 빛이 없는 쪽으로 가다 보면 살기 좋은 곳이 나온다는 걸 아는 겁니다. 단순한 자극에 따른 반응 행동으로 살 곳을 찾는 것이죠.

곤충은 우리가 보지 못하는 자외선을 보고 꽃을 찾습니다. 우리 눈에는 노란 꽃으로 보이지만 벌들은 실제로 노란색보다는 그 안에 숨어 있는 자외선에 반응합니다.

짚신벌레는 빛보다 열에 반응합니다. 뜨거운 쪽으로 가면 익어버리니까 물속의 온도 차이를 감지하여 이동하며 살기에 적당한 온도를 찾습니다. 보기에는 아무렇게 막 돌아다니는 것처럼 보여도 온도 분포에 따라 나름대로 일관성 있게 이동하는 것입니다.

북반구에 사는 어떤 박테리아는 전기자극을 주면 북쪽을 향해 계속 이동합니다. 북쪽으로 이동한다는 것은 지표면에서 먼 깊은 곳, 즉 산소가 적은 곳으로 점점 깊이 들어간다는 것입니다. 이 박테리아는 산소를 피해서 사는 생물입니다. 산소는 우리에게는 꼭 필요한 요소이지만, 이 박테리아에게는 독약과 같습니다. 이 박테리아

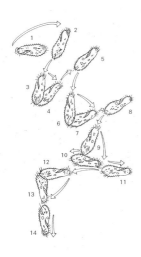

짚신벌레는 보기엔 막 움직이는
것처럼 보여도 열을 감지하며
온도 분포에 따라 움직입니다.

를 전자현미경으로 관찰해보았더니, 일종의 지남철 같은 자극체magnet가 몸속에 박혀 있었습니다. 작은 쇳덩어리들이 몸에 박혀 있는 셈이지요. 그래서 자석을 갖다 대면 자석의 북쪽을 향해 몸이 저절로 회전하게 되는 것입니다.

재미있는 것은 호주나 뉴질랜드처럼 남반구에서 비슷한 종을 잡아 관찰해보았더니 그 종도 자석에 반응하는 쇳덩이를 갖고 있는데, 그들은 남쪽을 향해 이동한다는 것입니다. 남반구에서는 남쪽으로 내려가는 것이 더 깊은 곳으로 가는 것이기 때문입니다. 그래서 이번에는 북반구와 남반구의 두 종을 다 잡아서 한 실험실에 놓고 실험해보았지요. 북반구에서 실험을 하면 북반구에 사는 박테리아는 모두 제대로 가는데, 남쪽에서 잡아온 박테리아는 남쪽으로 이동해다 죽어버렸습니다. 또 남반구에서 실험을 하면 남반구에 사는 박테리아는 제대로 가는데, 북쪽에서 잡아온 박테리아는 모두 북쪽으로 움직였습니다. 자신이 사는 지역의 지구 자기장에 맞게 적응해서 살아온 것입니다. 이들을 적도에 놓아두면 위아래로 가는 것이 아니라, 좌우로 왔다 갔다 합니다.

이런 식으로 이들의 몸은 이미 방향을 잡을 수 있도록 구조적으로 준비되어 있습니다. 유전되는 것이지 배우는 것이 아니라는 말입니다. 박테리아는 단세포 생물입니다. 뇌가 없는 생물이기에 학습 능력 역시 없겠지요.

조금 큰 동물들은 어떨까요? 비둘기를 예로 들어봅시다. 인간과 마찬가지로 비둘기도 지형지물을 많이 이용합니다. 우리는 어떤 장소를 설명할 때, '그 길로 쭉 오다 보면 은행이 있고, 은행에서 오른쪽으로 꺾어 들어오면 구멍가게가 있는데⋯⋯' 라는 식으로 지형지물을 이용하여 설명합니다. 비둘기도 지형지물을 이용합니다. 그런데 비둘기는 차에 태우고 밖을 내다보지 못하게 한 채로 집에서 몇 시간을 달려간 다음 풀어줘도 집으로 돌아옵니다. 차로 몇 시간을 이동한 뒤

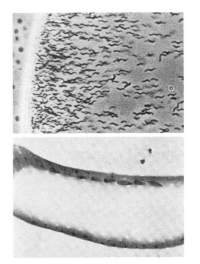

북반구에 사는 이 박테리아는 전극을 따라 북쪽으로 계속 이동하는데,(위) 몸속을 들여다보면 '매그넷' 이라는 쇳덩어리가 박혀 있습니다.(아래)

비둘기를 풀어놓으면 그곳은 비둘기가 처음 가는 곳이므로 지형지물을 이용할 수 없습니다. 한 번도 본 적이 없는 곳이니 도저히 지형지물로는 찾아올 수 없습니다. 살던 동네 가까이 날아와 익숙한 곳이 보이기 시작하면 그때부터는 지형지물을 이용할 수 있습니다. '교회 탑을 옆으로 끼고 돌면 우리 집' 이라는 걸 아는 겁니다.

꿀벌도 지형지물을 좋아합니다. 꿀벌은 태양의 각도를 잰 뒤 춤을 통해 그것을 동료에게 알려 원하는 장소를 찾아가도록 합니다. 그러나 만약 꿀이 숲 가장자리를 쭉 따라가면 나온다는 것을 이미 알고 있다면, 태양을 보고 방향을 재는 번거로운 작업을 하지 않습니다.

비둘기와 꿀벌의 예에서 알 수 있듯이 지형지물은 동물들이 가장 선호하는 지표라고 할 수 있습니다. 그리고 지형지물을 판별할 수

없을 때 여러 다른 방법을 이용하지요. 지형지물을 이용하는 방법 외에는 태양을 이용하는 방법이 가장 많이 알려져 있습니다. 벌이나 개미, 새가 그렇듯이, 태양은 지구에 사는 동물들에게 변함없는 지표가 됩니다. 그렇다면 구름이 잔뜩 껴서 태양이 잘 안 보이는 날에는 어떻게 할까요? 그런 날에는 편광을 이용합니다. 편광이란 태양의 움직임에 따라 하늘에 나타나는 태양빛의 패턴을 말합니다. 이것은 태양이 움직이는 황도와 지구 대기권이 만나는 각도에 따라 달라집니다. 구름이 많이 낀 날이라도 편광을 이용하면 방향을 잡을 수 있습니다.

태양이 없는 밤에는 별이나 달을 이용합니다. 달을 이용하는 동물들이 조금 있기는 하지만, 달은 구름이 끼거나 그믐이 되면 사라지기도 하므로 그보다는 별을 많이 이용합니다. 인간도 별을 길잡이로 많이 이용해왔지요. 우리 인간이 먼 바다에서 항해할 때 북두칠성을 기준점으로 삼은 것처럼 새들도 그렇게 이동합니다. 철새들은 밤낮을 가리지 않고 계속 이동합니다. 힘이 들면 내려앉았다가 또 날아가는데, 낮에는 태양을 보고 가지만 밤에는 별을 보고 갑니다. 여기에 관한 실험이 하나 있지요. 철새를 실험실에 넣고 천장을 유리로 만들어 밤하늘을 볼 수 있게 하거나, 밤하늘 사진을 찍어 붙여놓은 뒤 별들이 이동하는 속도에 따라 움직이면, 철새들은 남쪽으로 가야 하는 시간이 되었을 때 별자리만 보고도 남쪽 방향으로 푸드덕거리며 날아가려고 합니다. 정확한 결과를 알기 위해 실험실 바닥에 잉크를 뿌려놓았더니 새들이 잉크를 밟고, 날아가려는 쪽 벽에 발자국을 찍습니다. 나중에 어느 쪽에 발자국이 많은지만 헤아리면 날아가려던 쪽을 알 수 있는 거죠.

앞에서도 언급했듯이 어떤 동물은 지구 자기장을 이용합니다. 지구는 북극에서 남극까지 자기장으로 연결된 하나의 큰 자석이라고 할 수 있습니다. 나침반을 들고 있으면 늘 북쪽을 가리키는 것도 바로 이 때문이죠. 그러나 지구 자기장은 우리가 느끼지 못할 정도로 매우 약하므로, 예전의 생물학자들은 동물들이 자기장을 이용하지 못할 것이라고 생각했습니다. 그런데 비둘기 실험을 통해서 자기장을 이용한다는 것이 분명히 밝혀졌죠. 집으로 돌아오는 비둘기 머리에 자석을 붙이는데, 반대로 혹은 비뚤하게 붙이면 집을 제대로 찾아오지 못합니다. 비둘기의 뇌에 지구 자기장과 맞지 않는 잘못된 정보가 입력되기 때문이지요.

자기장을 이용하는 동물에는 비둘기뿐 아니라 벌을 비롯하여 여럿 됩니다만, 그 중에서 가장 대표적인 것은 바로 고래입니다. 고래가 매년 이동하는 경로는 일정하게 정해져 있어서 해마다 같은 지역을 통과합니다. 해마다 고래들이 지나가는 지점에서 기다리면 작년 그 고래가 새끼를 낳아서 돌아오는 것도 종종 볼 수 있지요. 고래의 소리를 녹음해보면 종은 말할 나위도 없거니와 각 개체마다 부르는 노래가 모두 다릅니다. 그래서 노래만 들어도 어느 고래라는 걸 알 수 있습니다. 그런데 고래는 그 깊은 바다 속에서 무엇을 보고 일정한 경로로 이동하는지 궁금하지 않을 수 없습니다. 지구 자기장을 연구하는 사람들이 자기장을 형상화한 사진을 보면 산이나 계곡처럼 일정한 패턴이 있음을 알 수 있습니다. 그러나 지구 자기장을 이용한다는 것이 말처럼 쉬운 일은 아닙니다.

한번이라도 실제로 나침반을 써본 사람이라면, 그것을 보고 원하는 장소를 찾아가는 일이 생각처럼 그리 쉽지 않음을 잘 알 것입니다. 나침반은 현재 내가 있는 위치와 가고자 하는 위치와의 관계를 알아야만 사용할 수 있습니다. '목표 지점은 남쪽 어디다'라고 가르쳐주었을 때 비로소 나침반을 이용해 찾아가는 것이지, 지금 있는 곳에서 찾아가야 하는 곳이 남쪽인지 북쪽인지조차 알 수 없다면 나침반은 아무런 쓸모가 없지요.

차로 10킬로미터를 이동한 뒤 비둘기를 날려 보내도 비둘기는 제 집을 찾아옵니다. 지형지물을 이용할 수 없는 곳에서 비둘기는 자기장을 이용하여 방향을 잡습니다. 그러나 자기장을 이용해 동서남북을 분간할 수 있다고 해도 위치의 상관관계를 알아야만 사용할 수 있는 나침반처럼, 비둘기가 집을 찾아오는 데에는 무언가 나름대로의 기준이 있어야 합니다. 한 지질학자가 그 비결의 실마리를 찾아냈습니다. 거대한 하나의 자석인 지구에서는 어디에 있느냐에 따라 느껴지는 자기장의 강도가 다 조금씩 다르다는 것입니다. 비둘기는 바로 이 점을 이용하는 것이지요. 인간은 중국 대륙 한복판에 떨어뜨려놓으면 이쪽저쪽 아무리 살펴봐도 자신이 어디에 있는지 전혀 느낄 수 없는 동물입니다. 자기장을 감지하는 능력이 부족한 것이죠. 그런데 비둘기는 자기장의 강도를 감지하여 상대적인 위치를 파악합니다. 그 위치 파악에 따라 내 집은 어디로 얼마만큼 가야 된다는 걸 알아차리고 집 쪽으로 방향을 잡는 것이죠. 그리고 일단 남동쪽으로 가야 한다는 것이 정해지면 태양을 보고 각도를 확인해 남동쪽으로 날아가는 것입니다.

그렇게 날아가면서 냄새도 이용한다는 것이 밝혀졌습니다. 비둘기는 굉장히 먼 곳에서도 자기 동네의 냄새를 감지할 수 있습니다. 그 지역이나 나라의 특색 있는 냄새를 감지할 수 있다는 것이죠. 이를테면 우리나라에 사는 비둘기는 김치나 고추장 냄새를, 이탈리아에 사는 비둘기는 파스타 냄새를 맡고 집을 찾는 것이죠. 익숙한 냄새를 맡고 오다가 익숙한 지형지물이 나타나면 그것을 기준으로 집을 찾아 내려옵니다.

지형지물을 이용하거나 방향을 안다는 것은 비둘기가 뇌 속에 일종의 지도를 갖고 있다는 것을 뜻합니다. 연구 결과 비둘기를 비롯한 큰 동물에게는 그런 능력이 어느 정도 있다는 것이 밝혀졌지요. 그렇다면 과연 꿀벌도 지도를 가지고 있을까요? 꿀벌은 좁쌀보다 조금 큰 뇌를 가지고 있는데, 이런 보잘것없는 뇌 용량을 가진 꿀벌이 과연 자기 동네 지도를 가지고 있을지 밝히는 것은 참 어려운 숙제입니다.

꿀벌의 춤 안에 방향 정보가 들어 있다는 것을 밝힌 프린스턴대학의 굴드 교수는 꿀벌도 머릿속에 동네 지도를 가지고 있다고 확신합니다. 예를 들면 정찰벌이 집으로 돌아와서 '저 산 너머에 꽃이 많다'는 정보를 알려주면, 꿀벌들은 산을 돌아서 그 장소로 찾아갑니다. 벌들이 대부분 산 뒤에 뭐가 있다는 것을 알기에 할 수 있는 행동이라는 겁니다.

지도가 있는지 확인하기 위해 굴드 박사가 한 실험이 아주 재미있습니다. 호숫가에 벌통을 놓고 꿀벌을 훈련시킵니다. 꿀벌들은 지형지물을 이용해 호수를 따라가면 벌통이 있다는 것을 알고 왔다 갔다 하면서 꿀을 모으지요. 이번에는 호수 가운데 보트를 띄우고 먹이를 놓은 다음 정찰벌 몇 마리를 훈련시켜서 다른 벌들에게 먹이의 위치를 알려주도록 했습니다. 그런데 정찰벌이 정보를 알려주는 춤을 아무리 열심히 춰도 아무도 보트로는 가지 않았습니다. 꿀벌들은 그곳이 물속이라는 걸 미리 알고 있기에 왜 날더러 물에 뛰어들라는 거냐고 생각하는 듯 아무리 정보를 줘도 오지 않은 것입니다. 꿀벌의 머릿속에 지도가 있다는 결론이 나올 수밖에 없어 보입니다.

그런데 굴드의 이 실험에는 아직도 해결되지 않는 문제가 있습니다. 같이 실험했던 다이어라는 제자가 이의를 제기하고 나섰습니다. 그러나 굴드 박사는 자기 의견을 굽히지 않고 발표를 했습니다. 그러자 지금은 미시건주립대학교에서 연구하고 있는 다이어 박사역시 정면으로 굴드 박사의 실험에 반대하는 논문을 써서 발표했습니다. 이것이 15여 년 전의 일입니다만 아직도 논쟁은 계속되고 있습니다. 따라서 그 조그마한 동물의 뇌에도 지도가 들어 있는지는 앞으로 좀더 연구하고 지켜보아야 할 것 같군요.

16

▼

서로 돕는
사회

많은 생물학자들이 찰스 다윈 이래로 경쟁에 대한 연구에 초점을 맞추어왔습니다. 자연계에서는 서로 돕는 모습보다 서로 으르렁거리는 모습이 훨씬 더 눈에 많이 띄죠. 하지만 늑대 두 마리가 먹을 것을 놓고 서로 으르렁거리는 모습이 경쟁의 전부일까요? 1970년대 말 미국의 어느 여류 생태학자가 생물학자들의 연구 주제들에 대한 통계를 내보았습니다. 재미있게도 남성 생물학자들은 거의 절대 다수가 동물이나 식물의 경쟁 관계에 대해 많이 연구하고 있었고, 서로 돕는 관계 즉 공생mutualism에 대한 연구를 하는 사람은 매우 적었습니다. 정말 흥미롭게도 공생 연구의 거의 대부분은 여성 생물학자들이 하고 있었습니다.

자연계에서 살아남기 위해 반드시 남을 꺾어야 하는 것은 아닙니다. 남과 손을 잡음으로써 같이 살아갈 수 있습니다. 남과 손을 잡기 싫어하는 것들은 소멸하고, 남과 손을 잡은 동물과 식물들은 오늘날까지 살아남았습니다. 지난 20년 동안 많은 학자들이 공생, 그중에서도 상리공생에 대해 연구했습니다. 그리고 굉장히 많은 생물들이 서로 도운 덕에 오늘날까지 살아남았음을 알게 되었죠.

초원에 말이나 소가 걸어가면 옆에 종종 새들이 따라다닙니다. 큰 동물이 걸어갈 때 발에 채여 튀어오르는 곤충들을 잡아먹으려 따라다니는 새들이지요. 이런 경우 새들이 큰 동물에게 어떤 이득을 주는지는 아직 잘 모릅니다. 이처럼 한쪽에게는 아무런 이득도 손해도 없고 다른 한쪽만 이득을 취하는 관계를 편리공생commensalism이라고 하지요.

아프리카 초원에는 혹돼지라고 부르는 멧돼지가 있습니다. 얼굴에 사마귀 같은 혹이 나서 붙인 이름인데, 디즈니 만화영화 〈라이언 킹〉에 나오는 품바가 바로 이 동물입니다. 이 멧돼지를 비롯한 아프리카의 많은 큰 동물들의 몸에는 새들이 들러붙어 삽니다. 때로는 10마리 정도가 들러붙어 있습니다. 매우 귀찮아할 것 같지만 멧돼지나 다른 큰 동물들은 이 새들을 아주 좋아합니다. 이 새들이 몸에 붙은 기생충들을 다 잡아주기 때문이죠. 오랫동안 우리 생물학자들이 전형적인 상리공생의 예로 들던 경우입니다. 그런데 최근 유럽의 생물학자들의 관찰에 따르면 이 새들이 때로는 야비해지기도 한답니다. 큰 동물의 몸 어딘가에 상처가 나면 그곳을 집중적으로 공략하여 피를 빨아먹는다는 겁니다. 큰 동물들이 걸어갈 때 그 주변에서 곤충을 잡아먹는 경우가 명확하게 편리공생인지, 그리고 큰

말들이 지나갈 때 탁탁 튀는
곤충을 잡아먹고 사는
새들이 있습니다.
ⓒ최재천

동물의 몸에서 기생충을 잡아먹는 새들이 진정한 의미의 상리공생
자인지는 좀더 면밀한 관찰이 필요합니다.

바다 속에 들어가면 재미있는 상리공생의 예가 아주 많습니다.
요즘엔 수족관에서도 종종 볼 수 있는데, 큰 물고기 입 속에 작은
물고기가 들어앉아 있는 경우가 있습니다. 큰 물고기가 작은 물고기
를 잡아먹기는커녕 어디라도 다칠세라 입을 있는 대로 크게 벌리고
있습니다. 작은 물고기가 큰 물고기의 입안을 청소하고 있는 겁니
다. 이 청소하는 물고기들은 제각기 자기 영역을 갖고 있습니다. 이
를테면 가게를 차려놓고 기다리다가 큰 물고기가 다가오면 춤을 추
며 마중을 나갑니다. 큰 물고기가 고객인 셈이죠. 고객은 가게 주인
의 독특한 춤을 보고 '아, 나 저놈 알아' 하며 입을 벌려 구강청소
를 받고 갑니다. 한쪽은 먹을 걸 얻고, 다른 한쪽은 몸이 깨끗해지
므로 둘이 상리공생을 하는 것입니다. 이들이 춤을 추면서 서로를
확인하는 과정이 꽤 긴데요, 거기에는 다 그럴만한 이유가 있습니
다. 이 사회에 아주 못된 악덕청소업자들이 있기 때문입니다.

아프리카의 혹돼지
주변에는 새들이 들러붙어
몸의 기생충을 잡아줍니다.
작은 물고기가 큰 물고기
입 안을 청소해주는
상리공생도 있습니다.

청소부 물고기와 아주 유사하게 생겨서 언뜻 보면 구분하기 어려운 물고기들이 있습니다. 춤도 비슷하게 추지요. 진짜 청소부는 입 모양이 붕어 입처럼 생겼는데, 이 가짜는 상어 입처럼 생긴 입을 가졌고 굉장히 날카로운 이빨을 가지고 있습니다. 고객에게 서비스하는 척 다가가서는 살점을 떼어먹고 달아나지요. 그래서 이들한테 당하지 않으려고, 입 속을 청소해줄 진짜 청소부인가 아닌가를 춤을 통해 확인하는 과정이 진화한 것이지요. 서로 돕고 살고 싶어도 어느 사회에나 늘 그것을 악용하는 무리들이 있기에 쉽지 않은 듯합니다.

말미잘 속에 숨어 사는 물고기들이 있습니다. 말미잘은 여러 가닥의 발들을 이용해 작은 플랑크톤 같은 것을 잡아먹습니다. 그 안에 들어가 있으면 잡아먹힐 것 같은데, 밥이 되지 않고 오히려 보호를 받으며 삽니다. 지금까지 이렇게 말미잘과 물고기의 관계는 상리공생의 대표적인 예로 알려져 왔습니다. 그런데 이 관계에도 최근 좀 다른 의견이 발표되었습니다. 이스라엘의 한 연구팀이 이들

관계가 상리공생이 아닐 수 있다는 문제를 제기한 것이죠. 이 물고 기들은 말미잘이 자신을 인식하지 못하게 하는 어떤 분비물질을 만 들어 제 몸에 바른다는 것입니다. 화학적인 의사소통을 막는 거죠. 말미잘은 촉각뿐 아니라 화학적인 의사소통을 하는데, 이 물고기들 이 먹이일 수 있다는 걸 원천적으로 봉쇄하므로, 모르고 같이 살 수 도 있다는 것입니다. 사람의 눈에는 붙어 있는 것처럼 보이지만 말 미잘의 촉각에는 느낌이 전달되지 않는다는 것이죠. 따라서 이 경 우도 앞으로 좀더 연구가 이루어져야 상리공생인지 편리공생인지 정확히 알 수 있을 것 같습니다.

사람이 소를 기르는 것도 공생에 속합니다. 사람이 소를 보호해 주고 먹여주는 대신 소는 사람에게 우유를 줍니다. 동물 사회에서 도 이런 공생 관계를 볼 수 있습니다. 개미와 진딧물의 관계를 보 면, 개미는 진딧물을 보호해줍니다. 그리고 진딧물은 개미에게 단 물을 제공합니다. 진딧물만이 개미의 가축은 아닙니다. 개미는 꽤 여러 종류의 가축을 기릅니다. 개미가 이들을 기르는 방법도 사람 과 유사합니다. 목동이 양떼를 몰고 나가듯이 아침이 되면 개미들 은 기르는 곤충들을 몰고 올라가서 좋은 잎에다 풀어놓고 보호하다 가 저녁 때가 되면 다 몰고 집으로 돌아옵니다. 우리가 외양간에서 가축을 묶어 기르듯이 곤충들을 아예 굴속에 데려다 키우며 먹이는 개미들도 있습니다. 깍지벌레들을 주로 외양간에 넣어 기르지요.

말벌도 다른 곤충들과 공생을 합니다. 제가 코스타리카 열대림에 서 연구한 멸구 종류의 곤충은 개미의 보호를 받는 것보다 말벌의 보호를 받는 것을 더 좋아합니다. 개미에게는 적은 양의 단물을 주 지만 말벌에게는 많은 양의 단물을 제공합니다. 말벌이 개미보다

개미가 깍지벌레를 굴속에
데려와 외양간 같은 곳에
가두어놓고 기르는 것도
공생입니다.
ⓒ Dan Perlman

더 잘 지켜주기 때문일 겁니다. 말벌은 또 뿔매미도 기릅니다. 뿔매
미 어미 중에는 먼저 부화한 새끼들을 말벌에게 맡기고 다시 알을
낳는 것들도 있습니다. 그러면 훨씬 많은 알을 낳을 수 있지요.

흰개미는 주로 나무를 갉아먹고 삽니다. 옛날 건축물, 특히 사찰
등의 목재 기둥을 흰개미가 공격하기 시작하면 수수깡처럼 변할 수
있지요. 그래서 미국에서는 오래전부터 흰개미가 큰 골칫거리였습
니다. 많은 주택이 흰개미들로 인해 엄청난 피해를 겪고 있지요. 흰
개미는 개미와는 전혀 다른 곤충입니다. 그런데 이 흰개미가 먹는
나무는 사실 소화하기 굉장히 힘든 물질로 이루어져 있습니다. 식
물세포는 세포막 밖에 세포벽을 따로 갖고 있습니다. 그 세포벽은
리그닌lignin이라는 아주 독특한 물질로 이루어져 있는데, 이 물질의
주성분이 셀룰로오스cellulose입니다. 셀룰로오스는 소화가 안 되므로
소화를 시켜줄 수 있는 미생물이 필요하지요. 흰개미들의 장을 열
어보면 원생동물이나 박테리아들이 들어 있습니다. 흰개미가 먹을
것과 집을 제공하고, 대신 이들은 흰개미가 소화하지 못하는 셀룰

말벌은 뿔매미를 보호하는데, 뿔매미 어미 중에는 먼저 부화한 새끼들을 말벌에게 맡기고 다시 알을 낳는 것들도 있습니다. 그러면 훨씬 더 많은 알을 낳을 수 있기 때문입니다.
ⓒ 최재천

로오스를 분해하여 이용할 수 있게끔 만들어줍니다. 흰개미는 이들이 없으면 생존할 수 없습니다.

그런데 흰개미는 곤충이어서 탈피를 합니다. 탈피란 껍질을 홀딱 벗는 것을 말하는데, 껍질을 벗는다는 건 일반적으로 생각하듯 겉만 벗는 게 아닙니다. 곤충이나 우리 인간의 몸은 사실 튜브 형태의 몸입니다. 안팎이 서로 연결되어 있죠. 식도에서 위, 작은창자에서 항문을 통해 몸 밖으로 나가는 장 속은 사실 몸 바깥입니다. 몸 안이 아니죠. 우리 몸에 강물이 하나 흐르는 거라고 생각하면 됩니다. 영양을 섭취한다는 것은 그 강물에 낚싯대를 드리우고 영양소를 낚아올리는 것이죠. 이 강물이 오염되면 병에 걸립니다. 그러니 이 강에 좋은 것을 흘려 보내야 오래도록 병 없이 살 수 있는 것입니다.

흰개미가 탈피를 하면 겉만 벗는 것이 아니고 장이 있는 속까지 벗습니다. 그러다 보니 장 속에 있던 미생물도 한꺼번에 다 잃습니다. 그래서 이것을 흰개미들이 모여 사는 가장 유력한 근거라고 보기도 합니다. 탈피할 경우 미생물을 다시 얻기 위해서 모여 살아야

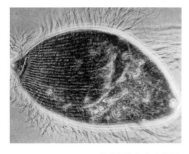

흰개미 장 속의 미생물은
흰개미들이 먹는 나무의 셀룰로오스를
소화시켜주고 먹이를 얻어먹으며
흰개미와 공생합니다.

한다는 거죠. 동료들 그리고 엄마, 아빠와도 같이 있어야 재충전이 가능하다는 것입니다. 이럴 정도로 이들의 관계는 아주 끈끈합니다. 하지만 이 점도 최근의 연구에 따르면 좀 달라지고 있습니다. 흰개미가 탈피를 해도 장 속의 미생물들을 모두 잃는 것은 아닐 것이라는 연구결과가 보고되었습니다.

그런데 셀룰로오스를 분해하는 미생물은 흰개미의 장 속에만 있는 게 아니라 초식동물의 몸 속에는 거의 다 있습니다. 소의 몸 안에도 이런 미생물이 있어서, 풀이 들어오면 식물세포의 세포벽을 끊어주지요. 요즘 이구아나를 애완용으로 기르는 사람들이 종종 있는데, 이놈이 생긴 것은 흉측해도 식물을 먹고 삽니다. 그러다 보니 그들의 장 속에도 미생물이 있습니다. 아마 대부분의 초식동물들은 만일 장 속의 미생물을 잃어버린다면 살기 불편해질 것입니다.

잘 알려진 것처럼 산호는 동물입니다. 그래서 산호는 광합성을 할 수 없지요. 그런데 그 산호의 몸 안에 사는 조류가 있습니다. 산호는 이들 조류에게 살 집과 필요한 영양소를 공급해주고, 이 조류들은 광합성을 해서 산호에게 산소를 공급해주지요. 만약 이런 조류들이 다 빠져나가면 산호는 죽게 됩니다. 그런데 요즘 이런 공생 관계에 문제가 생기고 있습니다. 산호의 몸에서 조류들이 빠져나가는 현상이 벌어지고 있지요. 이른바 백화 현상입니다. 조류가 빠져나가면서 푸른색이 사라지고 하얗게 변하는 것이죠. 대단히 심각한 생태 재앙입니다.

뭐니뭐니해도 가장 대표적인 공생은 곤충과 같은 동물과 꽃을 피우는 식물 즉 현화식물의 공생일 겁니다. 곤충을 비롯한 몇몇 동물들은 꽃을 찾아다니며 꽃가루받이를 합니다. 호박벌이 꽃 위에서 꿀을 빠는 장면을 생각해봅시다. 식물은 번식을 위해 속되게 표현하면 생식기를 세상에 쫙 펼쳐놓고 삽니다. 꽃은 다름

곤충이나 동물이 꽃의 꿀을 먹고 꽃가루받이를 시켜주는 것은 대표적인 공생 관계입니다.
ⓒ Dan Perlman

아니라 식물의 성기지요. 동물들을 유혹하여 자신의 번식에 이용합니다. 꿀을 주면서 동물의 몸에 꽃가루를 붙입니다. "나 대신 내 여자친구를 만나줘" 하는 꼴이죠. 어떻게 보면 식물은 움직여 다니지 못하기 때문에 나름대로 기발한 방식으로 성생활을 하는 것입니다.

그런데 곤충이 찾아가는 꽃들은 우리가 즐기는 장미와 같이 붉은색 계통이 아니라 주로 노란색이나 보라색을 띠는 꽃들입니다. 곤충은 우리가 볼 수 있는 빨간색을 보지 못합니다. 그들의 가시광선 범위는 붉은색을 포함하지 않는 대신 자외선 쪽으로 더 확대되어 있지요. 그래서 실험실에서 곤충을 관찰할 때면 붉은 등을 씁니다. 대신 곤충은 자외선을 볼 수 있습니다. 우리 눈으로는 곤충이 노란색 꽃을 찾는 것처럼 보이지만 실상은 그 노란 꽃에서 반사되는 자외선을 보고 찾아가는 겁니다. 자외선이 그리는 패턴의 중심에 꿀샘이 있습니다. 벌이 내려앉아서 혀를 그 자외선 패턴 한가운데로 넣기만 하면 꿀이 쭉 빨려 올라옵니다. 꽃은 그 과정에서 꽃가루를 곤충의 몸에 붙여주지요.

나방도 꽃가루받이를 합니다. 박각시나방은 꽃 앞에서 나는 상태

로 대롱처럼 생긴 혀를 꽃 속에 집어넣고 꿀을 빨아먹습니다. 박각시나방이 붕붕거리며 날면 그 진동에 의해 수술에서 꽃가루가 떨어져 나방의 머리와 몸에 붙습니다. 나방이나 나비가 찾는 꽃들의 특징은 화관이 길다는 겁니다. 화관이 길다 보니 그 밑에 들어 있는 꿀을 빨기 위해서는 긴 대롱 같은 입이 필요합니다. 그렇지 않고는 꿀을 빨 수가 없죠. 나비나 나방같이 혀가 대롱처럼 길게 발달한 곤충들만 그런 꽃에서 꿀을 얻을 수 있습니다. 벌들은 그런 꽃에서는 꿀을 얻을 수가 없죠. 이렇게 화관이 긴 꽃들은 나비와 나방의 대롱에 맞게끔 진화하고 나비와 나방 역시 화관의 길이에 맞게 진화한 것입니다. 이렇게 서로에게 맞추면서 진화한 경우를 공진화 coevolution라고 합니다.

공진화에 대한 흥미로운 일화가 있습니다. 이미 19세기에 다윈은 화관이 특별히 긴 나리꽃의 꽃가루받이의 현장을 목격한 사람이 아무도 없던 상황에서 혀가 대롱처럼 아주 긴 나방이 꽃가루받이를 해줄 거라는 예측을 내놓았지요. 대롱처럼 생긴 나방의 혀 길이가 화관의 길이와 같을 것이라고 말입니다. 꽤 오랜 시간이 흐른 뒤 이 나리꽃을 찾는 나방을 잡아 혀의 길이를 재보니 화관의 길이와 정말 딱 들어맞았습니다. 다윈의 예언이 정확히 맞아떨어진 것이죠. 돗자리를 펴고 예언하는 점쟁이의 예언과는 다른 예언이지만 말입니다.

새들 중에도 꽃가루받이를 돕는 것들이 있습니다. 벌새는 우리나라 박각시나방과 흡사한 방식으로 꽃가루받이를 돕습니다. 꽃 앞에서 날갯짓을 하는 동안 머리나 부리에 꽃가루가 떨어지고 그런 다음 다른 꽃을 찾아가 꽃가루받이를 시켜줍니다. 곤충과 다르게 새들은 주로 붉은색 꽃을 찾아갑니다. 척추동물은 붉은색을 볼 수 있

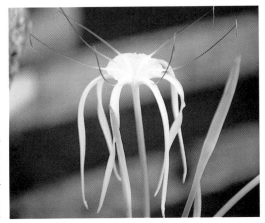

나비나 나방이 찾는 꽃은 대체로 화관이 깁니다. 이처럼 나비·나방과 화관이 서로의 길이에 맞춰 진화한 경우를 공진화라고 합니다.
ⓒ 최재천

습니다. 대체로 꽃의 색만 보고 찾아오는 곤충과는 달리 새들은 꽃을 떠받치고 있는 이파리가 붉은색을 띠는 경우에도 찾아옵니다. 반면 흰색은 새들이 별로 좋아하는 색이 아닙니다. 그런데 벌새는 이파리에 흰색 반점만 있는데도 날아옵니다. 그 이유를 확인해보니 이 이파리 뒷면이 붉은색을 띠고 있더라는 겁니다. 이런 벌새들은 잎의 뒷면을 확인하면서 다닙니다.

박쥐가 꽃가루받이를 해주는 꽃들은 대개 큼지막하고 색깔이 없는 대신 꿀을 많이 주는 특징을 갖고 있습니다. 박쥐는 곤충에 비하면 몸집이 훨씬 큰 동물입니다. 그러다 보니 꿀을 많이 주지 않으면 안 됩니다. 박쥐를 끌어들이기 위해서는 멀리까지 냄새를 풍겨야 하므로, 이 꽃들은 대체로 냄새가 아주 지독합니다.

식물은 동물의 몸을 빌려 꽃가루받이만 하는 게 아니라 열매를 맺고 씨를 퍼뜨리는 과정에서도 동물의 도움을 받는 것들이 많습니다. 우리가 먹는 맛있는 사과나 배 등의 과일은 동물에게 '나를 먹고 그 씨를 어디 먼 곳에 퍼뜨려 달라'고 요청하는 식물의 노력의 결과입니다. 우리는 그 중에서 특별히 맛있는 것들을 골라 과수로 기르는 것이죠. 우리 인간이 고르지 않은 것 가운데 보기에는 굉장히 탐스럽게 생겼는데 먹으면 설사를 하는 것들이 많습니다. 설사하는 이유가 있습니다. 먹은 다음에 너무 오랫동안 씨가 뱃속에 있으면 상할 수도 있겠죠. 그래서 이런 식물들은 열매에 설사를 일으키는 물질을 넣어 먹을 땐 맛있게 먹게 하고 조금 시간이 흐른 후에는 갑자기 뒤가 마렵게 하는 것입니다. 빨리 설사를 하게끔 해서 그 동물의 배설물을 자양분 삼아 씨앗이 자라게 하는 것이죠.

언젠가 베트남에 갔을 때 아주 큰 넝쿨나무를 보았는데 그 씨가 보통 큰 것이 아니었습니다. 그런데 그 열매는 동물의 몸을 통과해야만 발화가 된답니다. 그냥 심어서는 절대로 싹이 나오지 않습니다. 동물의 몸을 통과하면서 위나 장에서 시달려야 껍질이 쪼개지면서 싹이 틀 수 있게 된다는 겁니다. 그 씨가 어찌나 큰지 도대체 누가 먹고 옮겨줄 수 있을지 상상이 가지 않았습니다.

여러 해 전에 댄 잰슨Dan Janzen이라는 유명한 열대생물학자가 한 가지 이론을 제안했습니다. '중생대에 공룡같이 큰 동물이 이 같은 큰 열매를 먹고 씨를 옮겨줬을 것' 이라는 거죠. 그는 자신의 가설을 검증하려고 연구소에서 기르는 당나귀에게 그 열매를 먹였습니다. 그런데 열매를 먹은 당나귀가 배설을 하기 어려워하더랍니다. 일이 이렇게 되니 이번엔 자신이 직접 먹은 다음 씨를 받아서 심었습니다. 참 대단한 사람이지요. 그는 이 '냄새나는' 연구로 기가 막힌 논문을 발표했습니다. 그런데 우습게도 이 양반이 스무 알을 먹었는데 씨는 열아홉 개밖에 안 나왔다는군요. 그 큰 씨 한 개가 도대체 어디로 사라진 걸까요?

개미도 씨를 옮겨주는 동물입니다. 개미가 씨를 옮겨줘야만 사는 식물들이 여럿 있지요. 우리나라에 사는 애기똥풀도 이런 식물입니다. 개미는 애기똥풀의 씨를 가져다가 일레이오좀elaiosome이라는 영양분이 붙은 부분만 뜯어먹고 집 앞 텃밭에 뿌립니다. 열대 아카시아 나무 속에 집을 짓고 사는 수도머멕스Pseudomyrmex라는 개미가 있지요. 이들은 아카시아 나무의 가시를 비우고 그 속에 들어가서 삽니다. 아카시아는 개미에게 집만 제공하는 것이 아니라 꽃밖꿀샘에서 단물도 주고 이파리 끝에는 뮬러체müllerian body라는 개미를 위해 특별히 만든 먹이도 분비합니다. 단물에는 기본적으로 탄수화물이 들어 있지만 뮬러체의 성분을 분석해보니 그곳에는 동물성 단백질이 들어 있었습니다. 식물이 동물성 단백질을 만들어서 개미에게 제공하는 겁니다. 어떻게? 왜? 어떻게 그럴 수 있는지는 아직 모릅니다. 하지만 왜 그러는지는 잘 알지요. 개미가 식물성보다는 동물성 단백질을 좋아하기 때문이지요. 개미는 이 모든 걸 제공받는 대가로 아카시아 나무를 모든 초식동물은 물론 근처에 사는 다른 경쟁 식물로부터 보호해줍니다.

우리에게는 공존의 지혜가 조금 부족한 듯합니다. 우리는 우리의 잇속대로 나무를 마구 잘라내고 동물을 죽이면서 스스로 환경의 위기를 자초하며 살아가고 있습니다. 이런 면에서 개미를 비롯한 여러 동물들에게서 삶의 지혜를 배워야 합니다. 이들이 진화의 역사에서 오래도록 살아남을 수 있었던 것은 공존의 지혜를 터득했기 때문입니다. 함께 살지 않으면 모두 멸망하고 맙니다. 우리 인간만 독불장군처럼 영원히 살 수는 없지요. 남을 배려해야만 우리도 사는 것입니다.

17

▼

행동의
경제학

인간은 스스로를 합리적인 동물이라고 부릅니다. 무슨 결정을 내릴 때면 이게 과연 옳은지 그른지, 이렇게 하는 것이 유리할지 저렇게 하는 것이 유리할지 여러 방향에서 저울질한 뒤 결정합니다. 또 어떤 일이 주어지면 과연 이 일의 장점은 무엇이고, 또 단점은 무엇인지 장단점을 비교하면서 행동합니다. 대체로 이렇게 심사숙고해서 일을 하지만 때로는 정말 순간적으로 결정해서 일을 하는 경우도 있습니다. 이렇게 순간적으로 판단하고 일을 했는데도, 나중에 보면 꽤 합리적인 결론을 내린 경우도 많죠. 하지만 인간이 언제나 합리적으로 행동하는 것은 아닙니다. 다만 기본적으로 사고를 하며, 또 사고하지 않고 순간적으로 판단을 할 때도 대체로 합리적인 결론을 내릴 수 있게끔 진화한 동물이라는 것이죠.

그렇다면 과연 동물도 합리적일까요? 합리적이라는 말은 동물에게는 조금 무리가 있을 것 같고, 동물도 과연 경제적인 행동을 하는지의 관점에서 접근해보도록 하지요. '경제적'이라는 말은 비용은 줄이면서 이익을 최대화하는 행동을 뜻하므로, 합리적 행동과 많이 유사한 것이라고 볼 수 있으니까요. 하지만 현대 경제학의 가장 큰 고민 중 하나가 바로 우리 인간을 합리적인 존재라고 설정한 가정이 과연 타당한 것인가라는 문제가 아닐까요? 이 주제는 향후 10여 년간 가장 흥미로운 연구주제 중 하나가 될 겁니다. 이미 이런 주제를 다루는 행동경제학 또는 진화경제학 분야가 급부상하고 있습니다.

영양 여러 마리가 모여 있을 때 당신이 만약 사자라면 어떤 영양을 잡아먹겠습니까? 물론 사자는 먹을 것이 가장 많아 보이는 토실토실한 영양을 선택할 겁니다. 또 비슷하게 살찐 영양이라면 아마 다리도 짧고 그래서 거동이 좀 불편한 영양을 잡아먹을 겁니다. 그러나 자연계에 항상 이렇게 좋은 먹이가 기다리고 있는 것은 아닙니다. 그렇게 적당하고 효율적인 먹이가 잡아먹히기를 기다리고 있다는 건 꿈같은 일이겠지요. 자연은 그렇게 너그럽지 않습니다.

바닷가 바위틈에 살면서 홍합을 깨먹는 게를 한번 상상해봅시다. 쉽게 생각하면, 홍합은 클수록 먹이로 좋을 것 같습니다. 큰 홍합은 하나 깨놓으면 그 안에 먹을 것이 아주 많이 들어 있을 테니까요. 그런데 문제는 홍합 껍데기를 깰 수 있는 게의 능력에 한계가 있다는 겁니다. 큰 홍합을 깨면 좋겠지만, 깨기 너무 힘이 든다면 어떻게 하지요? 인간처럼 홍합 껍데기를 깨는 특별한 도구가 따로 있는 것도 아니고, 날개가 있는 새처럼 높이 날아올라 바위에 떨어뜨려

깨먹을 수 있는 것도 아니지요. 게는 집게가 있어서 상당한 힘을 발휘하지만 엄연한 한계가 있습니다. 홍합이 크면 안에 살은 많겠지만 깨는 데 시간이 오래 걸리고 그에 따른 에너지 소모도 큽니다. 홍합 껍데기 하나 깨느라고 하루 종일 땀을 뻘뻘 흘린다면, 그 안에 든 살이 아무리 많아도 투자한 만큼 돌아오지 않을 수도 있습니다. 반면 너무 작은 것도 잘 먹지 않습니다. 작은 것은 껍데기가 약해 쉽게 깨먹을 수 있지만, 깨봐야 먹을 것이 별로 없으니까요.

이런 손익 계산을 해보면 게가 어느 정도 크기의 홍합을 먹을 것이라는 걸 미리 예측할 수 있습니다. 게의 몸 크기와 집게 힘도 재보고 여러 가지를 종합해서 '아, 이 게들은 주로 이 정도 크기의 홍합을 자주 먹을 것이다' 라는 것을 예측해서 일종의 이론 모델을 만들 수 있는 것이죠. 그런 다음 실제로 게가 먹고 있는 홍합을 뺏어서 재보았더니 모델의 예측과 거의 비슷한 결과가 나왔습니다. 게의 습성과 게가 먹는 먹이에 대한 정보가 충분하면 게의 행동을 미리 예측할 수 있다는 뜻입니다.

이 같은 경우에 사용하는 이론을 '최적화 이론optimization theory' 이라고 합니다. 이것은 사실 경제학이나 경영학, 컴퓨터과학, 공학에서 많이 쓰는 이론이지요. 어떻게 하면 가장 적은 비용과 노력을 들여 효율을 극대화할 것인가를 연구하는 데 사용하는 이론입니다. 이 이론을 토대로 동물의 경제 활동과 먹이 잡는 방법을 살펴보도록 하죠.

앞에서 살펴본 게를 예로 들어 최적화 이론을 좀더 자세히 살펴봅시다. 게가 얻을 수 있는 에너지의 총량 E를 그 에너지를 얻기 위해 투자한 시간의 총량으로 나누면 그것이 효율Energy/Time =

Profitability이 됩니다. 이것이 곧 동물이 얻을 수 있는 이득입니다. 그런데 게의 경우에서 볼 수 있는 것처럼 시간에는 여러 종류가 있습니다. 먼저 먹이를 잡은 다음에 그 먹이를 다루는 시간이 필요합니다. 이를테면 홍합의 껍데기를 깨서 뜯고 풀고 꺼내고 못 먹을 것은 뱉고 먹을 수 있는 것만 가려내는 시간이 필요하지요. 다음에는 하나를 먹고 난 후 다음 먹이를 얻는 데까지 걸리는 시간을 계산해야 합니다. 이때 만약 큰 홍합만 먹겠다고 마음먹었다면 큰 홍합이 몇개가 있는지, 또 얼마나 자주 보이는지에 따라서 하나를 먹고 다음먹이를 먹을 때까지 기다리는 시간이 달라지겠지요.

게가 먹을 때 드는 전체 시간은 다루는 데 걸리는 시간handling time에 먹고 나서 다음 먹이를 얻는 데 걸리는 시간까지 합친 것입니다. 좋은 음식은 대개 귀하므로 다시 구하는 데도 시간이 많이 걸립니다. 별로 먹고 싶지 않고 남들도 그다지 원하지 않는 음식은 흔하니까 찾는 시간이 얼마 걸리지 않죠. 또 좋은 음식은 늘 그런 것은 아니지만 다루는 데 시간이 더 걸리고 별로 좋지 않은 음식, 예를 들어 작은 홍합은 금방 깨서 먹을 수 있기 때문에 다루는 시간이 덜 걸릴 수 있죠. 이 두 조건을 모두 고려하면 게가 중간 크기의 홍합을 찾아 먹을 것이라는 예측이 나오게 됩니다. 이런 과정이 최적화 이론의 모델을 만드는 과정이죠.

영국의 옥스퍼드대학 연구팀이 박새로 다음과 같은 실험을 했습니다. 박새를 통 속에 넣고 그 문 앞에 컨베이어 벨트를 연결하여 큰 벌레와 작은 벌레를 무작위적 순서로 지나가게 했습니다. 당연히 박새는 큰 벌레를 먹고 싶어합니다. 작은 벌레는 영양분이 많지 않으니까 애써 먹으려 하지 않고 큰 벌레가 나타나기만 기다리는 것입니다. 그런데 큰 벌레가 자주 나타나지 않으면 박새는 고민합니다. 작은 벌레라도 먹을까? 그러다가 큰 벌레가 나오면 '저걸 먹자' 하고 결심하지요. 옥스퍼드 연구팀은 큰 벌레가 얼마나 자주 나오느냐에 따라 박새의 행동이 결정된다는 결론을 내렸습니다. 최적화 이론 중에서 이 부분을 '정황의 정리contingency theorem' 라고 합니다. 곧 정황에 따라서 결정을 내린다는 것이죠. 만일 박새 앞에 큰 벌레가 자주 나온다면 작은 벌레에는 전혀 관심을 보이지 않을 겁니다. 큰 벌레가 안 나오기 시작하면 그제야 할 수 없이 작은 벌레를 먹기 시작하죠.

정황의 정리란 자기가 가장 좋아하는 먹이, 인간 사회로 치자면 자기가 가장 좋아하는 것들이 흔할 때는 두 번째로 좋아하는 차선이 아무리 흔해도 결정에 전혀 영향을 미치지 않는다는 것을 일깨워줍니다. 최선의 선택이 아주 불리해졌을 때에만 차선의 선택에 관심을 두게 된다는 것이죠. 그래서 동물이 먹이 식단을 결정하는 과정에서도 가장 좋아하는 먹이가 풍부하면 두 번째로 좋아하는 먹이는 그 식단에 포함되지 않을 것이라는 예측을 내립니다.

이 정리를 이용하면 또 이런 연구를 해볼 수 있습니다. 먹이의 분포가 일정하지 않을 경우 한 곳에서 계속 먹이를 먹어야 할 것인가 아닌가를 결정해야 합니다. 계속 같은 곳에서 먹이를 찾아먹으면서 있어야 될까, 아니면 먹이가 자꾸 줄어드는데 다음 단계로 넘어가야 될까, 그것을 결정해야 한다는 것입니다. 디기탈리스foxglove처럼 꽃대가 자라면서 계속 새로운 꽃을 만드는 식물에 호박벌이 찾아와 꿀을 딴다고 해봅시다. 꽃대 제일 아래에 있는 꽃이 제일 오래된 꽃이고 위쪽으로 올라가면 지금은 꽃봉오리인 꽃이 내일쯤 꽃을 피우

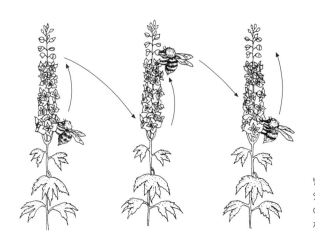

벌들은 예외 없이 제일 아래에 있는 꽃부터 찾습니다. 이는 꿀이 많은 큰 꽃부터 찾는 것이 경제적이기 때문입니다.

고, 또 올라가면서 새로운 꽃을 피우고 합니다. 벌은 이런 식물을 찾아올 때에는 거의 예외 없이 제일 아래에 있는 꽃부터 찾아옵니다. 왜 그럴까요?

어쩌면 벌들은 위에서 밑으로 날아 내려가는 것을 어려워하는지도 모르지요. 일단 꽃에서 날아 나오면 조금이라도 위로 올라갈 테니 그런 다음 다시 아래로 내려가기 위해 날갯짓을 해야 하니 힘들지도 모르죠. 하지만 이 설명은 벌의 행동만 보고 '어떻게' 그런가를 추측한 것이고, '왜' 그럴까를 생각해보면 다른 이유가 있을지도 모릅니다. 꽃이 크면 그만큼 그 안에 꿀이 많을 건 당연하겠지요. 따라서 꿀도 별로 없는 아직 망울도 터지지 않은 꽃에 가서 꿀을 따려하지는 않을 것이라고 예측할 수 있겠지요. 벌도 경제적인 행동을 할 것이라는 전제를 가지고 내린 예측입니다. 꿀이 적거나 아예 없을 맨 위의 꽃부터 뒤지는 것이 아니라 먼저 꿀이 많을 가능성이 높은 꽃에서 시작하여 차례대로 올라가며 꿀을 빤 뒤 더 이상 꿀을 충분히 제공하지 못하는 꽃에 이르면 다른 디기탈리스로 이동하는 것이죠. 물론 다른 식물에 가서도 밑에서부터 올라갑니다.

 그렇다면 식물은 왜 맨 아래 꽃에 꿀이 가장 많을까요? 식물은 보통 하나의 꽃 안에 암술과 수술이 다 있습니다. 물론 식물 중에도 암수가 구별된 것이 있지요. 예를 들어 은행나무는 수나무와 암나무가 따로 있습니다. 그런데 은행나무는 서로 움직여 다니며 만나지 못하니까 꽃가루를 바람에 날려서 꽃가루받이를 합니다. 그러나 대부분의 식물은 한 꽃에 암술과 수술을 모두 갖고 있는 자웅동체입니다. 그런데 암수 생식기가 둘 다 있다고 해서 자기네끼리 수정하는 경우는 굉장히 드뭅니다. 근친상간은 새로운 유전자 조합을 만들어내는 데 불리하기 때문입니다. 그래서 자기네끼리 수정하는 경우는 별로 없고, 될 수 있으면 다른 식물에 유전자를 보내는 전략을 씁니다. 이런 식물들은 대개 먼저 수술에서 꽃가루를 만들어 다른 꽃들로 보내는 일부터 시작합니다. 꽃가루를 다른 꽃에 다 보내고 나면 수술이 시듭니다. 수술이 시들고 나면 암술이 자연적으로 앞으로 튀어나오지요. 그때부터 암꽃은 다른 꽃에서 날아온 벌들한테서 꽃가루를 받기 시작합니다. 그러니까 꽃은 보통 수컷으로 태어났다가 자동으로 성전환 수술을 거쳐 암컷이 되는 것이죠.

 디기탈리스에서도 밑에 있는 꽃은 대부분 암꽃입니다. 그러니까 다른 데서 날아 들어온 벌을 암꽃이 가장 먼저 맞아들여 다른 꽃에서 묻혀온 꽃가루를 받고, 그 벌이 위의 수꽃으로 올라가서 꽃가루를 묻혀가지고 다른 식물의 암꽃을 찾아가도록 식물과 벌이 조화를 이뤄 사는 것입니다. 이렇게 조화를 이루기 위해서 식물은 벌이 찾아오도록 꿀을 맨 아래 암꽃에 가장 많이 넣어두는 것이죠.

 그런데 관찰하다 보면 벌이 꽃 속으로 들어갔다가 금방 날아가버리는 것을 종종 볼 수 있습니다. 그 꽃은 벌써 얼마 전에 다른 벌이 들렀던 꽃이기 때문일 겁니다. 꽃은 탐스럽게 생겼는데 안은 비어 있는 경우입니다. 벌은 '허 참, 어떤 놈이 벌써 왔다 갔네' 하면서 위에 있는 꽃 두어 개를 시도해보고는 다른 식물로 날아가버립니다. 왜냐하면 식물도 벌이 와서 한번 먹고 나면 수돗물을 틀 듯 바로 꿀을 계속 채워 넣을 수 있는 것이 아니라, 그걸 다시 만들어내는 데 어느 정도 시간이 걸리기 때문이죠. 그래서 다음 벌이 들어왔을 때 미처 준비가 안 되어 있을 수도 있습니다.

만약 이 경우 생각 없는 벌이라면 그냥 맨 위의 꽃까지 올라가며 확인한 뒤에야 다른 식물로 날아갈 겁니다. 여기서 '생각'이라는 것은 인간처럼 그 안에 들어 있는 꿀의 양을 재보고 '이 정도면 내가 투자할 가치가 없는데……' 하고 따져보는 수준은 아니겠지만 그래도 여전히 어떤 형태로든 두뇌의 작용을 의미하겠지요. 실제로 벌들은 두어 개의 꽃들을 찔러보고 가망이 없다고 생각되면 재빨리 다른 곳으로 날아갑니다. 벌이 인간과 동일한 사고과정을 거쳐서 생각하는 것은 아니겠지만 결과는 비슷하게 나오는 것이죠.

최적화 이론에서 중요하게 쓰이는 또 다른 정리가 바로 '한계효용의 정리marginal value theorem'입니다. 이것은 우리한테 돌아오는 이익이 어느 수준을 넘으면 더 이상 아무리 노력해도 이득이 그리 늘지 않는다는 '수확 체감의 원리'에 입각하여 만들어진 정리입니다. 수확 체감의 원리는 처음 투자할 때에는 별로 경쟁자가 없어서 많은 이득을 얻지만 나중에 어느 수준이 넘으면 아무리 투자를 많이 해도 이득이 신통하지 않게 된다는 것입니다. 그러니까 벌도 꽃에서 꿀을 빨수록 장차 얻을 수 있는 이익은 점점 줄어드니까 어느 순간에는 포기하고 시간과 노력이 좀 들더라도 다음 꽃으로 이동하게 되지요.

결론적으로 말하면 동물도 인간 못지않게 꽤 합리적인 결정을 내리는 것처럼 보입니다. 그렇지만 많은 경우에 동물은 인간처럼 뇌에서 여러 가지를 비교해보고 분석하고 해석하는 사고의 과정을 거치는 것은 아닐지도 모릅니다. 합리적인 동물이라는 인간도 늘 논리에 맞는 행동만 하는 것은 아닙니다. 특히 가게에서 물건을 살 때 많이 경험하는 일이지만, 언제나 필요한 것만 사는 것은 아니지요. 살 것을 분명히 적어서 나갔다가도 괜히 어떤 날은 아무 이유 없이 생각지도 않았던 물건을 사기도 하고, 내가 왜 저런 옷을 샀을까 싶을 정도로 취향이 다른 옷을 덥석 집어오기도 합니다. 그래서 최근 경제학에서는 그동안 소비자의 구매 행위를 지나치게 합리적인 방향으로만 끌고 왔던 경제학에 문제가 있다는 것을 지적하고, 그것을 대신하는 새로운 이론들을 많이 내놓고 있습니다.

그중에 '고정화 이론lock-in theory'이 있습니다. 이것은 일단 결정 과정이 어느 한쪽으로 쏠리면 다른 과정이 파고들기 어렵다는 이론입니다. 코카콜라가 콜라의 대명사로 고정화된 후 펩시콜라가 엄청난 노력을 해도 권좌를 빼앗기 어렵죠. 맥도날드와 버거킹의 경우도 마찬가지입니다. 일단 고정화되면 뒤집기 무척 힘들어집니다. 인간도 이런 식으로 행동을 하는데 하물며 동물들은 어떨까요? 최적화 이론으로만 동물의 행동을 분석하는 것에는 문제가 있습니다. 최적화 이론이 여러 면에서 좋은 이론이기는 하지만 언제나 맞아떨어지는 것은 아니라는 것을 인식해야 합니다.

그렇다면 동물의 행동이 언제나 최적화 이론을 따르지 않는 이유가 무엇일까요? 우선 환경이 항상 변하기 때문입니다. 만약 환경이 절대로 변하지 않는다면, 곧 우리가 매일 똑같은 마음의 평정을 유지하고 산다면 충동적인 구매는 하지 않겠죠. 필요한 것을 다 알고는 있지만, 상점 앞을 지나가다 마음이 흔들려 뜻하지 않은 물건을 사고 후회도 하는 것이죠. 환경이 늘 변하고 내 마음이 늘 변하기 때문에 그것을 일정하다고 전제하는 이론만으로는 설명할 수 없는 일이 생긴다는 겁니다.

또 하나는 동물들이 먹이를 섭취하는 과정을 연구하면서 너무 열량만 계산했던 점을 들 수 있습니다. 칼로리만 계산한 것입니다. 동물들이라고 꼭 칼로리만 따질 수 있는가 하는 반론이 제기될 수 있습니다. 동물들도 각종 영양소를 고루 섭취해야 한다는 것이죠. 각종 미네랄을 비롯한 비타민 등도 필요하다는 것입니다.

초식동물 말코손바닥사슴moose을 살펴보죠. 말코손바닥사슴은 보통 다른 사슴 정도 크기로 생각할지 모르지만 사실 매우 큰 동물입니다. 그 큰 몸을 유지하려면 그만큼 엄청난 양의 식물을 뜯어먹어야 되죠. 그런데 미시건대학에 있다가 이제는 네브래스카대학에서 연구하고 있는 개리 벨로프스키Gary Belovsky 교수는 말코손바닥사슴이 연못에 들어가 수생식물을 먹는 것을 자주 목격했습니다. 수생식물은 육상식물보다 칼로리가 훨씬 낮은데, 왜 말코손바닥사슴은 자꾸 수생식물을 먹는 걸까요? 연구 결과 육상식물에는 염분이 부족했고, 염분이 필요한 말코손바닥사슴은 그것을 얻기 위해 칼로리가 별로 없는 수생식물을 먹는 것이라는 게 밝혀졌습니다. 말코손바닥사슴의 위는 그 크기가 한정되어 있으므로 육상식물이나 수생식물 어느 한쪽만 먹는 것이 아니라, 육상식물과 다른 영양소를 줄 수 있는 수생식물의 섭취량을 잘 조절하여 골고루 먹지요. 말코손바닥사슴의 예에서 볼 수 있는 것처럼 동물의 이런 특성을 모르고 무작정 칼로리만 따지면 그들의 행동을 이해하기 어렵습니다.

또 하나는 동물이 먹이를 찾는 과정에서 어떤 동물은 시간을 줄여야 하는 동물이 있고 어떤 동물은 시간하고는 아무런 관계가 없는 동물이 있다는 겁니다. 생쥐는 자기도 남을 먹어야 하지만 동시에 남의 먹이가 되기 쉬운 동물입니다. 먹을 것을 찾기 위해 집 밖으로 나가지만, 혹시나 잡아먹히지 않을까 늘 노심초사합니다. 그래서 생쥐는 먹이를 찾는 시간을 최소화하는 방향으로 진화했지요. 집 밖에서 느긋하게 먹이를 찾는 것이 아니고 휙 나갔다가 재빨리 먹이를 집어 집으로 들어오는 겁니다. 어느 경우에는 먹이를 잡지 못했어도 집으로 돌아올 수밖에 없는 상황이 생기기도 합니다. 생쥐에 비하면 사자 같은 동물은 전혀 다르죠. 이 세상에 누가 나를 공격할 것인가 하는 여유 있는 마음으로 마냥 시간을 보내면서 먹고 싶은 것을 사냥하면 되니까요. 이렇게 두 동물은 완전히 다른 식으로 경제 활동을 하는데, 이것을 하나의 이론으로 끼워 맞추려고 하면 곤란하죠.

또 사자나 호랑이처럼 자기가 먹고 싶은 먹이를 추적하는 것이 아니라 앉아서 기다리는 동물들도 있습니다. 사마귀는 가만히 앉아서 바람에 흔들리는 것처럼 몸을 움직이다가 누가 사정거리 안에 들어오면 잡아먹습니다. 사마귀는 먹이를 잡으려고 이동하는 데 별로 에너지나 시간을 소모하지 않습니다. 그 대신 어느 자리에 앉아 있어야 먹이가 많이 나타날까를 고민하겠지요. 이처럼 동물마다 제가끔 다른 전략을 갖고 있습니다.

뱀은 무서운 동물이지만, 언제나 우리를 먼저 공격하는 것은 아닙니다. 아무리 독사라 해도 사실 뱀이 우리를 더 무서워합니다. 그런데 뱀한테 장난을 친다든가 뱀이 미처 준비가 안 됐는데 갑자기 나타났을 때 뱀이 자기방어를 하느라고 우리를 무는 것이죠. 뱀도 앉아서 기다리는 동물입니다. 뱀은 주로 큰 먹이 하나를 먹고 나면 오랜 시간 동안 먹이 사냥을 멈춘 채 거의 움직이지도 않습니다.

거미도 마찬가지로 앉아서 기다리는 동물입니다. 거미의 경우 어디에다 거미줄을 치느냐, 어떻게 거미줄을 치느냐가 훨씬 중요하지요. 하지만 모든 거미가 다 이런 전략을 쓰는 건 아닙니다. 우리는 흔히 거미 하면 거미줄을 치는 거미만 생각하지만, 사실 이 세상 거미의 절반은 거미줄을 치고 먹이를 기다리는 것들이 아니라 먹이를 찾아 돌아다니는 거미들입니다. 그런데 호주에 사는 어떤 거미는 거미줄을 만들어서 뒷다리 4개에 걸고 평소에는 접어서 갖고 다니다가 먹이를 발견하면 순식간에 펼치며 먹이를 씌워 잡아먹습니다. 동료들은 대개 한 곳에 앉아 손님이 올 때를 기다리는데 적극적으로 손님을 찾아 돌아다니는 거미도 있는 것이죠.

그런가 하면 먹이를 구하면 일단 집으로 돌아와야만 하는 동물도 있습니다. 벌, 개미 같은 사회성 곤충은 모두 집이 한 군데 있고 집에서 많은 식구가 먹이를 기다리고 있기 때문에 왔다 갔다 해야 되는 동물입니다. 어떻게 보면 인간도 그런 셈이지요. 이렇게 집으로 돌아와야 하는 동물의 경우에는 왕복 여정을 생각해야 합니다. 한 번 가는 거리를 생각하는 것이 아니라, 먹이를 잡아서 돌아오는 거리도 계산에 넣어야 된다는 것이죠. 그래서 너무 멀리 나가면 잡을 때까지는 좋은데 잡은 다음 집으로 끌고 돌아올 생각을 하면 난감

사마귀는 먹이를 추적하는 것이 아니라 제자리에 가만히 앉아서 거의 에너지를 소모하지 않고 잡아먹습니다. 거미는 거미줄을 치고 앉아서 기다리는데, 개중에는 거미줄을 들고 다니며 먹이를 발견하면 그물로 씌워 잡아먹는 종도 있습니다.

해집니다. 올빼미의 경우에도 한 번에 한 마리밖에 가지고 오지 못하죠. 부리에 한 마리밖에 나를 수 없지요. 예외가 없는 건 아닙니다. 바다쇠오리는 물고기 한 마리를 잡은 다음 그 물고기를 부리의 제일 안쪽에다 끼워 넣고 또 다른 물고기를 잡을 수 있습니다. 어떻게 그런 방법을 개발했는지 모르지만, 기록에 따르면 28마리의 물고기를 입에 물고 오는 바다쇠오리를 관찰한 적도 있다더군요.

인간은 바구니를 가지고 다닙니다. 그래서 하나만 손으로 들고 가져오는 게 아니라 여러 개를 바구니에 담아오지요. 또 트럭이나 비행기, 기차를 이용해 운반하기도 합니다. 인간은 도구를 사용해서 이런 문제를 해결하지요. 그런데 동물 중에도 이런 일들을 하는 것이 있습니다. 들쥐들 중에는 입 안에 주머니를 가지고 있는 것들이 있습니다. 그래서 잔뜩 삼켜 입안 주머니에 넣은 후 집에 와서 뱉어서 다시 먹지요. 까치도 목에 먹이 주머니를 가지고 있습니다.

사냥의 효율을 높이기 위해 집단행동을 하는 동물도 있습니다. 혼자서는 도저히 잡을 수 없는 거대한 먹이를 여럿이 함께 공략해

아프리카에 사는 들개는
혼자서는 도저히 잡을 수 없는
먹이를 집단으로 공략해
잡습니다. 이 경우 나누어
먹을 수 있는 수준에서
집단의 규모가 결정됩니다.

잡는 것입니다. 아프리카에 사는 들개는 혼자서는 조그만 동물밖에
잡지 못하지만, 집단생활을 하면서 큰 얼룩말을 함께 공격해 잡아
먹습니다. 늑대도 집단으로 먹이 동물을 공격하지요. 이런 경우 잡
기에는 굉장히 유리하지만 나눠먹어야 하는 문제가 발생합니다. 그
래서 집단사냥을 하는 동물들의 경우에는 집단의 크기가 중요합니
다. 동물 사회의 협동은 경제 활동의 결과로 나타나는 현상입니다.
모여 살아야 더 큰 힘을 발휘할 수 있지만, 모여 살게 되면 그 집단
구성원간의 경쟁이 또 다른 문제가 됩니다. 누구는 너무 많이 갖고
누구는 너무 적게 갖게 되는 이른바 분배의 문제가 풀어야 할 숙제
가 됩니다.

18

행동과
게임 이론

우리 삶은 수많은 게임의 연속입니다. 그래서 인간을 비롯한 동물들이 살아가는 모습을 게임처럼 보고 분석하는 방법이 있지요. 바로 '게임 이론'을 이용하여 분석하는 방법을 말합니다. 게임 이론은 사회과학, 그중에서도 특히 경제학과 정치학에서 많이 사용하는 이론이지만 생물학에서도 굉장히 중요하게 쓰입니다.

어렸을 때 누구나 한번은 해보았을 '가위바위보'는 사실 대단히 흥미로운 게임입니다. 가위바위보 게임에서 이기려면 무엇보다도 상대를 잘 만나야 합니다. 유리처럼 속이 훤히 들여다보이는 상대를 만나면 게임하기가 쉬워집니다. 상대방이 계속 보자기만 낸다면, 나는 계속 가위만 내면 되니까 아주 쉽게 이길 수 있죠. 또 상대방이 가위바위보를 정확하게 정해진 순서대로 낸다면, 나 역시 그 걸 이길 수 있는 순서대로만 내면 됩니다. 손자는 우리에게 '나를 알고 적을 알면 백전백승'이라고 가르쳤습니다. 전략이 너무 분명 하게 드러나 보이면 불리합니다. 가위바위보 게임에서는 가위, 바 위, 보를 골고루 1/3씩 상대가 예측하지 못하는 순서로 적절하게 섞어서 내는 것이 가장 효율적이지요. 세 가지 전략을 어떤 상대빈 도를 유지하며 실행하느냐가 승리의 관건입니다.

게임 이론의 기본개념을 처음으로 생물학에 도입하고 설명한 사람 은 케임브리지대학 수학과의 로널드 피셔Ronald Fisher 교수입니다. 다 윈은 자연과학자였지만 수학을 싫어해 연구 내용의 거의 대부분을 말로 설명했습니다. 다윈의 저서들은 자연과학 책인가 의심스러울 정도입니다. 그런데 피셔가 다윈의 책을 읽으며 그 내용을 수학적 으로 간단히 설명할 수 있겠다는 생각에서 1930년에 책을 한 권 썼습 니다.『자연선택의 유전학적 이론』이라는 책인데 출간된 뒤 오랫동 안 빛을 보지 못하다가 1960년대에 들어서면서 재발견되어 진화생 물학의 고전이 되었습니다.

피셔의 책에는 재미있는 내용이 많이 있지만, 그중에서도 성비가 어떻게 조절되느냐를 수학적으로 설명한 부분이 있습니다. 유성생 식을 하는 대부분의 동식물에서는 암수가 거의 50:50으로 정확하게 나뉘지요. 왜 그럴까요? 왜 인간처럼 사내아이만 선호해서 많이 낳 는다든지 여자아이는 적게 낳는, 그런 행동을 하지 않을까를 연구 한 것입니다. 피셔는 암수 중 어느 한쪽이 적어지면 숫자가 적은 쪽 이 그 다음 세대에서 짝짓기를 할 때 상대적으로 유리해지기 때문 에 숫자가 적은 쪽을 더 많이 낳게 되고, 그렇게 되면 그 다음 세대

에서는 반대쪽을 더 많이 낳고 하는 식으로
왔다 갔다 하기 마련이라고 설명했습니다.

성비를 공부하는 사람들에게 '대한민국'은
아주 흥미로운 나라입니다. 한국 · 중국 · 인
도, 이렇게 세 나라는 극심한 남성편향의 성
비를 갖고 있는 대표적인 나라들이지요. 우리
나라가 성비 불균형 정도에서는 결코 뒤지지
않겠지만, 중국과 인도에 비해서 인구가 적기
때문에 지구 전체에 미치는 영향은 그리 크지
않습니다. 그러나 중국과 인도의 성비 불균형

피셔는 생물학에 게임이론을
도입하고 수학적으로 분석해
생물학계에 많은 공헌을 했습니다.

은 곧바로 세계적인 문제가 되지요. 인도에서는 아들은 잘 먹여 키
우지만 딸은 거의 먹이지 않아서 그냥 시름시름 죽게 내버려두는
일까지 심심찮게 벌어진답니다.

암컷 3마리와 수컷 6마리의 꿩이 있다고 칩시다. 1대 2의 비율입
니다. 이처럼 수컷이 많으면 누가 유리할까요? 당연히 암컷입니다.
반대로 암컷이 30마리 있고 수컷이 6마리 있다면 누구의 주가가 올
라갈까요? 수컷의 주가가 올라가는 것은 너무나 당연합니다. 그래
서 성비가 조금만 변하면 남녀의 가치도 눈에 띄게 변합니다. 바로
그래서 피셔는 양쪽 균형이 맞도록 왔다 갔다 할 수밖에 없다고 설
명한 것입니다.

컴퓨터 과학의 아버지라고 불리는 폰 노이먼Johan Ludwig Von Neumann
은 게임 이론의 아버지이기도 합니다. 그는 게임 이론에 대한 책을
쓰면서, 예를 들면, 라스베이거스에서 게임을 해서 돈을 벌고 싶으
면 어떻게 해야 할까 하는 것에서부터 출발하여 인간의 경제 행동

컴퓨터의 아버지라고 불리는 폰 노이먼의 게임이론은 정치학과 경제학을 비롯한 여러 분야에 도입되었고, 특히 생물학에서 동물의 행동을 분석하는 데 매우 유용하게 쓰입니다.

도 게임 이론으로 분석하는 작업을 시작했습니다. 그 뒤 이 이론은 정치학과 경제학을 비롯한 여러 분야에 도입되었고, 자연과학 중에서는 특별히 생물학에서 동물의 행동을 분석하는 데 매우 유용하게 쓰이게 되었지요.

생물학자들이 즐겨 생각하는 게임은 '죄수의 딜레마'라는 게임입니다. 이런 경우를 한번 상상해봅시다. 은행을 턴 두 용의자를 경찰이 잡았는데 두 용의자에 대한 심증은 있지만 확실한 물증이 없습니다. 형사들이 한 용의자씩 따로 방에 데리고 들어가서 '범행을 시인하면 네 친구는 10년 정도 징역을 살겠지만 협조한 공을 봐서 너는 집행유예로 풀려나게 해주겠으니 잘 생각해봐라. 의리를 지키겠다고 계속 버텨봤자 네 친구가 자백하면 네가 10년형을 살고 친구가 그냥 풀려날 수도 있다'고 이야기합니다. 그러면 범인들은 '사실대로 자백해서 저 친구가 10년을 살게 하고 나는 걸어 나가면 안될까? 아니야, 그럴 수는 없지. 아무리 도둑질을 해서 살망정 의리를 저버릴 수는 없어. 그런데 만일 저 친구가 자백하면 내가 10년을 살아야 되는데 어떻게 해야 하지?'하고 고민하게 마련입니다. 그런 상황에서 형사가 '끝까지 자백하지 않으면 둘 다 5년씩 징역을 살아야 한다. 그만한 물증은 다 있다. 만약 둘 다 자백하면, 어쨌든 자백을 했으니까 정상을 참작해서 징역을 덜 살 수 있도록 해줄게'한다고 칩시다. 그러면 두 용의자는 자기 앞에 놓인 이 여러 조건에 대해서 많은 고민을 하고 일종의 게임 상태에 들어가게 됩니다. 생물학자들은 이런 죄수의 딜레마 같은 종류의 게임이 자연계에서 동물들한테 늘 일어난다고 생각합니다.

　개미와 진딧물의 예를 들어볼까요? 곤충을 무서워하는 사람도 그냥 손으로 문질러 죽일 정도로 진딧물은 아무 힘이 없는 곤충입니다. 개미가 이 진딧물의 단물을 빨아먹는데, 진딧물에서 나오는 단물이라고 해봐야 눈에 보이지 않을 만큼 작은 방울이 가끔 삐죽삐죽 나오는 정도입니다. 개미의 입장에서 보면 감질나게 단물을 조금씩 먹으니 그냥 진딧물을 통째 삼켜버릴 수도 있을 겁니다. 아마도 개미와 진딧물 사이에서 처음에는 그런 일이 벌어졌을지도 모릅니다. 하지만 장기적인 안목으로 볼 때 진딧물을 살려놓고 계속 거기서 단물을 빨아먹는 것이 유리하기 때문에 개미는 진딧물을 통째로 잡아먹는 일을 하지 않습니다. 이때 개미가 인간처럼 계산할 수 있는 능력이 있어서 손익 계산을 해보고 살려두는 것이 1.5퍼센트 정도 더 유리하다는 결론을 내린 것은 아니지만, 진딧물을 잡아먹지 않고 보호하면서 단물을 빨아먹기 시작한 개미들이 결과적으로 더 큰 번식 성공을 거두면서 그런 습성이 진화한 것이죠. 자연계에서는 이런 일이 늘 벌어집니다. 이것은 바로 죄수의 딜레마 게임으로 꽤 명확하게 설명할 수 있습니다.

개미가 진딧물을 통째로 삼켜
한 번에 먹어버리지 않는
이유는 장기적인 안목에서
진딧물을 살려놓고 계속
단물을 빨아 먹는 것이
유리하기 때문입니다.
ⓒ Dan Perlman

　이 이론을 아주 본격적으로 연구한 사람이 미시건대학 정치학과
의 로버트 액설로드Robert Axelrod 교수입니다. 액설로드는 게임 이론
을 국제 정치나 한 나라 안의 여러 이익 단체들간의 관계를 설명하
는 데 적용하는 작업을 했지요. 그가 한 연구 중 특별히 흥미로운
것이 하나 있어 소개합니다. 우리가 진화하는 과정에 있는 것처럼
상황을 꾸며놓고 정말 한번 게임을 해보면 어떨지, 전 세계 게임 이
론가들에게 컴퓨터로 내기를 해보자고 제안했습니다. 각자 나름대
로 전략프로그램을 만들어 컴퓨터상의 경기를 통하여 누가 가장 좋
은 성적을 올리는지 보기로 했습니다. 100여 명의 사람이 참가하여
가상공간에서 게임을 시작했습니다. 수많은 경기가 끝난 다음 정리
해보니까 『죄수의 게임』이라는 책을 쓴 캐나다의 게임 이론가 애나
톨 래포포트Anatol Repoport의 팃포탯Tit-For-Tat이라는 지극히 단순한 게
임이 가장 좋은 성적을 올렸어요.
　래포포트가 액설로드의 게임에 도전하기 위해서 만든 게임인 팃
포탯은 우리말로 번역하면 '뿌린 대로 거두리라' 또는 '받은 만큼

돌려주마' 정도의 뜻입니다. 네가 나를 도와주면 나도 너를 도와주고, 네가 나를 때리면 나도 너를 때리겠다는 어찌 보면 굉장히 단순한 게임입니다. 처음 시작할 때는 무조건 좋은 심성을 갖고 시작합니다. 무조건 협조하는 쪽으로 시작하지만 상대가 나를 속이면 나도 바로 속입니다. 상대가 나에게 비협조적이면 나도 곧바로 비협조적이 되고, 그러다가 상대가 또 나에게 잘해주면 나도 잘해주는 식으로 게임이 진행되는 것입니다.

액설로드는 게임이론을 정치나 한 나라 안의 여러 이익 단체들 사이의 관계를 설명하는 데 적용하는 작업을 했습니다. 그의 연구 가운데 흥미로운 것이 팃포탯 이론입니다.

다른 게임 이론가들은 이 경기에 도전하기 위해 대부분 무척 복잡한 게임 프로그램을 만들었습니다. 컴퓨터 프로그래머는 우리가 컴퓨터를 이용해서 간편하게 작업할 수 있도록 일어날 수 있는 모든 상황을 다 예측해서 복잡한 프로그램을 만드는 일을 하는 사람들입니다. 컴퓨터 프로그래머들은 게임 이론과 관련된 경기를 한다고 하니까 정말 상상도 못할 정도로 복잡한 게임을 만들어 도전한 것입니다. 그런데 래포포트가 만든 팃포탯이라는 프로그램은 단 여섯 줄에 불과했다고 합니다. 가장 짧고 단순한 프로그램으로 도전했는데 1등을 한 것입니다. 내가 돕는 것을 악용만 하고 나한테는 아무런 도움도 주지 않는 사람과는 상대하지 않고, 나와 뜻이 맞는 사람이 있으면 계속 돕고 산다. 그것이 가장 유리하다는 발상의 게임이 그 모든 복잡한 게임들보다 훨씬 성적이 좋았던 것입니다.

액설로드는 당시 같은 대학에 있던 윌리엄 해밀턴과 함께 이런 문제들을 풀어나갔습니다. 사실 어려운 문제는 나를 도와줄 사람을 어떻게 만나느냐 하는 것입니다. 어떤 새로운 동네로 이사를 갔을 때, 나는 이웃 사람들과 협동해서 잘 살고 싶은데 그 동네에는 완전히 협동이라는 것을 모르는 사람들만 산다고 합시다. 무조건 남을 속이고 사는 것입니다. 그런 곳에서는 내가 아무리 열심히 남을 도와도 서로 돕는 문화가 만들어지기 어렵습니다. 그런데 서로 돕는 사람들이 모여 있는 곳에 가면 시작이 쉽습니다. 제일 처음에 어떻게 시작했을까 하는 것을 밝히는 데 어려움이 있기는 하지만, 생각해 볼 만한 게임 이론이지요.

과연 우리 인간 사회에서도 실제로 이런 일을 생각할 수 있을까요. 어떤 만화가가 옛날에 미국과 구소련이 군비 경쟁하는 것을 장기 두는 것에 비유해서 만화로 그린 적이 있지요. 이처럼 미국과 구소련은 핵탄두 미사일 같은 것을 만들며 서로 상대방이 몇 개를 만들었으니 우리도 몇 개를 만들어 저쪽에서 쏘면 공중에서 그것을 폭파시키겠다는 식으로 군비 경쟁을 계속했습니다. 두 나라가 경제나 복지는 뒷전이고 군비 경쟁에 모든 돈을 쓸어 넣을 만큼 사태는 매우 심각했지요. 레이건과 고르바초프가 군비 축소에 합의했지만, 지금도 두 나라는 군비에 상당한 돈을 쓰고 있습니다.

냉전 시대에 미국과 소련의 대립이 가장 극명하게 전개되었던 때가 바로 케네디 대통령 시절 흐루시초프가 미사일을 쿠바에 갖다 놓으려 했던 때입니다. 소련이 미국 가까이에 미사일을 갖다 놓고 미국을 옥죄려 한 것이죠. 그 정보를 입수한 미국은 고민에 빠졌습니다. 그것을 바다 한복판에 나가서 막아야 될 것이냐, 그러다 잘못하면 제3차 세계대전이 일어나면 어찌할 것인가. 그러나 막지 않고 그냥 미적지근한 반응을 보이면 그 무서운 무기가 코밑에 들이닥치겠죠. 케네디 대통령은 당시 미국 국무장관이었던 로버트 맥나마라와 함께 이런 심각한 상황에 게임 이론을 도입하여 국무회의에서 모의 게임을 벌였습니다. 맥나마라가 흐루시초프 역할을 맡은 다음 국무위원의 상당수를 소련 내각과 미국 내각으로 나눠 게임을 한 겁니다. 쿠바로 가는 길목에 미국이 군함을 보내 막는다면 소련이 어떻게 할 것인지, 핵전쟁을 일으킬 것인지, 돌아갈 것인지를 실전 게임처럼 진행했습니다. 그래서 소련도 전면전을 원하지 않을 것이라

케네디 대통령은 미국과 소련의 대치 상황에서 당시 국무장관이던 로버트 맥나마라와 함께 게임이론을 도입하여 국무회의에서 모의 게임을 벌인 것으로 유명합니다.

는 결론을 내리고, 케네디는 군함을 보내 소련을 막으라는 명령을 내렸습니다. 결국 흐루시초프는 다시 소련으로 돌아갔지요. 정말 중대한 결정을 게임 이론에 따라 내린 것입니다. 훗날 이 국무회의의 녹취록이 일반에게 공개되자 많은 미국인들은 명석한 대통령을 갖고 있다는 것이 국가적으로 얼마나 큰 행복인가를 알게 되었습니다.

지미 카터가 미국 대통령으로 있을 때 미국 대사관 직원들이 이란에 억류되는 사건이 일어났습니다. 이 사건에서 카터는 미국의 대통령으로서 영향력을 충분히 발휘하지 못했습니다. 카터는 이란의 당시 지도자였던 호메이니를 너무 과소평가했던 것입니다. 호메이니는 단순한 대통령이 아니라 이란의 정신적인 지도자이자 종교적인 지도자였습니다. 따라서 이 게임을 풀어나가기 위해서는 이같은 변수들도 고려했어야 했는데, 카터 대통령은 계속 협조하면

언젠가 풀려날 것이라는 식으로 문제를 풀려고 했던 것입니다. 그러나 호메이니의 입장에서는 자기가 조금이라도 양보를 하면 전 국민의 믿음이 사라진다는 것을 너무나 잘 알기에 절대 뒤로 물러설 수 없었습니다. 그런 역학 관계를 카터나 카터의 참모들이 제대로 이해하지 못했던 것입니다. 만약 카터와 카터의 참모들이 케네디 대통령의 참모들처럼 게임을 하면서 생각해봤다면 문제가 달라졌을 수도 있겠지요. 게임이라는 것은 항상 둘이 하는 것만은 아닙니다. 셋이 할 수도 있고 넷이 할 수도 있습니다. 곧 카터는 호메이니와 둘이서 게임을 하는 줄 알았지만 호메이니한테는 맹목적으로 자기를 지지하고 믿는 이란 국민들이 또 하나의 게임 상대였던 것이죠. 카터 자신도 미국 대통령으로서 여론 등 여러 가지를 저울질해야 했고요.

이제 생물학에서 적용할 수 있는 가장 간단한 게임 이론부터 살펴보도록 합시다. '매-비둘기 게임hawk-dove game'부터 볼까요. 문제에 봉착했을 때, 우리는 매처럼 사나운 역할을 취할 것이냐, 아니면 비둘기처럼 평화주의자 역할을 취할 것이냐를 결정해야 하는 상황을 종종 겪습니다. 매 전략을 써서 성공하면 다 차지할 수 있습니다. 그래서 더욱 매력이 크죠. 그런데 문제는 내가 매의 역할을 택했는데 상대방도 매를 택했을 경우입니다. 이 경우에는 둘이 싸워 누군가 하나가 죽거나 심하게 다칠 수 있습니다. 그렇지만 이것이 두려워 웬만하면 지고 말지 하며 늘 비둘기 전략만 선택하다 보면 결코 성공하지 못합니다. 비둘기가 많이 사는 동네에서 살면 서로 조금씩 지고 살면 되니까 그런 대로 괜찮습니다. 그러나 매가 많은 동네에서는 아주 불편하지요. 문제는 남들이 어떤 전략을 택하느냐

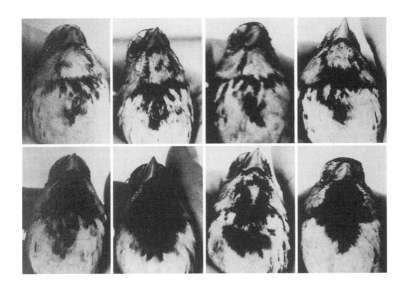

에 따라서 자신의 전략이 결정된다는 것입니다. 매가 너무 많을 때 나도 매를 택하면 그다지 이롭지 못합니다. 그런데 주위를 둘러보니 비둘기만 모여 있다, 그럴 때는 재빨리 매의 역할을 해야 합니다. 자연계에서 동물의 행동을 분석해보면, 동물들도 매순간 매가 될지 비둘기가 될지 굉장히 저울질하는 것 같습니다.

주변에서 흔히 볼 수 있는 참새는 언뜻 보면 암수 모두 누렇게 생겼지만, 쉽게 암수를 구별하는 방법이 있습니다. 수컷은 가슴이 조금 시커멓고, 가슴팍에 검은 털이 많을수록 지위가 높습니다. 검은 깃털을 많이 가진 참새가 대부분 그 사회에서 상위를 차지하고 있죠. 그런 참새들이 대부분 나이도 많고 힘도 세기 때문입니다. 수컷의 가슴에 검은 부분이 얼마나 되느냐가 사회적 지위와 잘 맞아떨어집니다.

워싱턴 대학의 시버트 로워Sievert Rowher 교수가 참새를 가지고 동물의 매-비둘기 게임을 확인할 수 있는 짓궂은 실험을 하나 했습니다. 지위가 아주 낮은 수컷을 한 마리 잡아 매직펜으로 가슴을 검게 칠한 뒤 다시 그 사회로 돌려보낸 겁니다. 가슴팍의 털만 보고 다른 참새들이 다들 슬슬 피하기 시작했습니다. 한동안은 이 참새가 먹이도 마음대로 쪼아 먹으며 덕을 보았습니다. 그런데 시간이 좀 지나니까 다른 참새들이 다가와 슬슬 건드려보기 시작했습니다. '이건 못 보던 놈인데, 가슴에 털만 많네' 하면서 툭툭 건드려보는데 별 볼일 없다는 게 들통 난 이 참새는 결국 다른 참새들에게 쪼여 죽고 말았습니다. 이것은 매를 택하는 것도 자신이 실제로 매가 될 능력이 있을 때 해야만 이롭다는 것을 뜻합니다. 정직하지 못한 것은 언젠가는 들통나게 마련이지요.

동물 연구에서 게임 이론을 가장 멋있게 적용하고 설명한 사람은 케임브리지대학의 팀 클러튼브록Tim Clutton-Brock 교수입니다. 그는 영국 스코틀랜드 앞바다의 럼Rhum이라는 섬에 옛날부터 살고 있는 붉은큰뿔사슴을 벌써 몇십 년째 연구하고 있습니다. 그래서 럼에 사는 사슴들은 다 귀나 신체 부위에 이름표를 달고 있지요. 이름표에 있는 일련번호만 컴퓨터에 입력하면 그 사슴 집안의 족보가 다 나옵니다. 누구의 자식이고 아빠는 누구랑 짝짓기를 해서 아이를 낳았고, 또 아빠의 첩은 누구였다는 정보까지 다 나옵니다. 사슴은 일부다처제 동물이기 때문에 한 수컷이 여러 암컷을 상대합니다. 그런데 가끔 이 구조가 깨지면 한 수컷의 부인이 또 다른 수컷의 부인이 되기도 합니다. 그렇게 되지 않기 위해 수컷들이 기울이는 노력은 참으로 눈물겹습니다.

많은 암컷을 거느리니까 얼마나 좋을까 싶겠지만 실제로 그러려면 수컷들은 번식기 내내 제대로 먹지도 못하고 계속 소리를 질러야 합니다. '여기는 내 땅이니 넘보지 마라' 쉼 없이 소리내어 울어댑니다. 그런데 그 소리를 녹음하여 실험해보았더니 저음일수록 유리하다는 결론이 나왔습니다. 저음을 낼 수 있다는 것은 그만큼 울림통이 커야 된다는 얘기고, 울림통이 크다는 얘기는 몸집이 그만큼 크다는 얘기입니다. 따라서 저음을 낼수록 다른 사슴들이 '저 사슴은 함부로 건드리지 말아야지' 하고 생각하는 것입니다.

하루 종일 쉬지 않고 울어대야 하는 수컷은 사실 기진맥진하게 됩니다. 그러고도 암컷들이 발정하면 암컷들하고 짝짓기를 해야 하죠. 이때 암컷을 거느린 수컷이 힘이 빠진 눈치를 보이면, 암컷을 거느리지 못하고 변방에서 몰려다니던 수컷들이 호시탐탐 기회를 보고 있다가 도전해옵니다.

변방의 수컷 중에서 힘이 세다고 자부하는 수컷은 소리를 지르며 처첩을 거느리고 있는 수컷의 영역으로 접근합니다. 그러면 원래 수컷도 소리를 내면서 둘이 한참 울어댑니다. 그러다가 아무래도 안 되겠다 싶은 쪽이 도망을 가기도 하고, 싸워볼 만하다 싶으면 가까이 다가갑니다. 서로 가까워지면 다짜고짜 싸우는 것이 아니라 어깨를 나란히 하고 걷습니다. 그냥 나란히 걷는 것이 아니라 어깨를 나란히 하며 서로를 가늠하는 것입니다. 내가 상대보다 큰지 작은지를 곁눈질하면서 과연 싸움을 해야 하는가를 저울질합니다. 때로는 어깨를 나란히 하고 한참을 걷다가 도전자가 그냥 가버리는 수도 있습니다.

그러나 할 만하다 싶으면 그 다음 단계인 싸움에 돌입합니다. 뿔로 받으며 싸움을 하는데 굉장히 치열하죠. 그래서 만약 도전자가 이기면 상대 수컷이 거느리고 있던 암컷들을 차지하게 됩니다. 두 마리가 싸우는 틈을 타서 다른 수컷들이 암컷들을 훔쳐 도망가기도 합니다. 그렇지만 일단 승자가 되면 새로운 영토를 확보하고 암컷들을 어느 정도 다시 끌어 모을 수 있지요.

이런 상황에서 왜 수컷들이 다짜고짜 덤벼들어 싸움을 하지 않느냐 하는 점을 바로 게임 이론을 적용해서 생각해볼 수 있습니다. 상대를 알기 위한 과정을 거치기 때문이죠. 그래서 불필요하게 무모한 싸움은 피할 수 있는 것입니다. 과연 내가 도전해야 되느냐 말아야 하느냐를 나름대로 계산하는 과정이 동물들에게도 있다는 것입니다. 그래서 동물계를 둘러보면 다짜고짜 싸움을 하는 경우는 드뭅니다. 싸움을 하기 전에 전초전이 있고, 또 싸움을 하더라도 정말 싸움이 아니라 다분히 의례적인 싸움을 하는 경우가 많습니다.

예를 들면 하와이에 사는 초파리는 싸움을 하는 것이 아니라 서로 이마를 맞대고 날개를 펴고 누구의 날개가 더 넓은가만 잽니다. 날개가 넓다는 얘기는 몸집이 그만큼 크다는 것이기 때문에 날개가 작은 놈들은 한참을 재보고 힘겨루기를 하다가 슬그머니 도망가 버립니다. 그러면 옆에서 암컷이 앉아서 기다리다가 승리한 수컷 파리하고 짝짓기를 하지요.

인도네시아 등 동남아시아에는 눈이 긴 눈대롱의 끝에 달린 희한한 곤충이 있습니다. 눈자루파리stalk-eyed fly라고 부르면 좋을 만한 이들은 서로 만나면 누구 눈알이 더 멀리 튀어나와 있는지를 잽니다. 눈이 별로 멀리 벌어지지 않은 수컷이 종종 그냥 물러납니다. 눈이 멀찌감치 벌어져 있다는 건 그만큼 몸집이 크다는 얘기니까요.

어떤 동물들은 직접 싸움을 하는 것이 아니라 누가 더 오래 버티는지 지구전을 펼치기도 합니다. 군함새 수컷들은 일정한 장소에 모여 있다가 암컷이 나타나면 갑자기 온갖 교태를 부립니다. 숨을 잔뜩 들이마셔 빨간 가슴을 크게 부풀리죠. 그리고 특유의 소리를 내면서 암컷 앞에서 춤을 추는데 누가 오래 버티는지가 대체로 승패의 관건이 됩니다. 이건 덩치만 좋아서 되는 것도 아니고 지구력 게임입니다.

자연계에서 벌어지는 게임은 무척 다양합니다. 인간 사회에서 벌어지는 게임이 다양하듯 동물들도 다양한 전략을 세워 온갖 종류의 게임을 하면서 살아갑니다. 우리처럼 계산하는 것은 아니지만, 그런 게임에서 이긴 개체들이 더 많은 유전자를 남겼기 때문에 게임하는 방법이 자연스럽게 진화되어온 것입니다.

19

암수의
동상이몽

한때 '부적절한 관계'라는 말이 유행처럼 번졌던 적이 있었지요. 미국 클린턴 대통령이 르윈스키와 '부적절한 관계를 가져서 대단히 죄송하다'고 한 데서 비롯된 유행어입니다. 그런데 한번 생각해봅시다. 부적절한 관계에서 남자가 몸을 바쳤다는 이야기는 왜 안 올까요? 부적절한 관계에서는 성을 상납한 쪽은 항상 여성입니다. 남자가 성을 상납했다는 일은 없습니다. 역사상 권력을 가진 여인이 그런 일을 했을 수도 있겠지만, 대부분 여성이 이용당한 경우가 많지요. 생물학적으로 보면 그럴 수밖에 없는 이유가 있습니다.

아프리카에는 꿀잡이새honeyguide가 삽니다. 아프리카의 원주민들은 이 새를 따라가 벌꿀을 땁니다. 꿀잡이새 수컷들은 모두 자기 영

원숭이는 번식기가 되면
암컷이 생식기를 드러내고
다니며, 뒤따라다니는
수컷들을 경쟁시켜 제일
잘난 놈을 선택합니다.

역에 벌통을 하나씩 보호하고 살기 때문입니다. 수컷이 벌통을 보호하는 이유는 꿀이 꿀잡이새에게 꼭 필요한 영양분이고, 암컷이 꿀을 좋아하기 때문이지요. 꿀잡이새의 암컷은 수컷의 벌통을 찾아옵니다. 그러면 수컷은 이렇게 자기 벌통을 찾아온 암컷에게 꿀을 제공하는 대신 짝짓기를 요구하지요. 그렇게 해서 자기 정자가 암컷에게 전달하는 것입니다.

원숭이들은 대부분 번식기가 되면 암컷의 생식기가 있는 몸 바깥 부분이 분홍색을 띠며 두툼하게 커지면서 냄새도 아주 많이 납니다. 그러면 수컷들이 그 뒤를 졸졸 따라다니는데, 암컷은 수컷들끼리 경쟁을 시켜 그중 제일 잘난 놈을 하나 선택합니다.

침팬지와 가장 가깝지만 침팬지는 아니라고 판정이 난 영장류가 있습니다. 바로 피그미침팬지 또는 보노보bonobo라고 부르는 영장류입니다. 피그미침팬지는 침팬지보다 조금 작고 두 발로 서기를 비교적 좋아하는 동물입니다. 피그미침팬지와 침팬지는 서식지가 서로 격리되어 있습니다. 처음에는 일본학자들이 많이 연구했는데,

지금은 미국이나 유럽 학자들도 많이 연구하고 있지요.

피그미침팬지는 침팬지보다 어떤 의미에서는 인간과 비슷한 행동을 더 많이 보입니다. 예를 들어 침팬지는 유방이 그리 커지지 않는데 피그미침팬지는 두드러지게 유방이 커지면서 겉으로 드러나 보인다는 점 등이 그러합니다. 특히 성적인 면에서 인간과 더 닮았다는 연구 결과가 많이 나오고 있죠. 침팬지는 발정기에만 짝짓기를 합니다. 그런데 피그미침팬지는 발정기만이 아니라 일년 내내 수시로 짝짓기를 합니다. 영장류학자들이 피그미침팬지들이 짝짓기하는 횟수를 세어보았습니다. 그 결과 한 암컷이 일생 동안 약 5,500번의 짝짓기를 하고, 그중 약 3,000번은 첫 임신 전에 하는 것으로 보고되었습니다. 이것은 우리 식으로 말하면 이른바 혼전 경험이 매우 많다는 것을 뜻하죠.

혼전 관계만이 아니더라도 피그미침팬지의 사회는 성적인 면에서 매우 개방적인 사회입니다. 어느 정도냐 하면, 한 집단이 열매가 많은 무화과나무를 찾아다니다가 다른 집단과 나무를 동시에 발견하면 보통 싸움이 벌어질 것 같은데, 피그미침팬지는 한쪽 암컷이 나서서 반대쪽 수컷과 짝짓기를 합니다. 짝짓기를 한 뒤 그 두 집단은 아무 일도 없었던 것처럼 함께 무화과나무에 올라 과일을 먹습니다. 과일 나무를 발견해서가 아니고 잘못 만나서 싸움이 크게 벌어질 것 같은 상황에서도 두 집단 사이에 짝짓기를 함으로써 싸움을 무마합니다.

인간도 발정기처럼 어떤 정해진 기간에만 성행위를 하지는 않습니다. 인간은 늘 성행위를 하면서 살아갑니다. 또 인간에게 성행위는 반드시 아이를 갖기 위한 행위만은 아니지요. 성행위는 인간에게 무언가 다른 의미를 지니며, 부부의 결속에도 중요한 위치를 차지합니다.

성에 관한 한 결정권이 누구에게 있을까요? 생물학자들의 관찰에 의하면 여성 즉 암컷에게 있습니다. 남자들은 보통 치근거리는 쪽이고, 여성의 기분에 따라 성행위의 성사가 결정되는 경우가 대부분입니다. 미국 만화가가 이런 상황을 풍자해서 그린 만화에 보면 부인이 치근대는 남편에게 "오늘밤엔 안 돼요. 나는 박사 학위를 가진 여자라구요!Not Tonight, I Have a PhD!"라고 말하는 장면이 있습니다. 미국에서 학력이 높은 여성일수록 성행위의 횟수가 적다는 통계가 나온 적이 있습니다.

정자가 난자를 파고들어가는 장면을 전자현미경으로 촬영한 사진을 보면 마치 달나라에 우주선이 착륙하는 것처럼 보일 정도로 난자는 어마어마하게 큰 존재이고 정자는 정말 작다는 걸 알 수 있습니다. 게다가 정자가 난자를 뚫고 들어갈 때는 정자 머릿속에 들어 있는 수컷의 DNA만 들어갑니다. 그 DNA가 난자의 핵 속으로 들어가서 암컷의 DNA와 결합하여 새로운 생명체를 만드는 것이지요. 그러니까 수컷은 DNA 외에는 다른 아무것도 제공하지 않습니다. 수정이 된 다음에 생명체를 만들어가는 것은 전적으로 난자의 책임입니다. 난자는 초기 발생에 필요한 모든 영양분을 다 제공합니다. 정자의 입장에서 보면, 난자 같은 훌륭한 투자가만 잡으면 되는 셈이죠. 모든 걸 갖추고 기다리는 투자가를 만나 잠깐 합세하는 흉내를 내고는 사라져버리는 것이 수컷입니다.

이 세상에서 정자처럼 경제적으로 제작된 기계는 또 없을 겁니다. 정자는 수컷의 DNA를 함유한 핵이 들어 있는 머리와 꼬리, 그리고 꼬리를 움직일 때 꼬리에 에너지를 공급해줄 목 부위의 미토콘드리아들만으로 이루어져 있는 지극히 간단한 기계입니다. 미토콘드리아는 세포 소기관으로서 세포 내에서 에너지를 생성하는 곳입니다. 정자가 이처럼 제작하는 비용이 적게 들다보니 동물계의 거의 모든 수컷들은 정자를 대단히 많이 만들어냅니다.

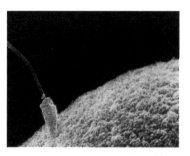

정자와 난자가 만나는 장면을 현미경으로 들여다보면 난자는 어마어마하게 큰 존재이고 정자는 정말 작은 존재입니다.

한 번 사정에도 가히 천문학적인 수의 정자가 나오지요. 반면에 인간의 경우 여성은 28일에 딱 한 개의 난자를 내놓습니다. 어떤 경우에는 두 개가 나와서 둘 다 수정이 되어 이란성 쌍둥이가 되기도 하지만, 보통은 한 개밖에 배출하지 않습니다. 여성은 한 번 번식에 엄청난 투자를 하기 때문에 신중한 반면 수컷은 투자는 조금하고 요행수를 기다리는 편입니다. 많은 것 중 하나만 성공하면 된다는 계산이죠. 따라서 투자를 적게 하니 남자가 먼저 성을 상납하겠다고 나서는 경우는 있을 수 없지요.

여성은 정자와 난자를 만드는 수준에서만 불균형적인 투자를 하는 것이 아닙니다. 젖먹이동물 중에서도 인간은 아이를 아홉 달 동안 뱃속에 지니고 다닙니다. 수정이 된 다음에도 투자를 계속해야 하는 것은 여성입니다. 그러나 모든 동물이 다 이렇게 여성의 투자만을 요구하는 것은 아닙니다. 해마는 말처럼 생긴 얼굴이 긴 물고기입니다. 바다에 사는 말이라고 해서 해마라고 부르는데, 해마는 수컷이 새끼를 낳는 것으로 알려져 있습니다. 어떻게 된 일일까요? 1980년대 말부터 옥스퍼드대학과 터프스대학의 연구진들이 이 동

해마는 암컷이 수정란을
수컷의 배주머니로 넘겨주면
수컷이 새끼를 데리고
다니면서 키워 다 자라면
바다로 내보냅니다.

물의 짝짓기 행동에 대해 연구하기 시작했습니다. 해마는 짝짓기를 하고 수정이 되면 암컷이 수정란을 수컷의 배주머니로 넘겨줍니다. '당신이 키워요' 하고 가버리는 것이죠. 해마 새끼들은 자기 엄마가 누구인지 모릅니다. 암컷은 수컷에게 새끼를 맡겨놓고 다른 곳으로 가서 또 다른 수컷을 만나서 또 새끼를 낳아주고 또 다른 곳으로 이동합니다. 그러면 수컷이 새끼를 품고 다니면서 키웁니다. 나중에 새끼들은 수컷의 배에서 빠져나옵니다. 해마 아빠는 대단한 아빠입니다.

그렇다면 해마 사회에서는 혹시 수컷에게 성 결정권이 있지 않을까 해서 두 연구팀이 연구를 했는데, 난자와 정자를 비교해보니까 해마 역시 난자가 엄청나게 크고, 암컷에게 결정권이 있다는 것이 밝혀졌습니다. 해마 수컷은 자신의 배주머니를 보여주면서 새끼를 잘 키워주겠다고 아양을 떨며 암컷에게 구애를 합니다. 수컷이 새끼들을 몸에 품고 있는 기간이 일주일 정도인데, 그 정도는 그리 대단한 투자가 아닌가 봅니다. 해마 사회도 성의 결정권에 관한 한 예외가 될 수 없습니다.

그렇지만 수컷 중에 상당한 일을 하는 수컷이 전혀 없는 것은 아닙니다. 노린재과의 물자라giant waterbug라는 곤충은 물속에 사는데 몸집이 꽤 큽니다. 우리나라에도 있지만 이제는 참 보기 힘들어졌지요. 일본에서는 아직도 흔한 편이어서 일본 학자들도 많이 연구했고 미국 학자들도 많이 연구했습니다. 많은 종의 물자라에서는 짝짓기를 한 다음 수컷이 암컷에게 자기 등에다 알을 낳아달라고 요구하는 흥미로운 사실이 밝혀졌습니다. 암컷은 수컷의 등에 알을 낳곤 사라져버립니다. 수컷의 등은 정말 널찍해서 한 암컷의 알로는 다 채울 수가 없습니다. 그래서 여러 다른 암컷들과 짝짓기를 하여 알을 받아서 등이 꽉 차면 그때서야 만족한 듯 그걸 지고 다니며 정성으로 키웁니다. 심청이를 업고 다니며 키운 심봉사처럼. 산소가 많은 물을 찾아다니며 새끼가 알에서 깨어날 때까지 헌신적으로 일하는 아빠입니다.

체외 수정을 하는 물고기들은 암컷이 알을 낳고 수컷이 그 위에 정액을 뿌리는데 암수 모두 그냥 알을 내팽개치고 가버리는 경우가 많습니다. 그러면 뒤에 남겨진 알은 다른 물고기들에게는 굉장히 좋은 음식입니다. 그래서 온갖 물고기들이 다 달려와 알을 집어먹지만, 워낙 많은 수의 알을 낳기 때문에 그중 몇 마리가 살아남아서 대를

큰가시고기는 수컷이 둥지를 만들어놓고 춤추면서 여러 암컷을 유혹해 둥지에 알을 낳도록 한 다음 아빠가 새끼들을 키웁니다.

이어가는 것이죠. 이런 상황에서 드물게나마 새끼를 돌보는 것은 보통 아빠 물고기 쪽입니다. 엄마가 돌보는 예보다는 아빠가 새끼를 돌보는 경우가 물고기 사회에서는 더 흔합니다.

우리나라 동해로 흘러드는 강에 많이 사는 큰가시고기는 동물행

동학에 많은 기여를 한 물고기입니다. 큰가시고기 수컷은 둥지를 만들어놓고 춤을 추면서 암컷을 유혹하여 암컷이 둥지로 들어와 알을 낳으면 곧바로 쫓아 보냅니다. 같은 방식으로 여러 암컷으로부터 알을 충분히 모은 다음, 지느러미로 좋은 물을 넣어주고 누가 다가오면 열심히 싸우면서 새끼를 키웁니다. 이런 아빠들도 자연계에는 종종 있습니다.

최근 우리 사회에서도 이런 아빠들이 많이 생기고 있습니다. 아이도 보고 가사 일도 하는 아빠들이 많아졌지요. 지하철에서 젊은 부부들을 보면 아빠가 아이를 안고 있는 것을 많이 볼 수 있는데, 옛날 같으면 그러면 안 되는 줄 알고 부인이 애처로워 보여도 아이를 안아주지 못했죠. 인간 사회에서도 이런 점이 많이 바뀌어가고 있습니다.

모르몬귀뚜라미mormon cricket라는 굉장히 재미있는 곤충이 있습니다. 모르몬은 일부다처제를 고집하는 종교 집단을 가리키는 말입니다. 그런데 사실 이 곤충은 귀뚜라미가 아닙니다. 귀뚜라미보다는 베짱이에 가까운 곤충이지요. 모르몬귀뚜라미는 우리처럼 사정을 해서 정자를 곧바로 암컷의 몸 안에 집어넣는 것이 아니라, 정자를 정자낭 곧 정자주머니를 만들어 그 속에 넣어 암컷에게 줍니다. 모르몬귀뚜라미가 짝짓기를 막 끝낸 다음 정자낭을 보면 두 부분으로 나뉘어 있는 걸 알 수 있습니다. 암컷의 질 가까이에 있는 우윳빛 나는 부분이 정자가 들어 있는 부분이고 바깥쪽의 비교적 투명한 부분은 수컷이 마련한 영양분이 들어 있는 부분입니다. 암컷은 몸을 굽혀 먼저 영양분 쪽을 먹기 시작합니다. 영양분 부분을 먹는 동안 정자들은 암컷의 몸을 타고 올라가서 알에 도달하는 것이지요.

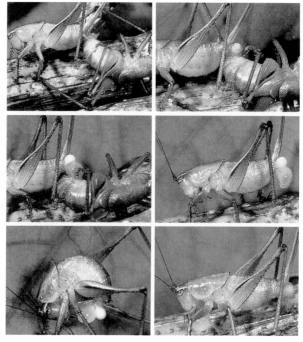

모르몬 귀뚜라미는 짝짓기할 때
수컷이 암컷에게 영양분까지
제공합니다. 그래서 영양분을
충분히 만들어야 하는 수컷이
짝짓기 상대를 고릅니다.
ⓒ Darryl Gwynne

　단순하게 생각해도 영양분 부분을 크게 만들면 암컷이 오래 먹을
것이고 그만큼의 시간이 정자에게 주어지니 훨씬 수정의 확률을 높
일 수 있겠지요? 만약 영양분 부분을 적게 만들어주면 암컷이 금방
먹어치우니까 정자가 알까지 미처 올라가지 못합니다. 그래서 모르
몬귀뚜라미 수컷은 영양분 부분을 점점 크게 만드는 쪽으로 진화했
습니다. 하나의 정자낭을 만드는 데 수컷 체중의 1/4을 투자해야
할 정도입니다. 한 번에 체중의 1/4을 투자한다는 것은 하룻밤에
짝짓기를 네 번만 하면 수컷의 몸은 공중 분해된다는 것을 의미합
니다. 그래서 한 번 짝짓기를 하고 나면 수컷은 며칠 동안 짝짓기를
하지 못합니다. 몸을 추슬러 영양분 부분을 또 만들어야 되니까요.
이 정도 되면 투자도 보통 투자가 아닙니다.

그래서 대릴 그윈Darryl Gwynne이라는 캐나다 학자가 연구한 결과에 따르면 모르몬귀뚜라미 사회에서는 수컷이 짝짓기 상대를 고릅니다. 수컷이 노래를 하고 암컷들이 모여들면, 그중에서 제일 맘에 드는 암컷을 골라 짝짓기를 합니다. 투자를 더 많이 하는 성이 선택권을 갖는 것이지요. 참 재미있는 것은 요즘 우리 사회의 남성들처럼 호리호리한 여성을 택하는 것이 아니라 모르몬귀뚜라미 수컷은 가장 뚱뚱한 암컷을 고른다는 것입니다. 뚱뚱하다는 것은 그만큼 알을 많이 가지고 있다는 것을 뜻하기 때문입니다. 이왕 투자하는데 알을 제일 많이 갖고 있는 암컷에게 투자하겠다는 뜻입니다. 실제로 수컷이 고른 암컷은 수컷이 선택하지 않은 암컷에 비해 몸집도 크고 알도 훨씬 많이 품고 있다는 것이 밝혀졌습니다.

인간 사회에서도 남자가 엄청난 권력을 가지고 있으면 여자를 고를 수 있습니다. 기네스북에 오른 인류 역사상 가장 자손을 많이 둔 남자는 아프리카 서북부에 있는 나라 모로코의 이스마일 황제입니다. 그는 어마어마하게 많은 후궁들의 몸에서 거의 1천 명에 가까운 자식을 낳았습니다. 인류의 역사를 통해서 보면 권력을 가진 남자에게는 이런 일이 흔히 일어났고, 반면 그렇지 못한 남자에게는 단 한 명의 여성도 주어지지 않은 경우가 많았죠. 이런 일들이 왜 일어나는지 아주 간단명료하게 설명해준 사람이 바로 찰스 다윈입니다.

다윈은 1859년에 『종의 기원』을 써서 인간도 신의 선택을 받은 동물이 아니라 자연의 선택을 받으며 진화해온 한 종의 영장류에 불과하다는 사실을 일깨워줬습니다. 그런가 하면 그는 12년 후인 1871년 『인간의 유래』라는 책을 출간하며 자연선택론에 덧붙여 성

선택론sexual selection을 주창했습니다. 성선택론은 한마디로 생존에 불리할 수 있는 형질도 번식에 결정적으로 유리하면 진화할 수 있다는 겁니다. 공작새를 예로 들어보지요. 잘 알려진 것처럼 공작새의 꼬리깃털은 무척이나 화려합니다. 대낮에 꼬리깃털을 활짝 펴고 있으면 온갖 포식자들이 먼 곳에서도 볼 수 있지요. '날 잡아 잡수' 하는 것과 진배 없지요. 긴 꼬리깃털 때문에 날기도 불편합니다. 이쯤 되면 이게 무슨 어처구니없는 디자인인가 하

공작새는 수컷이 화려한 꼬리털로 암컷을 유혹합니다. 자연계를 둘러보면 보통 수컷이 더 아름답습니다.

는 생각이 듭니다. 그에 비해 공작새 암컷은 예쁘게 생긴 편이지만 수컷처럼 거추장스러운 꼬리깃털을 가지고 있지는 않습니다. 그래서 수컷에 비해 상대적으로 덜 화려하고 덜 아름답죠. 공작새의 예처럼 자연계를 둘러보면 대개 수컷이 더 아름답습니다.

꿩도 장끼가 까투리에 비해 훨씬 화려하고 아름답습니다. 까투리는 풀숲에 앉아 있으면 거의 보이지도 않는 반면 장끼는 눈에 확 띄지요. 같은 종인데 암컷은 보호색을 띠고 수컷은 대체로 확실하게 드러납니다. 닭도 그렇고 사슴도 그렇지요. 중미의 열대에 사는 케찰quetzal이라는 새의 수컷은 기가 막힐 정도로 아름답습니다. 그러나 암컷은 평범합니다. 수컷은 광채가 나는 초록빛과 붉은빛 배를 가지고 있습니다. 열대에 사는 게의 수컷 중에는 등껍질은 파랗고 집게는 빨간 게가 있습니다. 우리가 많이 기르는 물고기 중에 구피라는 물고기도 암컷은 별 볼일 없는데 수컷은 온갖 화려한 색깔을 다 가지고 있습니다. 왜 이런 일이 벌어지는 것일까요? 다윈은 그

이유를 성에 관한 한 암컷에게 선택권이 있기 때문이라고 설명했습니다. 다윈은 이를 '암컷선택female choice'이라고 불렀습니다.

이렇게 구애를 위해 수컷이 아름다운 색깔을 띠거나 몸의 구조 자체가 다르게 발달한다는 사실을 결정적으로 증명한 실험이 있습니다. 스웨덴의 행동생태학자 몰티 앤더슨Maltee Andersson은 몸집은 그저 참새 정도인데 꼬리가 아주 긴 새인 천인조whydah를 가지고 아주 기발한 실험을 했습니다. 이 새 수컷의 꼬리는 약 1.5m나 됩니다. 앤더슨은 이 새의 암컷이 어쩌면 수컷의 꼬리를 보고 짝짓기 선택을 할 것이라는 예측 아래 다음과 같은 실험을 했습니다. 일군의 수컷들은 꼬리를 절반 정도 잘라버리고, 그 자른 꼬리를 또 다른 일군의 수컷들에게 붙여주었습니다. 그러고 나서 그 두 무리의 수컷들이 암컷들에게 얼마나 인기가 많은지를 관찰했습니다. 각 수컷의 영역 안에 둥지를 튼 암컷의 수를 세본 결과, 꼬리를 잘린 수컷은 정상적인 수컷보다 훨씬 적은 수의 암컷을 맞아들였고, 꼬리를 붙여준 수컷은 훨씬 많은 암컷을 얻게 되었다는 것을 알게 되었습니다. 자연계에 존재하지 않는 엄청나게 긴 꼬리를 만들어주었더니 암컷들이 정신을 못 차릴 정도로 그 수컷을 좋아한다는 것이 밝혀진 것이죠. 이것으로 분명히 수컷이 가진 어떤 신체적인 특징을 암컷들이 좋아한다는 것이 증명된 것이죠.

수컷 중에는 화려하게 치장하거나 구조를 개발하는 것으로는 만족하지 못하고, 자기들끼리 힘겨루기를 통해 서열을 정한 다음 암컷에게 다가가는 동물들도 있습니다. 그래서 자연계를 돌아보면 서로 싸우는 수컷들이 많지요. 암컷들보다는 수컷들이 훨씬 더 많이 싸웁니다. 수컷들이 이렇게 처절한 삶을 살아야 되는 이유를 미국에 사는 개똥지빠귀red-wing blackbird를 관찰해보면 잘 알 수 있지요. 행동 연구가 특별히 많이 된 이 개똥지빠귀의 수컷은 날갯죽지에 붉은 점을 지니고 있습니다. 미국 늪지대에 서식하는데, 이른 봄이 되면 수컷이 먼저 날아와 영역을 확보하느라 서로 싸웁니다. 영역을 차지한 수컷은 자신의 존재를 알리기 위해 노래를 하는데 그 소리가 마치 '차 마셔!Drink tea!'라고 하는 것처럼 들립니다. 암컷들은 제일 좋은 지역을 차지한 수컷에게 몰립니다. 변두리 영역의 수컷의 본처가 되기보다 좋은 영역을 차지한 수컷의 후처로 들어가는 것도 마다하지 않지요. 워싱턴대학의 연구진이 아주 짓궂은 실험을 한 적이 있습니다. 좋은 지역을 차지한 수컷을 잡아 불임 수술을 시켰습니다. 불임 수술을 받은 수컷 영역에 둥지를 튼 암컷들은 새끼를 못 낳을 텐데, 조금 지나니까 새끼를 낳아 잘 키우더라는 겁니다. 그 부자 수컷의 집에 들어가서 재물만 이용하고 새끼는 옆집 수컷과 짝짓기를 해서 낳아 키웠다는 얘기지요. 이처럼 재물을 모아야, 속된 말로 출세를 해야 하기 때문에 수컷은 어느 세계에서나 그렇게 싸움을 하고 필사적인 노력을 하는 것 같습니다. 인간 세계도 마찬가지라는 느낌이 듭니다. 그러나 앞으로 여성들이 좀더 당당하게 직업 전선에 참여하고 기회가 주어진다면 남성들만이 이런 경쟁을 벌이는 시대는 사라질지도 모르지요.

20

성의 갈등과 타협,
그리고 번식

인간은 왜 결혼을 하고 살까요? 다른 동물들도 결혼을 할까요? 결혼을 비롯해서 동물들이 암수간의 갈등을 타협하는 방식과 번식을 위해 어떤 전략을 쓰는지 살펴봅시다.

결혼이 꼭 필요한 것인지 이야기하려면 하루살이를 생각해볼 필요가 있습니다. 우리나라에도 많은 하루살이는 유충 시절에는 깨끗한 개울물에서 삽니다. 개울물 속에서 다른 것들을 먹고 살다가 어느 날 그 많은 유충들이 거의 동시에 성충이 되어 날아오르지요. 하루살이가 정말 많이 나오는 지역, 예를 들어 미국 미시시피 강 유역에서는 하루살이가 성충으로 나오는 날이면 밤에 자동차 운전을 하기가 힘들 정도입니다. 하루살이가 자동차 전조등에 덤벼들어 앞이 보이지 않을 지경이지요. 이 엄청난 숫자가 하루 이틀 사이에 물에서 빠져나옵니다. 이렇게 하루살이는 굉장히 짧은 기간에 같은 지역에 사는 놈들이 동시에 다 같이 번식을 합니다. 일단 성충이 되면 수컷은 수컷끼리 모여 무리를 이루어 날아다닙니다. 이때 암컷이 수컷 무리 속으로 들어오면 소용돌이가 치는 듯한 경쟁 속에서 한 수컷이 암컷을 휘어잡고 무리에서 빠져 나오면서 어딘가로 내려앉아 짝짓기를 합니다. 그리고 짝짓기가 끝나면 얼마 지나지 않아 죽습니다. 이처럼 성충으로 하루나 이틀 정도밖에 살지 못하기 때문에 우리가 하루살이라고 부르는 겁니다.

하루살이는 정말 하루만 사는 것일까요? 그것은 성충으로서의 삶을 말하는 것이고 유충으로는 굉장히 오랜 시간을 삽니다. 알에서 깨어난 유충은 물속에서 상당히 오랜 시간을 살다가 성충이 되어 하루나 이틀만 살며 알을 낳고 죽는 것이죠. 따라서 하루살이의 사회에서는 어린아이 시절이 주가 되지요. 대부분의 삶을 미성년으로 살다가, 성년으로는 잠깐 번식만 하고 사라집니다. 인간은 성년으로 오래 사는 동물이기 때문에 하루살이의 일생이 이상해 보일지 모르지만 그것도 엄연히 하나의 사는 방법입니다. 고달픈 성년 생활을 오래하지 않고 어린아이로 살다가 결혼하고 바로 죽는 것입니다. 그런데 하루살이의 경우는 사실 결혼이라고 얘기할 수가 없습니다. 그저 암수가 잠깐 만나서 짝짓기만 하고 헤어지니까요.

결혼이라는 개념은 짝짓기만 간단히 하는 것을 뜻하는 것은 아닙니다. 짝짓기 전에 상당한 시간을 같이 보내고 짝짓기를 하고 새끼를 낳은 다음 그 새끼를 같이 기르는 과정을 모두 묶어 결혼이라고 하는 것이죠. 그렇다면 동물들도 그렇게 오랫동안 만나고 나서 결혼할까요? 그런 동물들도 적지 않습니다.

동물의 짝짓기, 곧 번식 구조는 세 가지로 구별할 수 있습니다. 일부다처제polygyny는 수컷이 암컷을 여럿 거느리거나 수컷이 여러 암컷과 짝짓기를 한다는 뜻이죠. 그 반대가 일처다부제polyandry입니다. 마지막으로 일부일처제monogamy가 있습니다. 동물의 번식 구조는 기본적으로 이렇게 세 가지로 이루어져 있다고 할 수 있습니다.

인간은 이중에서 어디에 속할까요? 인간은 분명히 일부일처제를 따르는 동물입니다. 우리나라의 경우 일부일처제를 따르지 않고 일부다처제나 일처다부제를 따르면 감옥에 가도록 법이 규정해놓았지요. 꽤 많은 나라에서 그렇게 합니다. 미국도 마찬가지인데, 미국에서는 모르몬교도가 유타주 등에 모여 살면서 일부다처제를 따르며 부인을 일고여덟 명씩 거느리고 살기도 합니다. 이런 예외를 제외하고는 인간은 일부일처제로 사는 동물이라는 생각이 듭니다. 그렇지만 인간이 일부일처제라는 것은 꽤 발달한 기계 문명 사회에 사는 사람들의 경우입니다.

인류 집단의 여러 종족의 번식 구조를 조사해보면 일부다처제가 압도적으로 많습니다. 일처다부제는 정말 귀합니다. 기록에 따르면 약 네 종족만이 일처다부제를 가지고 있다고 하죠. 대표적인 예가 티베트인데 그곳에서는 여자가 귀해서 형제가 한 여인과 결혼해서 삽니다. 형하고 아우하고 부인을 하나만 맞아들여 사는 것입니다. 이런 특수한 예를 제외하고는 대부분의 종족은 일부다처제입니다.

물론 이 조사를 종족 수가 아니라 사람 수로 대체하면 결과는 달라집니다. 왜냐하면 전 세계 인구 중 대부분은 현대 기계문명 사회에 살고 있기 때문에 사람 수로 보면 일처일부제가 가장 많게 되죠.

결국 인간은 숫자로 보면 일부일처제를 시행하는 동물이지만, 거기에는 법적인 강제력이 존재합니다.

인간은 젖먹이동물입니다. 아이를 가지면 몸속에서 아홉 달을 기르다가 낳아서는 젖을 먹이는 동물입니다. 이때 누가 젖을 먹이나요? 물론 남자들도 젖꼭지가 있지만 남자의 젖은 기능을 하지 않는 젖입니다. 여성만이 젖을 먹일 수 있죠. 따라서 아이를 키우는 동안에도 또 여성이 투자를 더 많이 해야 됩니다. 암컷이 하는 일이 많을 수밖에 없기 때문에 수컷이 아무리 열심히 보조를 해도 차이가 납니다. 이런 젖먹이동물은 대부분 다 일부다처제를 가지고 있습니다. 쉽게 얘기하면 아이를 가져도 수컷은 별로 할 일이 없으니까 먹이나 날라다주면서 돌아다니다 보면 또 다른 암컷을 만날 수 있는 기회와 경향이 많아지는 것입니다. 그래서 인간은 지극히 동물적인 관점에서 보면 어쩔 수 없이 일부다처제의 성향을 지닌 동물입니다.

하지만 영장류 중에서는 인간이 일부일처제를 할 수 있는 성향을 가장 많이 가지고 있습니다. 침팬지를 비롯한 다른 영장류는 번식기가 되면 암컷의 체외 생식기가 부풀어 오르면서 냄새를 풍기고 돌아다닙니다. 그러면 수컷들이 그 뒤를 졸졸 따라다니도록 되어 있지만, 인간은 여성이 언제 배란을 하는지 알 수 없습니다. 배란기가 되었다고 뭔가 다른 특징이 나타나는 것도 아닙니다. 그래서 아무리 남편이라도 자기 아내가 언제 배란을 하는지를 알려면 날짜를 세는 수밖에 없습니다. 그렇기 때문에 어떤 의미에서는 인간은 일부일처제가 될 수 있는 가능성을 꽤 많이 가진 젖먹이동물입니다. 자기 부인 옆에서 시간을 많이 보낼수록 배란기에 짝짓기를 할 가능성이 높아지고, 그만큼 자신이 아이의 아버지일 확률이 높아지니까요.

여러 여인을 상대하며 한 달에 며칠씩 나눠 다니다보면 배란 시기를 놓칠 수 있습니다. 그 여인이 평소에는 나와 지내다가도 배란기에는 다른 남자와 짝짓기를 하게 되면 자기 자식이 아닌 남의 자식을 키워야 하는 위험 부담이 있지요. 인간은 배란을 은폐하기 시작한 기가 막힌 적응 때문에 일부일처제가 될 가능성을 퍽 많이 지닌 젖먹이동물입니다. 그렇지만 그 밖에 여러 가지를 보면 인간도 어쩔 수 없는 젖먹이동물의 일종으로 일부다처제 성향이 큰 게 사실입니다.

그런 성향이 일부일처제를 고집하는 지금도 벌어지고 있지요. 이혼한 다음에 재혼을 하는 비율은 여자들보다 남자들이 훨씬 높습니다. 여자들의 경우에 재혼이 그렇게 쉽지 않은 것 같습니다. 일부일처제를 유지하더라도 평생 여러 번 결혼을 하면, 그런 경우는 연속 일부일처제serial monogamy라고 부릅니다. 어느 순간이든 분명히 일부일처제를 시행하고 있지만, 그 사람의 일생을 놓고 보면 결국 일부다처제를 하는 것이나 다름없지요.

사슴과 말 같은 동물은 모두 일부다처제를 따릅니다. 가장 강력한 수컷이 여러 암컷을 거느리고 살지요. 이런 동물을 보면 암수의 차이가 꽤 뚜렷하게 나타납니다. 수컷은 큰 뿔을 가지고 있지만 암컷은 뿔도 없고 체격 차이도 엄청납니다. 인간도 남녀의 차이가 꽤 많이 나는 편입니다. 그렇지만 사실은 다른 동물만큼 그렇게 많이 나는 것은 아닙니다. 여성들도 몸을 키우면 남성 못지않은 강인한 체력을 가질 수 있습니다. 오히려 문화적으로 남성은 크게 키우고 여성은 조금 작게 만들어서 그렇지, 다른 포유류에 비해 암수의 차

사슴처럼 일부다처제를
따르는 동물은 강력한 수컷이
여러 암컷을 한꺼번에
거느리고 삽니다. 이들에게는
암수의 차이가 꽤 뚜렷하게
나타납니다.

이가 그렇게 큰 편은 아닙니다.

포유동물인 박쥐 중에도 일부다처제를 하는 종들이 있습니다. 또 새들 중에도 가끔 그런 경우가 있지요. 마당에서 노는 닭을 보면 수탉 한 마리가 여러 암탉을 몰고 다니며 삽니다. 칠면조도 마찬가지죠. 칠면조는 가끔 형제가 같이 다니면서 여러 암컷을 모아 살기도 합니다. 형제가 서로 도우면서 형님 먼저 아우 먼저 하면서 짝짓기를 하지요.

그런데 사실은 포유류나 조류만이 아니라 다른 동물 중에도 일부다처제를 하는 동물이 적지 않습니다. 양서류인 개구리나 맹꽁이, 두꺼비는 번식기가 되면 한 연못에 모여 짧은 시간 동안에 짝짓기를 합니다. 여러 수컷들이 시끄럽게 울어대면 암컷들이 한꺼번에 한 연못으로 모여듭니다. 그러다 보면 사회 질서가 문란해질 수밖에 없죠. 작은 연못에 너무 많은 암수가 모였는데 질서를 지킨다는 것은 불가능하지요. 대부분의 경우 그냥 마구잡이로 짝짓기를 하게 됩니다. 또 이들은 체내수정을 하는 것이 아니기 때문에 실제로 교

암컷이 낳은 알 위에
수컷이 정액을 뿌려
번식하는 개구리는 암수가
다 서로 여러 배우자를
상대합니다. 다처다부제
또는 난교인 셈입니다.

미를 하지 않습니다. 수컷이 암컷 위에 올라타 자극만 하면 암컷이
알을 낳고 그 위에 수컷이 정액만 뿌리면 됩니다. 그래서 한 암컷
위에 올라타서 자극을 하는 수컷은 하나밖에 없지만, 그 옆에 다른
수컷들이 들러붙어서 그 수컷을 밀치느라고 난리가 납니다. 그러다
가 암컷이 알을 낳으면 이놈 저놈이 다 그 알 위에다 정액을 뿌리지
요. 그런 다음 수컷은 또 다른 암컷 위에 올라타 자극을 합니다. 따
라서 이 경우에는 일부다처제인지 일처다부제인지 애매합니다. 양
쪽이 다 여러 배우자를 만날 수 있는 예가 되지요. 다처다부제
polygynandry 또는 난교promiscuity인 셈이죠.

대부분의 수컷들은 여러 암컷을 차지하려고 갖가지 노력을 하는
데, 그중에 굉장히 재미있는 번식 구조가 하나 있습니다. 레크Lek라
고 부르는 번식구조인데, 미국 몬태나 주를 비롯한 중서부 평원 지
대에 사는 뇌조sage grouse 같은 새들이 종종 채택하는 번식 구조입니
다. 해마다 봄이면 수컷들이 거의 같은 자리에 날아와서 자리다툼
을 합니다. 그러다가 며칠 후 암컷들이 날아들면 개구리처럼 다들

덤벼들어서 암컷을 잡는 것이 아니라 점잖게 자기 자리를 지키면서 암컷이 다가오면 춤을 추며 노래를 합니다. 암컷은 그런 수컷을 잠시 쳐다보다가 마음에 들지 않으면 휑하니 다른 곳으로 날아가지요. 그러나 수컷들은 절대로 암컷을 건드리지 않고 춤만 춥니다. 암컷이 자기를 떠나 다른 수컷에게 가더라도 붙들지 않습니다. 암컷은 인간 사회의 기준으로 봐도 거의 완벽한 수준의 자유를 누립니다.

레크 번식을 하는 암컷은 어떤 수컷이든 마음에 들면 그 수컷하고 짝짓기를 하고 난 다음 그냥 혼자 새끼를 낳아서 키웁니다. 따라서 이런 사회에서 수컷이 하는 일은 딱 한 가지입니다. 암컷한테 잘 보여서 자기 정자를 암컷한테 선사하는 일, 그것뿐이죠. 자기 새끼가 어디서 어떻게 자라는지 전혀 모릅니다.

암컷들은 대체로 레크에 와서 굉장히 많은 시간을 보냅니다. 뇌조의 경우 때로는 일주일을 매일 찾아오기도 합니다. 마음의 결정을 쉽게 못하는 거죠. 하루 종일 이 수컷 저 수컷 살펴보다가 그냥 날아가고, 그 다음날 아침에 또 어제 본 수컷들을 보러 또 옵니다. 마지막에는 두 수컷을 골라놓고 그 수컷 사이를 왔다 갔다 하기도 합니다. 그러다가 어느 순간 결정해서 '그래, 너다!' 하고 잠자리를 같이하곤 훌쩍 날아가 버리죠. 레크의 암컷들은 왜 이렇게 신중한 것일까요? 먹이를 물어다 주는 수컷도 아니고 애 키우는데 옆에서 거들어주는 수컷도 아닌데 왜 이렇게 신중해야 되느냐 하는 것이 의문입니다. 학자들이 추측할 수 있는 것은 그래도 좀더 좋은 정자를 가지고 있는 수컷이 누구일까를 찾기 때문이라는 것입니다. 왜냐하면 받는 건 정자밖에 없으니까요.

정자는 바로 유전자를 말합니다. 어떤 수컷이 정말 훌륭한 유전자를 가졌을까? 분명히 그것을 가늠하는 것 같은데 어떻게 결정하는지는 아직 밝혀지지 않았습니다. 키가 큰 수컷을 원하는지 아니면 머리가 좋은 수컷을 원하는지 명확한 답이 밝혀지지 않았습니다. 아주 흥미로운 연구 과제죠.

새들 중에는 레크 번식을 하는 새들이 20여 종 됩니다만 90퍼센트 정도의 새는 대부분 일부일처제를 따릅니다. 새들은 알이 수정되자마자 밖으로 내놓습니다. 알을 몸 속에 지니고 있으면 암컷이 몸 안에서 키우느라 수컷이

코뿔새는 암컷은 알을 품고 수컷이 먹이를 날라 새끼를 키웁니다.

할 일이 없지만 알을 밖으로 내놓으면 꼭 암컷만 혼자서 알을 보살필 이유가 없지요. 그러니까 암컷과 수컷 둘이 알을 보게 되지요. 암컷이 둥지에 앉아 있으면 수컷이 나가서 먹이를 잡아오고, 수컷이 앉아 있으면 암컷이 나가서 먹이를 잡아오는 식으로 완벽하게 집안일과 바깥일을 절반씩 나눠서 하는 것이죠. 이런 이유 때문에 새들은 상당히 평등한 일부일처제를 유지합니다. 일부다처제를 하는 포유동물의 경우에는 수컷이 암컷한테 매력적으로 보여야 되니까 몸도 더 커지고 색깔도 화려해지고 뿔도 더 크게 나고 하는 과정을 거쳤지만, 새들은 그럴 이유가 없어 몸 크기의 차이가 별로 없습니다.

새의 사회에서도 어느 정도 분업을 하는 새들이 있습니다. 코뿔새는 암컷이 나무 구멍 속에 들어가 알을 낳으면 수컷이 진흙을 물어다가 구멍을 막습니다. 부리가 드나들 만큼만 구멍을 막은 다음, 암컷은 밖으로 나오지 않습니다. 암컷은 나무 구멍 속에서 그냥 알

만 품고 수컷이 혼자서 왔다 갔다 하면서 먹이를 나릅니다. 이런 제도는 사실 여러 면에서 수컷에게 불리합니다. 그렇더라도 현대 여성들은 코뿔새의 제도를 별로 좋아하지 않습니다. 그보다는 갈매기의 제도를 더 선호합니다. 갈매기는 둥지에 알을 낳고 일을 정확하게 둘로 나눕니다. 나가는 시간을 재보면 12시간씩 정확하게 같습니다. 갈매기 부부는 서로 나가지 않고 집에 있으려고 해서 가끔 싸움이 나기도 합니다. 나가는 것이 위험하니까 서로 나가지 않으려고 하는 거죠. 갈매기들의 교대시간이 굉장히 시끄럽습니다. 한쪽은 안 나가려고 하고 다른 쪽은 내보내느라고 그렇게 시끄러운 겁니다.

그런데 최근 90퍼센트의 새들이 일부일처제를 따른다는 믿음에 문제가 생겼습니다. 학자들이 한 둥지에서 태어나는 새끼들의 피를 조금 뽑거나 조직을 조금 떼어내 DNA를 조사해보니 아빠가 다른 경우가 많았습니다. 암컷이 의외로 여러 수컷을 상대하는 경우가 꽤 많다는 말이죠.

우리 풍습에 결혼한 사람들한테 금실이 좋으라고 선물하는 원앙은 사실 우리가 생각하는 그런 새가 아닙니다. 원앙 수컷은 아내랑 함께 다니다가 다른 암컷을 보면 그냥 아무 때나 아내가 보는 앞에서 겁탈합니다. 원앙 사회에서는 수컷이 자기 아내는 지키면서 남의 아내는 겁탈을 하려고 합니다. 원앙만 그런 것이 아니라 오리 종류의 새들이 대부분 다 그렇습니다. 공원에 있는 오리들을 조금만 주의 깊게 살펴보면 흔히 볼 수 있는 광경입니다. 우리가 일부일처제를 하고 있다고 믿었던 많은 새들이 사실은 이를테면 바람을 피우고 있었다는 얘깁니다. 실질적으로는 일부다처제와 일처다부제를 하는 겁니다.

자연계에서 대놓고 일처다부체를 하는 대표적인 새로는 연각$_{Jacana}$ 을 들 수 있습니다. 연꽃 위를 걸어 다니는 새인데, 암컷이 수컷보다 더 크고 힘도 세며 여러 수컷을 자기 영역 안에 거느립니다. 각각의 수컷과 짝짓기를 해서 알을 낳아주면 수컷이 알을 품고 키웁니다. 하지만 이런 예는 사실 동물계에 그리 많지 않습니다. 인간 사회에서도 불과 몇 종족밖에 없는 것처럼 동물 사회에서도 별로 흔하지 않습니다.

암수 각각에게 어떤 번식 구조가 더 유리한지를 따지기는 어렵지만, 암컷의 입장에서 보면 일처다부제 쪽으로 갈수록 유리합니다. 그러나 수컷의 입장에서 보면 일부다처제 쪽으로 갈수록 자기 유전자를 전파시키는 면에서 더 유리할 수 있습니다. 그래서 어느 동물이건 수컷은 일부다처제 쪽으로 밀고 가려고 하고, 암컷은 일처다부제 쪽으로 밀고 가려는 성향이 조금씩은 다 있을 것입니다. 그 갈등이 어떻게 타협을 이루느냐 하는 것이 문제죠.

따라서 어떻게 보면 이 종은 일부일처제를 하는 종, 이 종은 일부다처제를 하는 종이라는 식으로 못 박을 수는 없습니다. 한 종 내에서도 여러 전략을 택하는 동물들이 다 따로 있기 때문입니다. 인간 사회도 일부일처제를 하기 위해서 노력을 하지만, 늘 곁길로 빠져나가는 사람들이 있습니다. 실제로 인류의 역사를 돌이켜보면, 인류는 대체로 일부다처제를 해온 동물임에 틀림없습니다. 그렇지만 앞으로 세월이 흐르면서 다시 어떻게 바뀌어 나갈지는 전혀 다른 문제죠.

피카소의 그림 중에 〈어머니와 아이〉라는 작품이 있습니다. 아빠로 보이는 남자가 엄마와 아이에게 물고기를 한 마리 잡아서 갖다 주는 그림입니다. 아이는 물고기를 쳐다보고 손을 올렸지만 엄마는 물고기도 남자도 보지 않습니다. 조만간 여성들이 남자가 없어도 아이를 혼자 충분히 기를 수 있는 세상이 올지도 모릅니다. 그런 세상이 오면 과연 우리 인간의 짝짓기 유형은 어떻게 변할까요? 여자만 혼자 아이를 키울 수 있는 것도 아닙니다. 남자도 충분히 혼자 키울 수 있는 세상이 올지도 모릅니다. 그렇다면 결혼제도는 어찌 변할까요? 저는 종종 자연에 이미 답이 있을지도 모른다는 생각을 해봅니다.

21

▼

동물들의
자식 사랑

한국 부모의 자식 사랑은 세계적으로도 유명합니다. 동물의 세계에
도 끔찍이 자식을 사랑하는 부모가 많이 있죠. 작은 동물부터 큰 동
물까지 예를 한번 훑어볼까요?

절대 다수의 동물들은 그리 부모 자격이 있어 보이지 않습니다.
알을 낳은 후 그냥 팽개치고 사라지기 일쑤죠. 절대 다수가 그렇다
고 봐도 됩니다. 나비는 주로 나뭇잎 뒷면 여기저기에 알을 낳아놓
고 어디론가 날아가버린 채 상관도 않습니다. 알을 마냥 여러 개 낳
아놓고 그중 몇 마리는 살아남겠거니 하고 가버리는 것입니다. 그
래서 요행히 살아남는 것들이 예쁜 나비가 되는 것이죠.

이렇게 무관심한 부모가 정상이라고 말할 수는 없지만 그런 동물

모르포나비는 주로 나뭇잎 뒷면에
알을 낳는데, 부모는 어디론가
가버리고 상관도 않습니다.
요행히 살아남는 것이
예쁜 나비가 되는 것입니다.
© Dan Perlman

이 주류를 이루며, 자식을 보호하고 사랑하는 동물은 흔치 않습니다. 그러나 분명한 사실은 자식을 보호하고 사랑하는 동물 중에 성공한 동물이 많습니다. 그러니까 자식을 보호하고 투자한 동물들이 생존이나 번식에 유리하다는 분석이 가능합니다.

자식을 보호하고 사랑하는 동물을 살펴봅시다. 어떤 늑대거미는 알집을 만든 다음 그걸 빈대떡처럼 평평하게 만들어 늘 품에 안고 다닙니다. 좀처럼 내려놓지 않고 애지중지하며 키우죠. 거미를 연구하는 영국학자가 겪은 경험 중에 이런 일화가 있습니다. 거미를 한 마리 잡았는데, 거미 등에 새끼들이 올라타고 있었답니다. 어떤 거미인지 확실하지도 않고 해서 실험실에서 좀 자세히 살펴볼 생각으로 가져왔지요. 표본을 만들기 위해 새끼들을 붓으로 털어내고 어미를 알코올에 넣었습니다. 그리고 얼마를 기다렸다가 어미가 안 움직이기에 죽었구나 생각하고 새끼들을 병에 넣었지요. 그런데 새끼들이 들어오니까 죽은 줄 알았던 어미가 다리를 뻗어서 새끼들을 감싸 쥐고는 품에 안고 죽어가는 것을 보고는 가슴이 너무나 아팠다고 합니다. 독극물 안에서 죽어가면서도 새끼를 끌어안고 보호하는 것이 바로 어미의 모습입니다.

늑대거미는 알집을 만들어
항상 안고 다니면서
애지중지 키웁니다.

염낭거미는 나뭇잎을 주머니처럼 말아서 그 안에 들어가 새끼를 키웁니다. 꽁꽁 봉했으니까 외부에서 오는 위험은 없습니다. 그런데 문제는 새끼들의 먹이입니다. 염낭거미의 어미가 생각해낸 대안 먹이는 바로 자신의 몸입니다. 염낭거미 새끼들은 깨어나면 엄마의 몸을 먹고 큽니다. 자연계에서 자식 사랑이라면 인간이 최고라지만, 아무래도 염낭거미에게는 못 미치지 않나 싶습니다.

곤충의 세계에는 자식을 보호하는 곤충이 꽤 많습니다. 노린재는 알을 낳고 그 알들이 다 깨어난 후까지 새끼들을 보호합니다. 누가 옆에 와서 새끼를 괴롭히면 싸움을 해서라도 열심히 보호하죠. 보통 엄마가 이런 일을 하고, 아빠는 어디 갔는지 보이지 않습니다. 다른 노린재의 경우에는 여러 엄마들이 한꺼번에 탁아소를 차려서 같이 키우기도 합니다. 3~4마리의 엄마들이 새끼들을 모아놓고 함께 키우는 것이죠. 꽤 효과적인 방법이라고 할 수 있습니다.

은근히 징그러워하는 사람이 많은 집게벌레는 절대 사람을 물지 않습니다. 아무리 집게에다 손가락을 집어넣어도 물지 않습니다. 집게는 암컷한테 잘 보이기 위해서나 수컷끼리 싸움을 할 때 쓰는데, 그것도 집게로 집어 상처를 주는 것이 아니라 걸어 넘기는 데

사마귀는 알집을 만들어 열심히 보호하는데, 알집에 접근하면 싸움할 듯이 덤비고 난리가 납니다. 딱정벌레는 많은 알을 낳고 그 위에 올라앉아 곰팡이가 슬지 않게 닦아주고 보호하면서 키웁니다.

쓰는 정도입니다. 입으로 무는 것도 아니고 음식물을 지저분하게 하는 것도 아니므로 걱정할 필요가 없습니다. 이 집게벌레는 많은 종이 알을 입으로 닦아주며 열심히 보호합니다.

우리가 정말 징그럽게 생각하는 사마귀 어미도 모성애가 지극한 곤충입니다. 사마귀는 나뭇가지에 알집을 만들어 붙여 놓고 그곳에서 새끼들이 부화하여 나올 때까지 열심히 보호합니다. 대체로 베개 모양으로 생긴 알집이 많은데 열대에는 약간 동그스름하면서 펴진 알집을 만드는 사마귀도 있습니다. 알집에 너무 가까이 접근하면 사마귀는 싸움이라도 할 듯이 다리들을 휘젓고 난리가 납니다. 많은 종이 알만 보호하는 것이 아니라 새끼가 태어나면 그들도 데리고 다니며 보호하지요.

딱정벌레 중에도 자식을 보호하는 종이 많습니다. 미국에 많이 사는 감자딱정벌레는 알을 가득 낳아놓고 그 위에 올라앉아 보호합니다. 곰팡이가 슬지 않게 닦아주면서 말입니다. 감자딱정벌레와 굉장히 가까운 종으로서 노란색을 띠는 코스타리카 딱정벌레는 제가 한동안 연구한 종인데, 건드리면 나무 이파리를 발로 더 단단히 붙듭니다. 그러면 새끼들이 어미 몸과 나뭇잎 사이에 딱 달라붙어 잘 떨어지지 않습니다. 붓 같은 것으로 아무리 툭툭 쳐도 꼭 잡고

절대로 놓지 않을 정도로 끔찍하게 보호
합니다.

우리 시골에 옛날에는 꽤 흔했는데 최
근에는 보기 힘들어진 곤충 중에 말똥구
리가 있습니다. 말똥구리는 암수가 같이
새끼를 보호합니다. 말똥이나 쇠똥 같은
큰 짐승의 똥을 적당한 크기로 잘라서 돌

말똥구리는 큰 짐승의 똥을 말아서
그 안에 알을 낳아 새끼를 키웁니다.

돌 굴린 뒤, 땅을 파고 똥을 묻은 다음 그 안에다 알을 낳습니다. 초
식동물의 똥은 소화가 덜 된 상태로 나오는 경우가 많아서 아직 그
안에 영양분이 많습니다. 그래서 새끼가 깨어나서 그 안에 있는 영
양분을 먹고 크지요. 조금 지저분한 느낌이 들지만 훌륭한 삶의 전
략입니다.

이런 딱정벌레가 있는가 하면 죽은 동물의 몸에 알을 낳아 키우
는 송장벌레도 있습니다. 새나 쥐같이 작은 동물들이 죽으면 송장
벌레가 빠른 시간 안에 나타납니다. 냄새를 맡고 나타나 시체를 잘
근잘근 씹어 동그랗게 만듭니다. 그 다음에 땅을 파고 시체를 묻곤
그 속에 알을 낳습니다. 그러면 새끼들이 태어나 그것을 먹고 크지
요. 엄마 아빠는 새끼들이 다 클 때까지 옆에서 지킵니다. 최근 미국
학자의 연구에 따르면, 아빠가 조금 먼저 집을 떠난다고 합니다. 대
충 새끼들이 컸다 싶으면 아빠는 어느 날 슬며시 사라집니다. 또 다
른 암컷을 찾으러 간 거지요. 그리고 나머지 기간은 엄마가 혼자 키
웁니다. 자식을 꽤 오랫동안 보호하는 동물로 잘 알려져 있습니다.

속명이 *Cryptocerus*인 바퀴벌레는 우리말로 갑옷바퀴라고 하는
데, 마치 갑옷이나 투구를 뒤집어쓴 것처럼 단단한 껍질을 가지고

있습니다. 이 바퀴벌레는 깊은 산 속에 나무가 쓰러져 썩기 시작하면 그 썩어가는 나무둥치 안에 굴을 파고 살면서 부부가 몇 년씩 함께 새끼를 키웁니다. 작년에 낳아 키운 새끼들과 금년에 낳은 새끼들이 함께 살지요. 아직 완전히 밝혀진 것은 아니지만, 새로 태어난 새끼가 형, 누나들하고 같이 살다가 조금 있으면 그 자식들이 분가해 나가는 꽤 발달된 가족 제도를 이루고 사는 것으로 보입니다.

갑옷바퀴는 나무를 먹고 삽니다. 나무는 소화하기 어려운 먹이입니다. 나무를 갉아먹고 사는 흰개미가 장 속에 그 나무를 분해할 수 있는 미생물을 갖고 있고, 그 미생물을 서로 공유하기 위해서라도 모여 사는데 갑옷바퀴의 몸 속에도 비슷한 미생물이 삽니다. 그래서 학자들은 일찍부터 이 바퀴벌레가 어쩌면 흰개미와 같은 조상에서 갈라져 나왔을 것이라는 가설을 내세웠죠. 만약 그렇다면 흰개미가 오늘날 어떻게 그렇게 복잡하고 조화로운 사회를 만들게 되었는지 알아내기 위해 갑옷바퀴를 연구하는 것은 매우 중요할 것입니다.

갑옷바퀴는 오랫동안 미국 동부에 분포하는 한 종에 대해서만 연구가 되어 있었습니다. 그런데 1997년에 제가 케임브리지 대학출판부에서 출간한 책에 이 연구를 소개한 부분을 보고 제 학생 한 명이 한국에도 사는 것 같다는 이야기를 했습니다. 그럴 리가 없다고 생각했지만, 그 학생이 고집스럽게 산을 돌아다녀 그 바퀴벌레를 채집하여 들고 왔습니다. 반신반의하면서 외국 전문가에게 의뢰한 결과 갑옷바퀴가 맞다는 결론이 나왔습니다. 그는 갑옷바퀴를 연구하여 제 연구실에서 박사학위를 하고 호주에서 박사후 연구생활을 한 다음 귀국하여 여전히 갑옷바퀴를 쫓아다니고 있습니다. 현재 우리나라에도 세 종 정도가 살고 있고 만주에도 여러 종이 살고 있으며 러시아에서도 발견되는 것으로 알려져 있습니다. 그래서 아마도 동아시아가 이 바퀴벌레의 본거지이고 이것이 미국으로 건너간 것이 아닐까 하는 추측도 해봅니다.

갑옷바퀴의 새끼들도 흰개미처럼 부모로부터 미생물을 충전받습니다. 미국 학자가 연구한 것에 따르면 부모의 항문 주변에서 빨아먹는다는데, 그 동안의 우리가 관찰한 것에 따르면 항문 주변만이 아니라 마치 돼지 새끼나 강아지가 어미젖을 빨 듯 새끼들 여러 마리가 어미 몸 주변 곳곳에서 한꺼번에 빱니다. 그래서 어디에서 미생물이 나오는지, 젖꼭지 같은 것이 붙어 있는지를 연구하고 있지요. 아직까지는 명확한 결론이 나오지 않았습니다. 산 속의 썩어가는 나무 속에 그토록 새끼를 사랑하는 바퀴벌레들이 살고 있다는 것이 신기하지 않습니까?

바퀴벌레를 좋아하는 사람은 정말 드뭅니다. 하지만 놀라운 번식력으로 전 세계에 많은 수가 퍼진 바퀴벌레의 성공 배후에는 새끼를 끔찍하게 사랑하는 어미의 사랑이 있습니다. 집에서 바퀴벌레를 잡아본 사람은 알겠지만 어떤 바퀴벌레는 알집을 꽁지에 매달고 다닙니다. 새끼들이 다 클 때까지 알집을 몸에 지니고 다니는 것이죠. 또 어떤 바퀴벌레는 그것도 안쓰러워서 알집을 아예 몸 바깥으로 내놓지도 않습니다. 그냥 몸속에서 키우다가 나중에 그냥 새끼로 낳죠. 곤충 중에 이렇게 바로 새끼로 낳는 곤충은 꽤 드뭅니다. 이쯤 되면 포유류 수준이지요.

아빠가 자식을 키우는 곤충도 있습니다. 물자라는 아빠가 새끼를 키우는 대표적인 곤충입니다. 물속에서 알을 낳는데 여러 암컷한테

물자라도 수컷이 암컷들에게 알을
받아 등에 업고 다니면서 키웁니다.

'알 좀 낳아주시오' 해서 등에 알을 잔뜩 받은 다음 그 새끼들을 등에 업고 좋은 데만 데리고 다니면서 정성스레 키웁니다.

부성애가 끔찍하기로는 물고기가 단연 으뜸입니다. 물고기들은 알을 몸 밖으로 낳아놓고 체외수정을 하다 보니 오히려 수컷이 새끼를 키우게 되는 경우가 더 많습니다. 물고기인가 싶을 정도로 특이하게 생긴 해마는 짝짓기가 끝나면 암컷이 수컷의 배주머니에 수정란을 넣어주고 훌쩍 떠나버립니다. 그러면 아빠가 혼자 새끼를 키우죠. 이렇게 물고기 사회에서는 엄마가 혼자 새끼를 키우는 물고기보다 아빠가 키우는 물고기가 더 흔합니다.

물고기 중에서 자식 사랑이 제일 끔찍한 물고기는 아마도 시클리드류일 것입니다. 관상용으로도 많이 기르는데 주로 열대에 서식하는 민물고기죠. 시클리드 중에는 입속에서 새끼들을 키우는 종류도 있습니다. 알을 낳자마자 돌아서서 그 알을 삼키곤 입속에서 부화시키죠. 다 큰 새끼들도 입에 넣고 다니다가 좋은 데 가면 뱉어서 먹고 놀게 한 뒤, 조금만 불안해지면 다시 들이마셔서 입에 넣고 다른 데 가서 또 내놓습니다. 정성이 대단한 물고기죠.

물고기 중에는 바퀴벌레처럼 알을 밖에 내놓는 것이 안쓰러워 몸 안에서 부화시켜 새끼를 낳는 물고기도 있습니다. 보통 물고기는 대부분 무조건 알을 바깥에 낳는 걸로 아는 사람들이 많지만, 그런 원칙을 벗어나는 예외들이 항상 있습니다. 나는 물고기니까 무조건 이렇게 해야 된다는 원칙에 따르는 것이 아니라 종마다 자기가 사는 환경에 적응하기 위하여 다양한 방법을 진화시킨 겁니다.

진딧물도 꽤 많은 종들이 그냥 새끼를 낳습니다. 인간처럼 새끼를 몸 속에서 키워서 낳는 것이죠. 알로 낳아놓고 바깥에서 키우는 것보다 몸 속에서 키우면 확실하게 보호할 수 있습니다. 그것이

시클리드는 낳은 알을 삼킨 다음 입속에서 새끼들을 키웁니다.

바로 인간을 비롯한 포유류 동물들이 채택한 방법이지요. 자식을 처음부터 내놓고 키우는 게 너무 안쓰러워서 포유류 최초의 조상이 그렇게 한 것이죠. 자식한테는 기막히게 좋은 방법이지만, 그것이 과연 여성 즉 암컷에게 유리한 방법이었는지는 생각해볼 필요가 있습니다.

이제 척추동물의 자식 사랑을 살펴봅시다. 어류가 육상으로 올라오는 과정에서 생겨난 동물이 양서류입니다. 물과 육지 둘 다에서 살 수 있다고 해서 양서류라고 부르는데, 양서류 중에도 자식을 보호하는 동물들이 있습니다. 도롱뇽 중에는 굴을 파고 들어가서 자기 알을 천장에 끈끈한 물질로 매달아놓고 몸으로 감싸며 보호하는 종이 있습니다. 일반적으로 생각하는 양서류와는 달리 다리가 없어서 마치 지렁이나 뱀처럼 보이는 무족영원류caecilian라고 부르는 양서류가 있지요. 발가벗은 뱀이라는 뜻으로 '나사'라고 부르기도 하는데, 이들도 알을 낳고 그 알을 똘똘 감아 열심히 보호하며 키웁니다.

개구리나 두꺼비 중에도 새끼를 보호하는 것들이 종종 발견됩니다. 열대에 사는 것들 중에 새끼를 등에 업고 나뭇잎에 고인 물을 찾아다니며 열심히 보호하는 종이 있습니다. 물이 빠져나가면 또

물이 있는 다른 곳을 찾아다니며 새끼를 키우지요. 이것과 비슷한 방법으로 꼭 물을 찾아다니지는 않더라도 제 몸의 축축한 습기에다 새끼를 놓고 키우는 종들도 있습니다. 이 경우에도 아빠가 키웁니다. 이 개구리들은 몸의 색깔이 대단히 화려한데, 중남미에 사는 인디언들은 이 개구리를 잡아 독소를 뽑아 화살 끝에 묻혀 동물을 사냥할 때 씁니다. 개구리의 독소가 동물의 몸에 들어가면 신경을 마비시켜 원숭이처럼 큰 동물도 순간적으로 기절합니다. 그런가 하면 어떤 두꺼비는 등에 아예 주머니를 갖고 있습니다. 그래서 그 주머니 안에 새끼들이 들어가 삽니다.

도롱뇽은 굴을 파고 알을 천장에다 매달아놓고는 그것을 온몸으로 뒤집어 싸서 키웁니다. 나사도 알을 똘똘 감아 온몸으로 품어 키웁니다.

또 어떤 두꺼비들은 시클리드 물고기처럼 입속에 새끼를 물고 다니면서 키웁니다. 자식 사랑이 굉장한 개구리, 두꺼비들이지요.

조류는 거의 모든 새가 다 훌륭한 어미입니다. 둥지에 가면 밥 달라고 조르는 새끼들이 항상 있지요. 새 부모들처럼 고달픈 신세가 없는 것 같습니다. 잠시도 못 쉬고 계속 들락날락 하루에 몇 천 번을 왔다 갔다 하며 새끼를 키웁니다.

그런데 새들 중에서 참 괴팍한 놈이 있는데, 바로 타조입니다. 타조는 새끼를 키울 때 참으로 묘한 행동을 합니다. 타조 농장에서는 그런 일이 별로 안 벌어지겠지만, 타조 암컷은 새끼를 낳아 여기저기 몰고 다니면서 키우지요. 그러다가 새끼들을 몰고 다니는 다른 암컷을 만나면 싸움을 합니다. 그래서 싸움에 이긴 암컷이 남의 새끼까지 다 가져갑니다. 자기 새끼도 키우기 힘들 텐데 왜 그렇게 하는 것일까요? 타조를 연구하는 학자들의 관찰에 따르면, 새끼가 많을수록 내 새끼가 포식동물한테 잡아먹힐 확률이 떨어지기 때문이라는 겁니다. 곧 남의 새끼를 데려다가 자기 새끼는 가운데에 두고 방패로 삼는 것이지요. 그래서 보통 7~8마리의 엄마들과 싸움을 해서 새끼들을 다 모아 끌고 다닙니다.

양서류에서 파충류로 넘어오는 과정 또는 조류와 포유류로 넘어오는 과정 어딘가에 공룡이라는 존재가 있었습니다. 현재는 공룡에서 새가 나왔다는 것이 가장 유력한 학설이지요. 그렇다면 지금 모든 새들이 제 새끼들을 보호하는 것으로 보아 공룡도 분명히 그랬을 것이라는 추측이 가능합니다. 오랫동안 추측만 할 뿐이지 이렇다 할 증거가 없었습니다. 그런데 몇 년 전에 몽고 고비사막에서 놀라운 화석이 하

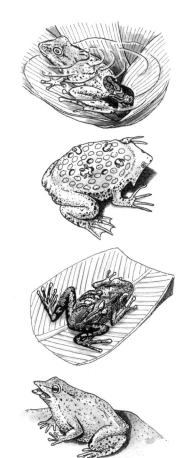

개구리 중에는 새끼들을 업고 물을 찾아다니거나 제 몸의 습기로 새끼를 키우는 종이 있습니다. 두꺼비 중에는 등의 주머니나 입 안에 새끼들이 들어가 사는 종이 있습니다.

나 발견되었습니다. 엄마 공룡이 알을 품고 있다가 흙을 뒤집어쓰고 그대로 죽은 화석이지요. 이 화석으로 학자들은 공룡도 오늘날의 새처럼 새끼를 보호했다는 완벽한 증거를 얻게 되었습니다.

새끼 보호에서 가장 앞서는 동물은 단연 포유류입니다. 많은 경우 대부분 엄마가 보호합니다. 임신만큼 확실한 보호는 없을 겁니다. 새끼가 태어난 후에도 젖을 먹이는 것뿐만 아니라 업고 다니는 것도 다반사입니다. 주머니쥐는 한 마리만 업고 다니는 게 아니라 4 ~6마리를 다 업고 다닙니다. 미국에서는 밤에 마을에서 돌아다니는 주머니쥐를 종종 볼 수 있는데, 불빛을 비추면 슬금슬금 도망을 갑니다. 별로 빨리 뛰지 못하니까 새끼를 업고 수챗구멍이나 숲속의 굴로 도망을 가는데, 그렇게 위험한 상황에서도 새끼들을 내려놓고 혼자 도망가지 않습니다. 애쓰는 어미의 모습이 측은하여 관찰하려고 쫓아가는 것이 미안할 정도입니다.

최근 새에 대한 연구에 따르면, 엄마 아빠 둘이서만 새끼를 키우는 방법 이외에 여럿이 함께 키우는 대가족 제도가 있다는 것이 밝혀졌습니다. 까치, 어치, 까마귀는 모두 까마귀과에 속하는 새들인데 다들 시끄럽지요. 또 말을 잘하는 새들이기도 한데, 어치는 다른 새들의 울음소리를 잘 흉내냅니다. 그런데 플로리다에 사는 어치들을 보면 어른 새 4~5마리가 모두 한 둥지에 먹이를 날라다줍니다. 이런 새들이 현재는 몇십 종 정도 밝혀져 있는데, 작년에 낳은 자식들이 시집장가를 가지 않고 집에 그냥 눌러앉아 동생들을 키워주는 것입니다. 작년에 낳은 아들딸은 시집장가를 가고 싶지만 그럴 만한 땅이 없는 경우가 많습니다. 그 지역에 벌써 땅을 차지한 새들이 꽉 차 있으니까요. 그래서 엄마 아빠 집에서 자리가 비기를 기다리면서 동생들을 보살피는 것입니다. 그러다가 어디 빈 땅이 나타나면 그때 분가를 하는 것이죠.

엄마 아빠의 형제들이 같이 키우는 경우도 있습니다. 이모나 고

모나 삼촌들이 함께 키우는 경우가 아프리카의 벌잡이새입니다. 코넬대학 팀이 날개에 이름표를 달아주고 수십 년 동안 관찰을 했습니다. 그 결과 생각보다 굉장히 복잡한 사회라는 사실이 밝혀졌습니다. 엄마 아빠를 도와주다가 갑자기 떠나서는

기생말벌은 곤충이나 거미를 잡아서 독침으로 마비시킨 뒤 그 몸에 알을 낳습니다.

삼촌 집에 가서 삼촌을 도와주다가 혼자 독립해야 될 것 같으면 결혼해서 혼자 나와서 살고, 결혼에 실패하면 다시 또 엄마 집으로 돌아가거나 삼촌 집에 가서 도와줍니다. 그리고 조카는 잘 사는데 삼촌이 결혼에 실패하면 또 조카 집에 가서 '너 좀 도와주며 같이 살아도 되니?' 하는 식으로 얽히고설켜서 서로 협동하며 삽니다.

마지막으로 자식을 보호하기는 하되 너무나 끔찍한 부모를 하나 소개합니다. 기생말벌은 굴을 만들고 곤충이나 거미를 잡아서 그 안에 넣은 다음 그 몸에 알을 낳습니다. 그런데 먹이가 될 곤충이나 거미를 완전히 죽이지 않고 독침을 쏴서 신경만 마비시킵니다. 그러면 멀쩡하게 살아 있는데 몸을 못 움직이는 겁니다. 이런 식으로 해서 말벌 새끼들은 살아 있는 싱싱한 생고기를 먹고 자라게 됩니다. 자식한테 아주 신선한 고기를 먹이기 위해서 남을 생매장시켜 놓은 것입니다. 당하는 입장에서 생각해보면 정말 끔찍한 일입니다. 마치 소 한 마리를 묶어놓고 소는 꼼짝 못하게 한 채 아이들이 매일 살아 있는 소를 베어 먹게 하는 것처럼 아주 잔인한 행동입니다. 그래서 다윈도 이 세상에서 제일 잔인한 동물이 기생말벌이라

고 썼습니다. 동물들의 사회를 연구하면서 이 점 또한 우리가 반면교사로 삼아야 할 점이 아닌가 생각해봅니다.

22

인간만
사회적 동물인가

인간만 사회적인 동물인가? 그렇지는 않습니다. 동물의 사회성에
는 여러 수준이 있지요. 서로 단순히 무언가를 함께 하는 수준의 사
회성도 있는가 하면 벌과 개미에서 보는 바와 같이 단순한 노동 분
업 수준을 넘어서 번식 분업이 이루어지는 사회도 있습니다. 이렇
게 번식 분업이 이루어지는 수준의 사회성을 진사회성eusociality이라
고 합니다. 이런 진사회성 동물들과 비교하면 인간의 사회성은 그
리 높은 수준이 아닐 수도 있습니다.

진사회성 동물의 사회에서는 누군가는 자식을 낳고 다른 개체들
은 그 누군가가 낳은 개체를 공동으로 기릅니다. 사실 우리 인간사
회는 그런 수준은 아닙니다. 우리는 누구나 다 자식을 낳을 수 있습

니다. 가끔 그렇지 못한 상황이 만들어져서 인권 문제가 되기는 하지만……. 꽤 오래된 얘기지만 싱가포르의 위대한 지도자 리콴유 수상이 머리 좋고 사회적으로 성공한 사람만 자식을 낳자는 법을 만들다가 정치적으로 큰코다친 적이 있습니다. 싱가포르는 조그만 나라인데 너도나도 다 애를 낳아 키우다 보면 이 나라가 어떻게 되겠느냐? 산아제한은 해야겠는데, 잘난 사람이 애를 안 낳고 못난 사람이 자꾸 애를 낳으면 궁극적으로 못난 사람들의 나라가 될 거 아니냐? 뭐 이런 주장이었습니다. 전형적인 우생학이 아니고 무엇이겠어요? 지나치게 유전자의 힘을 신봉한 나머지 그런 식으로 문제를 풀어가려고 한 아주 위험한 발상이지요. 나치의 히틀러가 한 일과 어떤 의미에서는 일맥상통하는 일입니다. 히틀러는 자기 종족만이 우수한 종족이라며 남의 종족을 말살시키는 작업을 하다가 인류의 심판을 받고 말았지요.

이런 일들만 보더라도 우리 인간은 번식 분업을 하는 동물은 아닙니다. 누구나 아이를 낳아 키울 수 있습니다. 물론 아이를 더 많이 낳을 수 있는 사람이 있고, 아이를 낳고 싶어도 경제적 여건 등이 안 돼서 못 낳는 사람이 있는 정도의 차이는 있습니다. 예를 들어 인류의 역사도 그런 관점에서 다시 보면 임금처럼 권력을 쥔 사람들은 아이를 많이 낳았습니다. 많은 여자를 혼자 차지할 만한 부와 권력이 있었으니까요. 왕이 아이를 많이 낳아야 왕족의 안녕이 유지된다지만, 그 결과 평민 남자들은 아내를 구할 수 없게 되죠. 이런 의미에서 보면, 우리 인간도 은근하게 번식 분업을 하고 있는지도 모르죠.

잎꾼개미가 진사회성 사회의 좋은 예를 보여줍니다. 중남미 열대에 살며 이파리를 끊어다가 그 위에 버섯을 경작해 먹는 놀라운 개미입니다. 여왕개미와 일개미가 같이 사는데, 여왕개미의 몸에 있는 유전자나 이 일개미의 몸에 있는 유전자나 다를 바가 없습니다. 둘 다 똑같이 암컷입니다. 같은 암컷인데도 한 암컷은 비대한 몸을 유지하며 알을 낳는 역할을 하고, 나머지 암컷들은 분명히 같은 여자로 태어났는데 일꾼이 되어 여왕의 부귀영화를 위해 온갖 노력을 다할 뿐 아니라 위험한 상황이 발생하면 기꺼이 목숨까지 바칩니다. 우리 사회에 비하면 엄청나게 조직적인 사회지요. 우리는 사실 법률과 도덕이라는 걸 만들어서 조직화하려고 매우 애를 쓰지만 기본적으로 상당히 개인 중심적

잎꾼개미는 각자 주어진 역할대로 조직을 이루고 사는 대표적인 진사회성 동물입니다. 여왕개미나 일개미는 둘 다 암컷이면서 동일한 유전자를 지녔지만, 여왕개미는 비대한 몸을 유지하며 알을 낳는 역할을 하고 일개미는 여왕개미를 위해 온갖 노동은 물론 목숨까지 바칩니다.

ⓒ Dan Perlman

인 동물입니다. 모든 사람의 권리를 평등하게 유지시켜주기 위해서 노력하지만, 기본적으로는 '내가 제일'인 그런 동물입니다. 그러나 개미 사회는 그렇지 않습니다. 일개미가 일방적으로 엄청난 희생을 치르지요. 정작 시집 한번 가보지 못하고 말입니다. 만약 이들이 우리와 같은 지성을 갖고 있다면 매일 번민하며 살겠죠. '도대체 나는 어쩌다 이렇게 태어났을까? 왜 나는 저 여자처럼 되지 못했을까? 부모를 잘못 만났을까? 전생에 무슨 죄를 졌기에?' 이런저런 고민이 많을 겁니다. 그런데 개미는 그다지 고민하는 것 같지 않습니다. 그저 매일 바쁘게 일하고 맡은 바 임무에 충실하며 살지요. 번식을 담당하는 개체가 있고 그 업무를 도와주기 위해 희생하는 개체들이

따로 있습니다. 우리처럼 '야, 너희들은 잘 먹고 잘 사는데 나는 뭐냐?' 가 아니라 누구는 잘 먹고 잘 살게 돼 있고 누구는 그것을 위해서 노력하게 돼 있다는 것입니다.

인류 사회에서 보면, 인도의 카스트 제도와도 비슷하다고 할 수 있죠. 인도는 못사는 사람들이 참 많은 나라입니다. 길을 걷다 보면 걸인들이 어렵지 않게 눈에 띄고 시장에 가 봐도 우리의 60년대 시장 같아 보입니다. 참 불쌍해 보이는 사람들이 많은데, 그 사람들이 앉아 있는 바로 뒤에 속이 훤히 들여다보이는 울타리가 쳐 있고 그 안에 골프장이 있습니다. 그 골프장 안에는 부자들이 하루 종일 골프를 치며 빈둥거리고 있습니다. 그런데 이상하게도 인도 사람들은 이런 상황에 별 불만이 없는 듯 보입니다. 자기가 지니고 태어난 계급의 굴레를 인정하고 사는 것이죠. 하지만 최근에는 드디어 인도의 카스트제도도 도전을 받기 시작했다고 들었습니다.

진사회성 동물에는 인도의 계급 구조와 같은 카스트가 있습니다. 여왕이라는 카스트가 있고 일꾼이라는 카스트가 있죠. 이미 삶의 시초부터 아주 다른 카스트에 속해 그렇게 살도록 돼 있는 것입니다. 개미 못지않게 진사회성을 보이는 곤충이 바로 벌입니다. 꿀벌 사회에도 여왕벌이 있죠. 다른 일벌들보다 어깨가 좀 큽니다. 혼인비행을 할 때 수벌들을 만나서 교미해야 하므로 날개 근육이 잘 발달했기 때문이죠. 알을 많이 낳아야 하니 배도 조금 긴 편입니다. 여왕벌 주변을 일벌들이 둘러싸고 있다가 여왕벌이 움직이면 따라다니며 몸도 닦아주고, 새로 갖고 온 좋은 꿀을 계속 먹여주기도 하고, 여왕벌이 낳은 알을 받아서 아가방에 넣어 키우기도 합니다. 여왕벌만이 자식을 낳고 나머지 여인들은 다 여왕벌의 자식을 돌보는 보모이자 일꾼이고 병정입니다.

하지만 우리가 볼 때 일벌이 전적으로 희생하는 것 같지만 보는 관점에 따라 달리 보일 수 있습니다. 어떻게 보면 일벌들 중에서 한 일벌이 여왕으로 뽑혀 평생 알만 낳는 기막힌 희생을 하는 건지도 모르죠. 왜냐하면 어차피 유전적으로는 비슷한 개체들이니, 내 몸을 통해서 자식을 낳으나 가까운 누이의 몸을 통해서 자식을 낳으나 유전적으로 별 차이가 없다면, 뭣 하러 그 궂은 일(알 낳는 일)을 하려 들겠습니까? 과연 누가 희생하는 건지는 그리 간단한 문제가 아닙니다. 이 사회의 구성원들은 유전적으로 굉장히 가깝게 뭉쳐 있어서 모든 것이 다 협동으로 이루어질 수 있습니다. 번식 분업도 기본적으로 협동을 바탕으로 이루어집니다. 협동이 밑바닥에 강하게 깔려 있기 때문에 가능한 것이죠.

말벌도 대표적인 진사회성 곤충이고, 그 다음으로는 흰개미가 또 대표적인 진사회성 곤충입니다. 흰개미 여왕 역시 평생 알만 낳습니다. 어떤 경우에는 배 안에 알을 너무 많이 가지고 있어서 혼자 힘으로는 잘 걷지도 못하죠. 그래서 "얘들아, 내가 저쪽으로 좀 옮겨야 되겠어" 하면 일개미들이 여왕개미의 배 가장자리를 입으로 물어서 들고 옮깁니다. 역시 흰개미 사회도 번식을 담당하는 개체가 있고 그를 돕는 개체가 따로 있는 겁니다.

그런데 흰개미는 개미, 벌, 말벌과는 좀 다릅니다. 개미, 벌, 말벌은 모두 벌목Hymenoptera에 속하지만, 흰개미는 아닙니다. 개미라는 이름을 붙인 것도 그렇고, 언뜻 보면 개미랑 꽤 비슷하게 생겨서 그냥 개미 중에 흰색을 띤 개미인가 생각하기 쉽지만 완전히 다른 종류의 곤충입니다. 흰개미는 따로 흰개미목Isoptera에 속합니다. 개미보다는 메뚜기에 가깝습니다. 이런 분류학적 차이뿐 아니라 유전학적으로도 큰 차이가 있지요. 벌목에 속하는 곤충들은 모두 반수이배체라는 성 결정 기제를 가지고 있습니다. 이 사회에서 남성은 모두 다 염색체를 반만 가지고 있지요. 우리 인간은 염색체를 23쌍 가지고 있습니다. 모두 46개를 가지고 있지요. 어느 세포나 크기가 서로 다른 23쌍의 염색체를 가지고 있습니다. 2개씩 똑같이 생긴 23쌍을 갖고 있지요. 하지만 벌목에 속하는 곤충들의 수컷은 한 쌍이 아니라 한 벌의 염색체만 가지고 있습니다. 예를 들어 12쌍을 갖고 있는 벌이라면 수컷은 24개가 아닌 12개의 염색체만 갖고 있습니다. 암컷은 24개를 모두 갖고 있는데 수컷은 반만 가지고 삽니다. 우리는 안 그렇죠. 우리는 암수가 모두 다 한 쌍씩 갖고 있습니다. 그러다가 정자나 난자를 만들 때는 이른바 감수분열이라는 것을 해서 46개의 염색체를 23개씩으로 나눠 정자 아니면 난자 안에다 넣어둡니다. 그 정자와 난자가 수정을 통해 만나면 다시 46개가 되는 것이죠. 그런데 벌목 사회에서는 암컷이 난자를 만들 때에는 감수분열을 하지만 수컷은 정자를 만들 때 감수분열을 하지 않습니다. 수컷은 자기가 가지고 있던 걸 모두 줍니다.

그런데 흰개미는 같은 진사회성 곤충임에도 유전적인 면에서 볼 때 벌목과는 다릅니다. 흰개미들은 우리처럼 이배체를 가지고 사는 곤충입니다. 반수이배체 곤충들에서 서로 돕는 일이 비교적 쉽게 진화한 것에 대해서는 꽤 좋은 이론이 나와 있습니다(이것에 대해서는 다음에 자세히 설명해드리지요). 문제는 이배체를 가지고 있는 흰개미 같은 곤충이 진사회성을 보이는 이유가 무엇이냐는 것입니다. 이배체를 가지고 있는 우리는 여왕을 만들어놓고 여왕만 혼자 자식

흰개미 여왕은 일개미들에게
음식을 받아먹으며
평생토록 알만 낳습니다.
인간처럼 이배체 동물인
흰개미가 어째서 다른
반수이배체 곤충처럼
진사회성을 지니는지는 매우
흥미로운 연구 주제입니다.
ⓒ Dan Perlman

을 낳게 하지 않습니다. 그런데 흰개미에서는 그런 일이 벌어집니다. 흰개미의 진사회성 진화는 아직도 많은 사람에 의해 연구되는 주제입니다.

그런데 얼마 전부터 위의 4종류가 진사회성 동물의 전부가 아니라는 것이 밝혀지기 시작했습니다. 더 있다는 것이죠. 동물행동학자에게는 굉장히 흥분되는 발견이었습니다. 그 가운데 몇 가지만 소개하면, 진딧물 가운데서도 진사회성을 띠는 진딧물이 있다는 사실이 밝혀졌습니다. 집에서 화분에 뭐 좀 잘 길러보려고 하면 진딧물이 다닥다닥 붙어서 화초를 시들시들하게 만들어버립니다. 그래서 화가 나서 막 문질러 다 죽여버리지요. 진딧물을 무서워하는 사람은 아마 없을 겁니다. 곤충을 징그러워하는 사람도 '진딧물 정도야' 할 정도로 진딧물은 정말 너무 미약한 존재입니다. 그런데 그런 진딧물 중에 남에게 대항해서 싸우는 진딧물이 따로 있다는 게 밝혀졌습니다. 머리 앞쪽에 뿔이 달려 있어서 적을 그 뿔로 찌르지요. 이들이 바로 병정진딧물입니다. 어느 진딧물이나 다 이런 걸 갖고 있는 것은 아닙니다. 이런 병정진딧물을 만드는 종들이 따로 있죠. 지금까지 전 세계적으로 50여 종이 발견되었습니다. 우리나라에도 몇 종이 살고 있다는 걸 제 연구실에서 찾아냈습니다. 머리 쪽에 뿔을 가진 놈이 있는가 하면 어떤 놈은 뿔 대신 앞다리가 굵게 발달해 있습니다. 튼튼한 앞다리는 상대를 꽉 조여서 죽이는 데 사용됩니다.

진딧물이 어떻게 그런 짓을 다 할까요? 1979년 진딧물의 진사회성에 관한 첫 논문이 일본 학자 시게유키 아오키Shigeyuki Aoki 박사에 의해 발표되었을 때 많은 사람들은 믿으려 하지 않았습니다. 아오키 자신도 처음 발견했을 때 진딧물이 그럴 수가 있을까 하고 의심을 했다고 합니다. 그러나 연구를 더 해보니까 분명히 같은 엄마로부터 태어난 새끼의 일부가 외부의 침략을 당하면 나가서 싸움하다가 장렬하게 전사하는 겁니다. 나머지들은 그러지 않고 집 안에서 잘 지내는데 왜 누구는 위험을 무릅쓰는 걸까요. 이것이 바로 그 세계에 번식 분업이 이루어지기 시작했다는 증거입니다. 이렇게 병정이 되지 않은 것들은 안에서 알을 낳을 수 있지만 병정이 되는 것들은 알을 낳지 않고 밖에서 그 알을 낳는 개체들을 보호하는 역할을 합니다. 그래서 제 연구진은 지리산 화엄사 근처에서 병정진딧물에 대해 연구를 했습니다. 왁스를 몸에 붙이고 조릿대에 모여 사는 진딧물입니다. 병정진딧물은 다른 놈들하고는 생김새부터 다른데, 옆으로 딱 벌어진 체격을 갖고 있습니다. 앞다리가 튼튼하고 몸이 아주 단단하게 생겼지요. 군락이 커짐에 따라 병정을 얼마나 많이 만드는지, 어떤 종류의 일을 하는지, 또 언제 만드는지, 새 군락을 만들 때 병정부터 만드는지 아닌지 등의 문제들을 연구하고 있습니다.

또 하나 연구하고 있는 종은 때죽나무에 서식하는 때죽납작진딧물입니다. 진딧물 암컷이 때죽나무 줄기에 구멍을 뚫으면 그 자리에 혹이 하나 생깁니다. 흡사 꽃처럼 생긴 혹입니다. 그 혹 안(모양이 바나나처럼 생기고 안이 비어 있습니다)에다 진딧물 암컷이 알을 낳으면 거기서 자식이 태어나 살게 되죠. 진딧물이 때죽나무로 하여금 집을 만들게끔 유도하고 거기다가 알을 낳는 것이죠. 그런데 재미있는 것은 새끼들 가운데 바나나같이 생긴 안쪽으로 들어가지 못하고 밖에 서성거리는 아이들이 있다는 것입니다. 이들이 왜 못 들어가는지, 이들이 나중에 이 혹을 지키는 병정진딧물이 되는지에 대해서는 계속 연구하는 중입니다. 지금까지의 잠정적인 결론은 못 들어간 새끼들이 있다는 정도입니다. 엄마의 입장에서는 이 안에 몇 명이나 들어갈 수 있는지 정확하게 셀 수가 없어 낳다 보니까 조금 많이 낳아서 못 들어간 새끼들일 거라고 잠정적인 결론을 내렸는데, 앞으로 실험을 좀더 해봐야 할 것 같습니다.

꽃을 벌려보면 그 안에서 고물고물 기어다니는 길쭉하고 가무잡잡하게 생긴 아주 작은 곤충이 있습니다. 총채벌레Thysanoptera라고 부르는 곤충입니다. 호주에서 발견된 20여 종의 총채벌레에서 병정이 있다는 사실이 밝혀졌습니다. 캐나다의 버니 크레스피Bernie Crespi 박사가 호주에서 발견한 총채벌레는 나무에 혹을 만들고 그 속에서 삽니다. 크레스피 박사가 연구한 병정은 앞다리가 튼튼해서 굴 문 앞에 버티고 있다가 뭔가 수상하다 싶으면 출동하여 싸움도 합니다. 이 사회에서도 역시 알을 낳는 개체들이 있고 그걸 보호하는 개체들이 따로 있는 것이죠. 그런데 호주 플린더스대학의 마이클 슈와르츠Michael Schwarz 교수가 최근 몇몇 종에서 병정이 알을 더 많이 낳더라는 결과를 밝혀 지금까지의 이론에 의문을 제기했습니다. 동물의 사회성에 대한 연구는 앞으로도 계속되어야 할 흥미로운 주제입니다.

또 다른 호주의 곤충학자들은 나무 속에 굴을 파고 사는 진사회성 딱정벌레를 발견했습니다. 이 딱정벌레들은 나무를 파먹어서 목재업을 하는 사람들에게 큰 골칫거리였죠. 이 문제를 해결하기 위해 연구를 시작했는데, 이 과정에서 진사회성 딱정벌레가 발견된 것입니다. 태어난 것들 중 어떤 것들은 병정이 되어 군락을 보호하더라는 것이 밝혀졌습니다.

이런 발견이 계속된다는 것은 동물행동자들에게는 매우 흥미로운 일입니다. 전에는 개미, 꿀벌, 흰개미만을 연구하다가 1980~90년대에 걸쳐 새로운 진사회성 동물들이 계속 발견되면서 그동안 세워놨던 이론 자체가 수정되어야 할지도 모르는 단계에 와 있습니다. 더 많은 문제들을 풀어야 하는 숙제를 안게 된 것이죠.

그러던 중 아주 흥미롭게도 새우 중에서 또 진사회성 동물이 있다는 논문이 나왔습니다. 참 이해하기 힘들죠. 새우들은 보통 집을 만들어 살지도 않고 산호초 사이로 떼지어 몰려다니는데, 이런 새우 중에도 진사회성 새우가 있다는 것입니다. 여왕새우가 있다는 것이죠. 한 마리가 자식을 낳고 나머지들은 그걸 도우면서 살아간다는 것입니다. 새우처럼 떠돌이 생활을 하는 것들은 진사회성을 갖기 굉장히 어려운 것으로 알려져 있는데 신기한 일이지요. 이것도 앞으로 연구 대상입니다.

이런 진사회성 동물로 드디어 포유류가 발견되었습니다. 두더지의 일종인데 어른 손바닥 위에 3마리를 올려놓을 수 있을 정도로 아주 자그마한 동물입니다. 이들 벌거숭이두더지naked molerat는 주로

벌거숭이두더지는 굴속에
모여 살며, 한 마리만 모든
새끼를 낳고 젖을 먹이고
나머지는 병정이며 일꾼인
사회를 갖추고 살아갑니다.

아프리카의 건조한 초원에서 땅굴을 파고 삽니다. 이 동물을 연구
하게 된 아주 재미있는 일화가 있죠. 미시건대학에서 동물행동학을
연구하는 리처드 알렉산더Richard Alexander라는 대가가 있는데, 이 양반
이 오래전부터 왜 곤충만 진사회성을 띠어야 되느냐, 포유류 중에
도 진사회성을 띠는 종이 있을 것이라고 예언(?)을 해왔습니다. 그
뿐 아니라 그 포유류는 땅속에서 살며 식물의 뿌리를 먹을 것이고
굴을 꽤 복잡하게 파고 사는 동물일 거라고 사뭇 구체적으로 예언
을 했지요. 무슨 근거로 그런 말을 했는지……. 하여간 알렉산더
교수는 가는 곳마다 그 얘기를 하고 다녔습니다. 실없는 사람처럼
말이죠. 알렉산더 교수의 예언에 따르면, 그 동물은 아마 설치류일
겁니다. 쥐과에 속하는 동물이지요. 그러던 어느 날 애리조나주립
대학에서 강의를 하는데 그곳에서 포유류를 연구하던 크리스 본Chris
Vaughn 교수가 '나, 그 동물 뭔지 알 것 같다'고 했다는 것입니다. 그
러면서 남아프리카공화국의 대학에 그런 동물을 실험실에서 키우
면서 연구하는 생물학자가 있다고 얘기했습니다. 재니스 자비스Janis

Jarvis라는 학자였습니다. 알렉산더 박사는 곧바로 자비스 박사한테 장문의 편지를 보냈습니다. '내가 이런 이론을 갖고 있는데 당신이 키우는 벌거숭이두더지가 아마 좋은 연구 재료가 될 것 같다. 내 추측이 사실인지 한번 확인을 해달라.' 그때까지 자비스는 7~8년을 실험실에서 벌거숭이두더지를 키우면서 사회성과는 전혀 관계없는 생리학적 연구를 하고 있었습니다. 자비스는 알렉산더의 편지를 받고 '어쩌면 그럴 수도!' 하면서 그동안 기록해놨던 데이터를 뒤져보았지요. 아니나 다를까 그중 딱 한 마리만 새끼를 낳는다는 사실을 발견했습니다. 그들은 굴속에서 모여 사는데 아기를 배는 암컷은 딱 한 마리밖에 없었습니다. 그 한 마리가 모든 새끼를 낳고 젖을 먹여 키웁니다. 말하자면 여왕인 셈이죠. 다른 것들은 다 이 여왕을 위해 일하는 병정들이고 일꾼들입니다. 알렉산더가 말했던 것처럼 이들은 식물의 뿌리를 갉아먹고 사는 설치류입니다. 알렉산더의 예언은 거의 다 맞아떨어졌습니다. 참 신기한 일이죠. 자비스 박사는 최근 이 종과 아주 가까운 두더지를 또 한 종 발견했는데, 그 종도 여왕을 갖고 있다는 것이 밝혀졌습니다.

이들은 아프리카의 건조한 지역의 땅에 구멍을 뚫고 그 안으로 내려가서 삽니다. 지하에 마치 개미굴처럼 많은 터널을 만들고 살지요. 터널을 파기 위해 앞니가 굉장히 발달되어 있습니다. 굴속에서 살다 보니까 눈은 거의 퇴화하고 귀도 작고 주로 냄새에 의지해서 사는 동물이지요. 굴 속 한쪽 구석에는 공동화장실이 있습니다. 다들 그곳에 가서 대소변을 보는데 변을 보고는 심심하면 거기서 뒹굽니다. 서로가 같은 군락에 속한다는 걸 확인하기 위해 화장실 냄새를 묻히는 것이죠. 그래야 냄새가 같아지는 것입니다. 공동화장실에 가지 않고 혼자서 굴의 변방에서 오래 지내다 보면 냄새가 달라져서 동료들한테 당하는 수가 생깁니다. '너, 혹시 바깥에서 들어온 놈 아냐?' 그러다 보니 이 사회의 구성원이라는 걸 서로 확인시키기 위해 종종 화장실에 가서 뒹굴어야 하는 것이죠. 우리 기준으로 생각하면 좀 지저분하지만……. 미시건대학의 알렉산더 박사는 벌거숭이두더지를 실험실에서 키우고 있습니다. 지하의 깜깜한 연구실에 플라스틱 튜브를 연결해서 그 안에서 키웁니다. 이제는 미국의 몇몇 동물원에 가도 이들을 볼 수 있지요. 대낮처럼 만들어놓으면 못 사니까 깜깜하게 해놓고 밖에서 적외선 망원경으로 이들이 돌아다니고 움직이는 것을 아이들이 볼 수 있도록 해놨습니다. 워낙 신기한 동물이라서 이들이 있는 동물원은 아이들에게 인기가 많습니다. 그걸 보기 위해서 아이들이 전국에서 몰려오지요.

인간이 사회적인 동물이기는 하지만 사회성만 놓고 보면 가장 진화한 동물은 아닙니다. 그렇다고 해서 인간이 세월이 가면 언젠가는 진사회성 동물이 된다는 얘기는 더욱 아닙니다. 인간은 인간 나름대로 독특한 사회성을 지니고 있는 겁니다. 사회성이라는 측면에서 보면 우리보다 훨씬 앞서 있고 더 조직적인 동물들이 있다는 것뿐입니다.

23

동물도
정치한다

앞장에서는 '인간은 사회적인 동물이다' 라는 사실에서 출발해 다른 동물들도 꽤 조직적인 사회를 구성하고 산다는 사실을 살펴보았습니다. 이번에는 '인간은 정치적인 동물이다' 라는 데에서 이야기를 시작해보려 합니다. 사실 인간은 굉장히 정치적인 동물입니다. 신문을 보면 정치 얘기가 절반을 차지합니다. 우리 사회에는 크고 작은 집단 간의 세력 다툼이 끊이지 않습니다. 평범한 일상에도 '정치적' 인 말과 행동이 담겨 있습니다. 동물들도 정치를 합니다. 우리가 하는 정치와 다르긴 하지만, 그들도 나름대로 정치 구조를 가지고 있고 정치 활동을 하며 정치적인 음모도 꾸밉니다. 상상을 뛰어넘는 권모술수를 부릴 때도 있지요. 그렇다면 동물 세계의 정치는 어떻게 펼쳐질까요?

먼저 사람과 가장 가까운 침팬지부터 살펴봅시다. 네덜란드의 아넴 동물원에는 침팬지들이 비교적 자유롭게 놀 수 있는 공간이 마련되어 있습니다. 많은 동물원의 침팬지들은 건물 안 우리에 갇혀 있다가 낮에 잠깐 밖에서 돌아다니곤 합니다. 반면 아넴 동물원은 침팬지들이 사는 곳을 섬처럼 만들고 가장자리에는 수로를 만들어놨습니다. 이 수로가 꽤 넓어서 침팬지들은 물을 건너뛸 수 없고 구경하는 사람들도 침팬지가 있는 곳으로 건너갈 수 없습니다. 침팬지와 관람객들이 상당한 거리를 두고 떨어져 있는 구조이지요.

현재 미국 에머리대학의 교수인 프란스 드발Frans de Waal 박사는 바로 여기서 오랫동안 침팬지 사회의 정치를 연구해서 『침팬지 폴리틱스Chimpanzee Politics』라는 매력적인 책을 썼습니다. 드발 박사는 인간 사회에서나 있을 법한 정치적인 중상모략과 권모술수가 침팬지 사회에서도 그대로 벌어지고 있는 것을 오랫동안 관찰하고 분석해서 이 책을 썼습니다. 마키아벨리가 얘기했던 인간 사회의 특징이 침팬지 사회에서도 그대로 나타나고 있음을 보여준 것이죠. 책이 처음 나왔을 때 사람들은 큰 충격을 받았습니다. "어떻게 침팬지를 그런 식으로 얘기할 수 있느냐? 그들이 어떻게 인간처럼 행동할 수 있느냐?"며 그를 비난했습니다. 그러나 이제 그런 식으로 얘기하는 사람은 더 이상 없습니다. 오히려 더 깊이 들어가 침팬지들의 심리까지 연구하는 상황이지요.

드발 박사는 힘센 수놈 세 마리가 있는 작은 침팬지 사회를 연구했습니다. 침팬지 세 마리가 권좌를 차지하기 위해서 벌이는 행각을 추적한 것이죠. 가장 힘이 세보여 권좌에 오래 있을 줄 알았던 놈이 다른 두 수컷의 움직임을 제대로 관찰하지 않아 어느 날 그 둘이 동맹을 맺어 한꺼번에 쳐들어오는 바람에 거꾸러지고, 그 다음에 치밀하게 계획을 세워 권좌를 탈환하고, 다시 찾은 자리를 지키기 위해서 탐탁지는 않지만 그 중 한 수컷과 계속 관계를 유지하고……. 그야말로 침팬지 삼국지입니다. 그리고 이 세 마리의 수컷 사이에 벌어지는 기막힌 세력 싸움 뒤에는 암컷의 세계가 있습니다. 수컷들이 정치판에서 그야말로 난장판을 치는 동안 실권을 쥔 암컷들의 세계에서는 어떻게 권력이 움직이는지, 또 수컷들의 권력 싸움을 어떻게 뒤에서 교묘하게 조정하는지를 드발 박사의 책은 흥미진진하게 보여줍니다.

침팬지 사회에서는 수컷이 모든 것을 주도하는 것처럼 보이지만, 요즘 연구에 따르면 꽤 많은 경우 암컷이 사회의 중심 세력이라고 합니다. 이른바 수컷의 정치적 생명은 아주 짧습니다. 한창 힘이 좋을 때 잠시 권좌에 있다가 조금만 빈틈을 보이면 다른 수컷한테 공격당해 거꾸러지고 말지요. 반면 암컷은 아주 오랫동안 권력을 누립니다. 물론 으뜸 수컷이 바뀌면 그 으뜸 수컷과 어울려야 하는 어려움이 있지만, 긴 시간을 놓고 보면 사회를 장악하고 있는 것은 암컷입니다. 암컷이 오래 살기 때문에 결국은 가장 나이 많은 암컷이 사회를 휘어잡고 뒤에 앉아서 조종한다는 얘기지요.

동물학자들이 이런 연구를 하는 동안 인류학자들은 옛날에 우리가 어떻게 살았는지를 연구합니다. 지금도 오지에서 수렵·채집 생활을 하는 종족들을 찾아가서 관찰해보면 침팬지 사회와 비슷한 세력 판도를 볼 수 있습니다. 물론 족장은 다 남성이지만 생명이 그다지 길지 않습니다. 한때 반짝하며 온갖 부귀영화를 누리다가는 거

요즘에는 침팬지를 비롯해
여러 영장류를 대상으로
그들이 어떤 식으로 서로 관계를
맺고 사는지 연구하고 있습니다.
지능의 진화를 연구하는 일부
학자들은 영장류의 지능이
가장 발달한 원인이 이처럼
관계 맺는 유동적인 구조에
있다고 보고 있습니다.

꾸러지고, 그러면 또 다른 족장이 나타납니다. 아니면 옆 군락한테
망해서 그쪽 족장이 득세하기도 하지요. 결국 그 사회에서 오랫동
안 사회의 모든 과정을 지켜보는 사람은 가장 나이 많은 할머니입
니다. 어느 사회에나 이런 할머니가 있다는 것을 인류학자들이 많
이 밝혀냈습니다. 그래서 새 족장은 먼저 제일 나이 든 할머니를 찾
아가 인사드리고 어려운 일이 생기면 그와 상의합니다. 여러 종족
에서 이런 현상을 볼 수 있고, 동물 사회에서도 이와 비슷한 일들이
벌어지는 것 같습니다.

그래서 요즘은 침팬지뿐만 아니라 여러 영장류를 대상으로 그들
이 어떤 식으로 서로 관계를 맺고 사는지를 연구하고 있습니다. 누
가 누구와 친구가 되고, 이익을 얻기 위해 누구와 손을 잡는
지……. 영장류 사회는 이런 관계에 관한 한 아주 유동적인 구조를
갖고 있습니다. 지능의 진화를 연구하는 일부 학자들은 인간을 포
함한 영장류의 지능이 가장 발달한 원인이 여기에 있다고 봅니다.
그처럼 복잡한 관계를 이해하고 또 그 관계를 자기한테 유리하게 이용하기 위해서 머리가 좋아졌다는 것이죠. 우리도 곧잘 세상에서 제일 어려운 건 인간관계라고 말하는데, 이런 맥락에서 보면 일리 있는 학설이지요.

고래는 사람 못지않게 두뇌가 거대하게 발달되어 있고 아주 영리한 동물로 알려져 있습니다. 특히 돌고래는 동맹을 맺었다 흩어지고 다시 맺기를 반복하고 또 동맹을 맺은 단체끼리 다시 동맹을 맺으며 삽니다. 자기가 속한 무리에서 남들과 항상 좋은 관계를 맺으며 사회적으로 좋은 평판을 유지하는 것이 돌고래 사회에서 성공하는 비결이라고 합니다. 그리고 앞서 소개했다시피, 벌거숭이두더지는 아프리카의 건조한 지역 땅 속에 사는 젖먹이동물로 정말 개미처럼 삽니다. 여왕이 하나 있고, 나머지는 다 일꾼들이죠. 그런데 최근 연구에 따르면, 이 벌거숭이두더지 사회는 완벽하게 신분이 세습되는 사회는 아닙니다. 어느 날 여왕이 죽고 나면 일꾼들 가운데 누군가가 여왕이 됩니다. 반면 개미 사회에서는 일단 일꾼이 되면 여왕이 될 수 없습니다. 벌 사회에서도 처음부터 운명이 정해져 있죠. 여왕벌로 태어난 애벌레는 일벌이 되는 애벌레보다 훨씬 많이 먹습니다. 사람들은 로열젤리를 여왕벌이 먹는 특별한 음식인 줄 알고 수선을 떨지만, 일벌들이 다른 애벌레보다 열심히 많이 먹여서 크게 키워낸 거죠.

그러나 두더지 사회는 구조적으로 닫혀 있는 것 같으면서도 어느 개체나 여왕이 될 수 있는 기회가 열려 있는 사회입니다. 그러다 보니 일은 하되 늘 마음은 젯밥에 가 있는 일꾼들이 있게 마련입니다. '언젠가는 나도 여왕이 돼야지' 하고 꿈꾸는 것이죠. 코넬대학의 컨 리브 교수가 관찰해보니 꾀를 부리는 일꾼들이 아주 많더랍니다.

죽어라고 일하는 순진한 일꾼들은 여왕이 죽고 난 뒤 여왕이 되고 싶어도 그 자리를 노리는 정치판에 끼어들어 싸움을 할 기운이 없습니다. 반면 여왕 자리를 노리는 두더지들은 틈만 있으면 쉬면서 몸을 가꿉니다. 그러다 기회가 오면 다른 놈들을 거꾸러뜨리고 여왕이 되지요. 물론 여왕이 가만있을 리 없습니다. 여왕이 와서 '으르렁' 하고 치받으면 꾀를 부리던 일꾼은 딱 굳어서 꼼짝을 안 합니다. "말씀하십시오. 제가 뭘 잘못했습니까요?" "나가서 일해. 왜 매일 놀고먹는 거야?" 그러면 그제야 슬금슬금 나가서 일을 하지요. 이렇게 게으름 피우는 일꾼들을 야단치는 일은 여왕의 중요한 일과 중 하나입니다. 하지만 이렇게 일은 안 하고 권좌를 노리는 일꾼들을 몰아붙여도, 결국에는 게으른 일꾼, 꾀부리는 일꾼 가운데 누군가가 즉위를 하게 됩니다. 그러니 다들 자꾸 자기 세력을 확보하는 데 신경을 쓰지요. 우리 정치인들의 모습도 크게 다르지 않습니다. 물론 정치도 직업이긴 하지만 평생 보편적인 의미의 생산적인 직업 한 번 가져보지 않은 양반이 대통령이 된 경우도 있지 않습니까? 우리 정치인들은 국민과 지역구민을 위해 일하지만, 내가 최고가 되어야 한다는 목표를 이루기 위해 더 많은 힘을 쏟는 것 같습니다. 그런 정치인들이 너무 많으면 나라가 제대로 되기 어렵죠.

개미 사회는 이미 결정된 사회라고 얘기했지만, 모든 개미가 다 그런 것은 아닙니다. 좀 원시적인 침개미아과Ponerinae에 속하는 개미들을 보면, 여왕 없이 일개미들끼리 사회를 구성하고 살거나 그 중 하나가 여왕 역할을 하는 종이 많습니다. 하나가 여왕처럼 살다가 죽으면 나머지 중에서 또 누군가가 그 역할을 맡습니다. 이처럼 완벽하게 운명이 결정되지 않은 개미를 연구하는 것이 모든 게 완벽하게 결정된 개미를 연구하는 것보다 더 훌륭한 결과를 얻을 수도 있습니다. 아직 결정이 안 됐으니 무슨 일이 벌어지는지 찾아보는 즐거움도 있죠.

제 연구실에서도 우리나라에 살고 있는 이런 종 하나를 연구했습니다. 이들을 보면 여왕이 있는 군락과 여왕이 없는 두 군락으로 나뉩니다. 여왕이 없는 군락은 대부분 일개미들끼리 따로 독립하여 살림을 차린 것입니다. 두 군락을 비교해보면, 여왕이 있는 군락은 질서 있고 안정된 사회를 이루고 있습니다. 여왕이 버티고 앉아서 여왕물질로 사회를 통치하지요. 아무도 여왕의 자리를 넘보지 않고 저마다 맡은 임무에 따라 열심히 일하면서 살아갑니다. 반면 여왕이 없는 군락은 완전히 난장판입니다. 그 중에서 여왕 역할을 하는 일개미가 하나 등장하는데, 힘으로 동료들을 제압합니다. 혼자서 알을 낳으니 마음이 놓일 리 없고, 그래서 허구한날 돌아다니면서 이놈 윽박지르고 저놈 윽박지르는 일을 멈출 수가 없습니다. 또 나머지 일개미들은 일을 하면서도 틈만 나면 싸울 기회를 노립니다. '내가 저놈을 거꾸러뜨리고 권력을 잡아야 하는데' 하면서요. 그러니 또 싸움이 끊이질 않죠. 그러다 보니 권좌에 오래 있을 수도 없습니다. 물론 제일 힘센 놈이 여왕이 되지만 자리를 지키기 위해 제대로 먹지도 못하고 매일 윽박지르며 돌아다니다 보니 기운이 빠지죠. 그러면 어느 순간에 더 센 놈이 갑자기 공격해서 거꾸러뜨립니다. 이 개미 역시 시간이 지나면 힘이 떨어지고 그 다음에는 다른 개미가 등극하고…… 이런 과정을 되풀이하느라 바람 잘 날이 없습니다. 여왕이 있는 나라의 고요한 평화와는 전혀 다른 모습이죠. 이처럼 다른 두 개미 사회의 모습에서 우리 인간이 왜 정치 구조를 만

말벌은 자매들이 함께
집을 짓는데, 그중 하나가
여왕말벌이 되고 나머지는
일말벌이 되어 도와주며
사회를 건설합니다.
ⓒ Dan Perlman

들었는가에 대한 답을 찾을 수 있을지도 모릅니다. 물론 왕이나 권력자가 있는 사회에서 권력을 쥐지 못한 개체들은 억울한 점이 많을 겁니다. 모두가 권력을 쥘 수 있다면 좋겠지만 그럴 수는 없는 거죠. 게다가 권력을 쥔 사람들이 늘 권력이 없는 사람들을 위해서 정치를 하는 것은 아닙니다. 백성을 위해서 노력한 정치가들이 없는 것은 아니지만, 권력을 쥔 사람들이 권력을 유지하기 위해 노력했던 게 사실입니다. 인류 역사가 이것을 증명해주죠. 그러나 무리를 이루어 살다보면 정치 구조를 갖고 있는 것이 불합리한 점도 많지만 결과적으로 볼 때 대부분의 개체들에게 유리했기 때문에 그런 사회로 진화를 해온 것입니다.

말벌 사회를 살펴볼까요? 이들도 여왕말벌과 일말벌이 아주 조직적인 사회를 구성하고 삽니다. 그런데 여왕말벌은 처음부터 여왕으로 정해져서 태어나는 게 아닙니다. 모두가 같이 겨울을 나고 봄에 모여서 집을 짓는데, 그중 하나가 여왕이 되고 나머지는 여왕의 시녀가 되지요. 이들은 모두 암컷으로서 대부분의 경우 자매들입니다. 자매들 중 하나가 여왕이 되고 나머지는 그 자매를 도와줍니다. 물론 제일 큰언니가 여왕이 되라는 법은 없습니다. 어머니가 딸을 낳는 순서가 정해져 있는 게 아니라, 알을 죽 낳아 놓으면 어렸을 때 얼마나 잘 먹느냐에 따라서 몸 크기가 달라지기 때문이죠. 하지만 제일 몸이 큰 말벌이 여왕이 되는 것도 아닌 듯합니다. 벌도 대체로 굉장히 가까운 형제나 친척들이 모여서 나라를 세웁니다. 꿀벌 사회는 매우 세습적인 사회로서 여왕벌의 딸들 가운데 하나가 다음 여왕이 되지요.

이처럼 서로 연결된 벌 사회와는 달리 개미 사회는 독립적입니다. 여왕개미들은 대부분 혼자서 나라를 세웁니다. 혼인비행을 마치고 새로운 나라를 세우기 좋은 장소를 찾으면 날개를 떼어버리고 문을 걸어 닫은 채 혼자 새끼들을 키워냅니다. 그런데 여러 학자들이 연구한 결과 꽤 많은 개미 종에서 여왕들이 서로 협동하는 것으로 밝혀졌습니다. 한 여왕개미가 만든 나라는 여러 여왕들이 연합해서 세운 나라가 공격해오면 무너질 수밖에 없습니다. 혼자서 일개미 5마리를 만드는 동안에 여왕 넷이서 20마리를 만들어 쳐들어오니 당할 수밖에 없는 것이죠. 이처럼 경쟁이 치열한 사회에서는 여왕들끼리 동맹을 맺어야만 살아남을 수 있습니다. 전 세계에서 몇십 종을 연구한 결과, 동맹자들이 친척 사이로 밝혀진 종은 하나도 없었습니다. 이것이 개미 사회의 독특한 점입니다.

저는 1980년대 중반부터 귀국하기 전인 1990년대 중반까지 중미 코스타리카의 몬테베르데라는 고산 지대에서 아즈텍개미를 연구했습니다. 이들 아즈텍개미에서 친척이 아닌 정도가 아니라 완전히 종이 다른 여왕들이 함께 나라를 세우는 것을 처음으로 발견했지요.

몸집이 아주 작지만 아주 사나운 아즈텍 일개미는 트럼핏나무 속에 삽니다. 이 나무는 개미가 들어와서 살게 해주기 위해 이처럼 속이 빈 모양으로 진화했습니다. 아즈텍 일개미는 트럼핏나무를 끊임없이 오르락내리락 하면서 단물도 채취하고 초식곤충들도 물어뜯어 죽입니다.

ⓒ Dan Perlman

아즈텍개미는 몸집이 아주 작은데도 얼마나 사나운지 근처에 잠시만 서 있으면 온몸을 물어뜯습니다. 아즈텍개미는 트럼핏나무*Cecropia* 속에 사는데, 번식력이 굉장히 좋은 이 나무는 잘라보면 나무줄기가 대나무처럼 텅 비어 있습니다. 물관은 가장자리로 올라가고 가운데는 비어 있습니다. 단단한 상태로 공간을 활용하는 여느 나무들과 달리 이처럼 독특한 모양으로 진화한 것은 그 안에 개미가 들어와서 살게 해주기 위해서입니다. '에이, 설마 개미더러 들어와서 살라고 그랬을까요?' 하겠지만, 뒷받침할 만한 증거가 있습니다.

아즈텍개미들은 이 나무속에 들어가 알을 낳고 애벌레를 키우면서 삽니다. 그뿐이 아닙니다. 트럼핏나무는 집만 제공하는 게 아니라 음식물도 만들어줍니다. 이파리의 잎맥들이 갈라지는 곳에 있는 꽃밖꿀샘에는 아즈텍개미를 위하여 단물을 준비해둡니다. 그런가 하면 작은 이파리의 밑동에는 식물이 만든 것임에도 동물성 단백질이 듬뿍 들어 있는 뮐러체라는 영양식품을 매달아놓습니다. 아즈텍개미들은 이것을 하나씩 뽑아다 집에 쌓아놓고 먹습니다. 그들이 먹는 음식의 90퍼센트 가량이 이것이죠. 집도 주고 먹이까지 주는 고

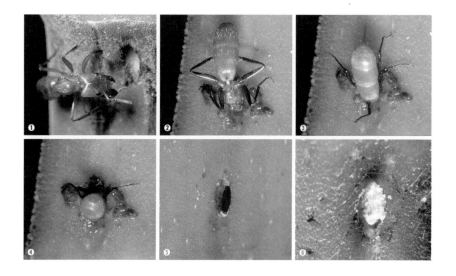

마운 나무이니 개미들은 정성을 다해 보호합니다. 끊임없이 오르락내리락하면서 침입자가 나타나면 다 물어뜯어 죽이기 때문에 이 나무에는 초식곤충이 들러붙을 새가 없습니다. 모르

아즈텍 여왕개미는 혼인비행을 마치고 트럼펫나무의 얇은 줄기 부위(1)를 뚫고 들어갑니다. 들어가고 나서는 안쪽에서 안벽을 긁어서 문을 막아버립니다(6).
ⓒ Dan Perlman

고 왔다가 한 놈한테 걸렸다 하면 졸지에 몇백 마리의 개미들이 달려들어 끌고 들어가 다 먹어치우니 얼씬할 수가 없지요. 심지어는 다른 개미들도 이 나무에 잘못 들어오면 능지처참을 당합니다.

또 아즈텍개미는 나무 근처에 들러붙는 다른 식물의 덩굴까지도 다 잘라냅니다. 트럼펫나무가 잘 자라는 것은 이런 개미들의 돌봄 덕분이죠. 다른 나무들은 곤충에 뜯기는 데다 주변의 다른 식물들과 부대끼며 살아야 하지만, 트럼펫나무는 아즈텍개미들이 곤충을 비롯하여 모든 침입자와 경쟁자들을 싹 다 치워주니 혼자 햇빛을 받으며 광합성을 활발히 하여 빨리 크는 것이죠.

이 나무의 줄기를 잘라보면 마치 고층 아파트처럼 생겼습니다.

건너편 아파트 거실 창문들을 들여다보고 있는 듯합니다. 나무가 자라면 맨 꼭대기에 새로운 방이 또 하나 생기고, 새로운 주인이 들어옵니다. 얼마 있다 보면 그 위에 한 층을 더 올립니다. 또 누가 들어와서 살 집입니다. 이렇게 층을 올리면서 새 입주자가 계속 들어오는 아파트인 셈입니다. 혼인비행을 마친 여왕개미는 나무를 하나 찾아서 내려앉아 위아래로 한두 번 왔다 갔다 하다가 날개를 끊고 나무에 구멍을 뚫고 들어갑니다. 트럼핏나무는 얼마나 세심한지 개미를 위해 방을 만들면서 현관문 자리까지 마련해놨습니다. 줄기 한 부위의 벽을 얇게 해놓은 것이죠. 여왕개미가 여기를 뚫고 들어가는데, 완전히 안으로 들어갈 때까지 두 시간 가량 걸립니다. 머리가 먼저 들어가고 가슴과 배가 들어가면 안쪽에서 벽을 긁어 그걸로 문을 막습니다. 이렇게 현관문을 잠가버리면 다른 개미가 더 이상 들어갈 수가 없죠. 하지만 일주일 정도는 허술해서 밀고 들어갈 수 있습니다. 그 기간이 지나면 나무가 물질을 분비해서 현관문 주위가 아주 단단하게 닫힙니다. 대략 일주일 동안은 다른 여왕들이 들어와서 함께 살림을 차릴 수 있다는 얘기입니다.

1984년 저는 완전히 종이 다른 아즈텍개미 여왕들이 동맹을 맺는 모습을 관찰했습니다. 위층에는 붉은색을 띠는 여왕 둘이 사는데, 그 아래 집을 보면 붉은 여왕과 검은 여왕이 같이 있습니다. 말하자면 고릴라와 침팬지가 한 살림을 차려서 같이 아이들을 기르는 셈이죠. 도대체 어떻게 이런 일이 가능한 것일까요?

트럼핏나무가 다 자라고 나면 15~20미터 정도의 큰 나무가 되는데, 이런 큰 나무 속에 여왕은 단 한 마리밖에 없습니다. 저와 지금은 미국 브랜다이스 대학의 교수인 제 동료 댄 펄만Dan Perlman 박사는 나무 다섯 그루를 잘라 열어보면서 이 사실을 밝혀냈습니다. 한 그루에 대략 500만 마리가 사니까 무려 2,500여만 마리의 개미들을 뒤져서 찾아낸 결과입니다. 그러니까 그 많은 집안 중에 어느 한 집안이 득세를 하고, 그 집안에 같이 살던 몇 마리의 여왕 가운데 한 마리가 최후의 여왕으로 남는다는 얘기지요. 그야말로 피비린내 나는 경쟁이 펼쳐지고, 그 속에서 승자가 되기 위해 적들끼리 손을 잡는 것입니다. 이런 과정을 살아 있는 나무 속에서 관찰하고 싶었는데 그리 쉽지 않은 일이었습니다. 오랜 시행착오 끝에 방법을 찾

아즈텍 개미는 한 트럼펫나무에 붉은 여왕과 검은 여왕이 함께 살림을 차리기도 합니다. 하지만 나무가 다 자라고 나면 여왕은 단 한 마리만 남습니다.
ⓒ Dan Perlman

았습니다. 종이에 구멍을 뚫는 기구를 사용하여 살아 있는 나무에 동그랗게 구멍을 뚫었습니다. 구멍 안으로 여왕개미들이 앉아 있는 것이 보입니다. 그분들을 꺼내서 '죄송합니다' 하며 이름표를 달아준 다음에 다시 집어넣고는 고무마개로 막았지요. 그리고 관찰을 할 때는 고무마개를 빼고, 마치 의사 선생님이 내시경으로 장속을 들여다보듯이 누구와 살고 있고 누가 누구와 무슨 다툼을 하는지 추적해나갔습니다. 여왕개미들은 대부분 아주 친하게 지냅니다. 이 때에는 외부에서 음식물을 들여오는 게 아니라 방문을 닫아건 채 여왕개미의 몸에 축적되어 있는 영양분으로 새끼들을 먹입니다. 자기 몸을 녹여가면서 자식을 키우는 것이죠. 그러니 옆에 있는 여왕이 친근하고 사랑스러울 수밖에 없겠지요. 자식을 키우는 어미로서 처지가 같으니까요.

이렇게 해서 충분한 숫자의 일개미들을 키워
내면, 어느 날 일개미들이 현관문을 뚫고 바깥
세상으로 나갑니다. 이들은 제일 먼저 식물이
분비해주는 음식물인 뮬러체들을 끌어들입니
다. 불과 2~3일이면 나무에 있는 거의 모든
뮬러체들을 수거합니다. 그러니 2~3일만 늦게 굴 문을 뚫고 나오
는 군락도 굶어 죽는 겁니다. 남의 집보다 하루라도 먼저 나가서 음
식물을 모두 거두어들이는 게 바로 이들의 경쟁 목표입니다. 이 세
상에서 인간 말고 당장 먹을 것보다 더 많은 식량을 비축하는 동물
이 바로 개미와 벌입니다. 이렇게 쌓아놓으니 늦게 나온 다른 집은
먹을 게 없어서 다 죽습니다. 그러면 저절로 나무 전체를 장악하게
되죠.

그런데 이때부터 여왕들의 눈빛이 달라집니다. 일개미들이 먹을
걸 가지고 들어오기 시작하면서 여왕개미들의 싸움이 시작됩니다.
조금 전까지만 해도 자신의 몸을 녹여 함께 자식을 기르던 그 사랑
스런 동료가 이제는 음식을 축내는 미운 존재가 되는 겁니다. 여왕
이 한 마리 남을 때까지 서로 물고 뜯는 혈투를 벌입니다. 이렇게
정치 싸움을 벌일 때 나무 아래를 보면 개미 머리들이 뚝뚝 떨어져

있습니다. 죽은 여왕의 시체를 일개미들이 내다버린 것인데, 다른 부분은 먹을 수 있지만 머리는 먹을 수가 없어서 머리만 밑에 떨어져 있는 것입니다. 이런 모습이 보이면 드디어 정쟁이 시작되었다는 걸 알 수 있죠. 그리고 얼마 뒤에는 한 마리의 여왕만 남습니다. 이 피비린내 나는 싸움에서 최후의 승자가 되기 위해서는 침팬지든 오랑우탄이든 가리지 않고 일단 힘을 합쳐서 정권을 잡아야 하므로 트럼핏나무를 온전히 차지할 때까지는 설령 종이 다르더라도 협동을 하는 겁니다. 이들의 협력 과정은 거의 정당 정치에 가깝습니다. 이처럼 동물 사회는 우리가 상상하기 어려울 만큼 높은 수준의 정치 활동을 하고 있습니다.

24

몸과 마음의 진화:
다윈의학

그동안 동물에 대해서 계속 얘기했는데 잠시 인간으로 눈을 돌려봅시다. 동물 얘기를 하다가 웬 인간 얘기인가 하겠지만, 인간도 엄연한 동물이니까 사실 이상할 건 없지요. 여기서 다룰 주제는 인간의 몸과 마음도 결국 진화의 산물이라는 얘기입니다. 그런데 우리의 몸과 마음을 치유하는 학문인 의학은 그동안 진화의 개념과 상관없이 발달해온 게 사실입니다. 의학과 가장 가까운 학문을 들라면 당연히 생물학이고, 생물학의 기본이 진화의 개념인데 이상하게도 의학은 진화학과 철저하게 담을 쌓고 살아왔습니다. 이런 상황을 반성하면서 진화생물학과 의학을 묶어 새로운 방향을 모색하는 학문인 진화의학 또는 다윈의학이 새로 등장했는데, 이 흐름을 한번 살

조지 윌리엄즈와 랜디 네스는 다윈의학자들로서 인간도 다른 동물이나 식물들처럼 진화의 산물임을 받아들이면 우리를 괴롭히는 여러 질병을 해결할 수 있는 좀더 체계적이고 합리적인 길이 열릴 것이라고 주장합니다.

펴봅시다.

거듭 말하지만 생물학의 기본적인 중심 이론은 찰스 다윈의 진화론입니다. 의학에 종사하는 사람들에게 의학과 가장 관련이 깊은 학문이 뭐냐고 물으면 아마도 거의 모두가 생물학을 꼽을 것입니다. 의과대학에서 가르치는 많은 과목은 생물학과에서 가르치는 과목과 겹칩니다. 그런데 생물학에서는 진화생물학의 이론이 가장 중요한 뼈대 이론인데 생물학과 가장 가깝다는 의학은 진화의 개념을 전혀 다루지 않는다는 것이죠. 의학과 진화생물학을 연결해서 바라보기 시작한 것은 겨우 10여 년 전 일인데, 그 주역이 조지 윌리엄즈George Williams와 랜디 네스Randy Nesse입니다.

조지 윌리엄즈는 현존하는 가장 위대한 진화생물학자라고 해도 지나치지 않은 사람입니다. 앞서도 얘기했듯이, 젊은 시절 옥스퍼드대학교에 있을 때 『적응과 자연선택』이라는 책을 펴냈지요. 생물학계에서 다윈의 이론을 제대로 이해하지 못하고 자꾸 엉뚱한 소리 하는 걸 안타까워하여 쓴 책인데, 그는 여기서 다윈에 대한 오해를 아주 명확하게 꼬집었습니다. 이 간단명료한 얇은 책으로 윌리엄즈는 단번에 유명해졌고, 그 뒤 아주 많은 업적을 남겼습니다. 랜디 네스는 미국 미시건대학교 의과대학 정신과 교수입니다. 제가 미시건대학에서 가르칠 때 웬 의과대학 교수가 허구한날 자연사박물관에 와서 빈둥빈둥 돌아다니곤 하더군요. 그래서 그렇게 할 일이 없느냐고 농담을 하곤 했는데, 할 일이 없어서 그런 게 아니었습니다. 10여 년 동안 자연사박물관에 드나들면서 독학하다시피 진화생물학을 새롭게 공부하여 전공자들보다도 더 깊이 있는 연구를 하고 있었던 것이지요. 그는 학계의 문제점들을 근본적으로 풀 수 있는 방법을 고민하다가 어느 날 바로 이거구나 하고 무릎을 쳤습니다. 진화생물학의 기본 개념이 의학에 들어와야 한다고 깨달은 것이죠. 그래서 같은 생각을 하고 있던 윌리엄즈에게 함께 일하자고 제의했습니다. 이렇게 두 사람이 손을 잡고 1990년대 초반에 『인간은 왜 병에 걸리는가』(최재천 옮김, 1999)라는 책을 출간하며 새롭게 만든 학문이 바로 다윈의학Darwinian medicine입니다. 어떤 사람들은 진화의학evolutionary medicine이라고 하지요.

왜 의사와 의학자들은 인간을 바라볼 때 다른 동물이나 식물들처럼 진화의 산물이라는 것을 생각하지 못하는가? 다윈의학자들은 이렇게 묻습니다. 침팬지가 진화를 해온 동물이듯이 인간도 진화의 산물입니다. 이 사실을 받아들이면, 우리를 괴롭히는 여러 질병을 훨씬 더 근본적으로 이해할 수 있으며 좀더 체계적이고 합리적인 치유방법을 찾을 수 있다는 것이 다윈의학자들의 주장입니다. 이를테면 감염성 질환, 즉 전염병을 한번 살펴봅시다. 20세기를 보내면서 과학자나 의학자들은 가장 위대한 발명 가운데 하나로 페니실린의 발명을 꼽았습니다. 그전에는 무수히 많은 사람들이 전염병으로 죽어갔는데 페니실린이 만들어지면서 많은 사람들의 목숨을 건졌으니 이처럼 엄청난 사건이 없다는 것이죠. 1969년 미국 보건위생국장은 "전염병의 시대는 막을 내렸다"고 공개적으로 호언장담을 했습니다. 하지만 너무 성급한 얘기였죠. 물론 전염병이 많이 줄어든 것은 사실이지만, 모든 전염병이 사라진 것은 아닙니다. 새로운 전염병이 돌고 예전에 없어진 줄 알았던 전염병들이 다시 돌아오고 있습니다.

일반적인 감염성 질환을 봐도 예전에는 페니실린으로 간단하게 치료할 수 있었는데 요즘은 치료가 안 되는 것들이 많습니다. 항생제에 대한 내성이 강해졌기 때문이죠. 한국은 세계에서 항생제 남용이 가장 심각한 나라 중 하나입니다. 예를 들어 아이가 몸이 아파 병원에 가면 의사선생님이 항생제를 주면서 "몸이 나아지는 것 같더라도 끝까지 드십시오" 하고 부탁합니다. 그런데 사흘쯤 지나 아이 상태가 좋아지면 그만 먹여도 되겠지 하고 멈추는 경우가 많습니다. 내 몸 안에 들어온 병원균과 싸움을 시작했으면 끝까지 잡아야 하는데 어설프게 두들기고 내보내는 것입니다.

이런 식으로 우리는 균들을 키워왔습니다. 우리 몸에 들어온 균 중에서 약한 놈들은 대충 죽였는데 독한 놈들은 못 죽인 상태로 약 먹기를 멈춘 것이죠. 증상은 완화되었지만 힘센 놈들은 꺾이지 않은 상태로 우리 몸속에 그대로 앉아 있었다는 얘기입니다. 이런 식으로 우리가 균들의 자연선택을 도와준 겁니다. 약한 놈은 없애주고 강한 놈들만 살려 번식을 하도록 도와준 겁니다. 그러니 나중에 다시 병원에 가면 예전에 먹던 약으로는 듣지 않아 더 독한 약을 받아와야 합니다. 이런 상황을 만든 주범은 바로 우리 자신입니다. 약을 끝까지 먹으라는 의사의 지시를 따르는 것은 남을 위한 일이기도 합니다. 나를 위해서, 남을 위해서, 우리 모두를 위해서 처방된 약을 다 먹고 병원균들을 끝까지 잡았어야 했습니다. 그런데 우리는 이런 원리를 잘 몰랐고 의사들도 대부분 명확하게 설명해주지 않았습니다.

루이스 캐럴의 소설 『이상한 나라의 앨리스』에는 거울 속으로 들어간 앨리스가 붉은 여왕에게 손목을 잡혀 나무 주위를 도는 장면이 나옵니다. 붉은 여왕이 열심히 뛰어가기 때문에 앨리스도 같이 열심히 뛰는데, 뛰면서 옆을 보니 주변이 전혀 변하지 않는 겁니다. 그래서 우리 동네에서는 이렇게 뛰면 지금쯤 어딘가에 가 있어야 하는데 왜 아직도 제자리걸음을 하고 있느냐고 물어보니 붉은 여왕이 이렇게 대답하지요. "너희 동네는 느린 동네구나. 우리 동네에서는 제자리에 서 있으려면 이렇게 열심히 뛰어야 한단다." 진화도 이와 같습니다. 나는 평안을 유지하면서 가만히 있고 싶지만 그 사이에 병원균은 재빨리 진화하여 내가 상상도 못 하던 무기를 만들어 공격해옵니다. 그러니 나도 함께 뛰어야만 살아남을 수 있습니다.

지금 우리는 병원균들한테 지고 있습니다. 병원균은 우리와 비교도 안 되는 무기를 가지고 있는데, 그건 바로 그들의 세대가 짧다는 것입니다. 병원균은 하루에도 몇 세대를 반복할 수 있는데 우리는 수십 년을 기다려야 세대가 바뀝니다. 병원균이 갑자기 새로운 무기를 가져왔다고 해서 우리도 갑자기 우리의 유전자를 바꿀 수는 없는 일입니다. 다만 서로 다른 사람들이 유전자를 섞어서 낳은 자식이 운이 좋으면 병원균이 만들어낸 새로운 무기에 대항할 수 있는 무기를 만들 수 있기를 기대하는데, 이것은 아주 느린 걸음이지요. 저쪽과는 상대가 되지 않습니다. 이렇게 우리는 이미 힘겨운 상대와 싸우고 있는 것인데, 기껏 만들어낸 항생제라는 무기마저 제대로 쓰지 못하니 싸움은 점점 더 어려워질 수밖에 없습니다. 다윈의학의 관점에서 보면 이런 문제에 어떻게 대처해야 하는지 좀더 명확하게 보일 수 있습니다.

감염성 질환 때문에 가장 먼저 나타나는 증상 가운데 하나가 발열입니다. 열이 나는 원인은 굉장히 많다고 합니다. 외부에서 들어온 물질 때문에 생기는 열도 있지만, 다윈의학자들은 우리 몸이 일부러 열을 내는 경우도 있다고 설명합니다. 외부에서 들어온 병원균들을 태워 없애기 위해 열을 낸다는 것이죠. 파충류와 같은 변온동물(흔히 냉혈동물이라고 부르지만, 이것은 적절한 표현이 아닙니다. 그들도 피 자체가 찬 것은 아닙니다)은 환경에 따라 피의 온도가 변합니다. 그래서 도마뱀이나 뱀들은 온도를 올리고 싶으면 양지에 나와 앉아 있다가, 온도가 올라가 더워지면 그늘로 옮아갑니다. 반면 항온동물인 우리는 늘 일정한 온도를 유지하기 위해서 굉장히 많은 음식을 먹어야 하지요. 먹은 것 대부분이 체온 유지를 위해 소모됩니다. 히터와 에어컨을 몸 안에 넣고 돌리며 사는 셈이지요. 변온동물은 양지와 그늘로 움직여 다니면서 조절해야 하는 불편함이 있지만 유지비는 굉장히 적게 듭니다. 뱀은 한 달에 웬만한 크기의 먹이동물을 한 마리 정도만 잡아먹으면 그걸로 끝입니다. 한 마리 먹고 앉아 있다가 따뜻한 데 나갔다 들어왔다 하면서 한 달쯤 지나면 먹을 때 됐네 하고 또 한 마리 잡아먹습니다. 우리처럼 하루 세 끼 열심히 먹을 필요가 없죠. 이런 변온동물인 도마뱀도 병원균이 들어오면 햇볕이 있는 곳에 나가 오래 앉아서 몸의 온도를 올린다는 사실이 밝혀졌습니다. 평소 이상으로 올려서 균들을 태워버리는 것이죠.

변온동물은 환경에 맞춰 체온을 조절하기 때문에 유지비가 적게 드는 반면 항온동물인 인간은 일정한 체온을 유지하는 데 많은 에너지를 소모합니다. 이런 우리가 열이 오르는 것은 몸이 병원균과 싸우기 때문이므로 열을 일부러 낮추려고 과도한 노력을 기울일 필요는 없다는 것이 다윈의학자들의 생각입니다.
ⓒ Topic Photo

병원균들한테는 1~3도 정도의 온도가 치명적이지만 우리는 어느 정도 오른 열을 감당할 수 있습니다. 단지 열량이 많이 소모될 뿐이지요. 물론 열이 너무 많이 오르면 우리에게도 치명적이고, 특히 어린아이는 열이 오른 상태로 너무 오래 있으면 뇌 조직이 망가질 수도 있으므로 조심해야 합니다. 하지만 다윈의학자들이 보기에 어른이 열이 오르는 것은 많은 경우 지금 우리 몸이 싸움을 하고 있다는 표시일 수 있다는 겁니다. 작전상 열을 올려놓는 것이지요. 우리는 열이 조금 있다고 해서 병원에 가지는 않습니다. 대부분은 이마를 짚어보고 해열제를 복용합니다. 그런데 이런 행동은 대부분 병원균한테 "어서 오십시오" 하며 친절하게 문을 열어주는 것과 같습니다. 우리 몸은 정말 어렵게 열을 내서 들어온 것을 태워 죽이려고 하는데, 약을 먹어 열을 내려주면 병원균은 신이 납니다. '아, 이 집안은 날 들어오라고 하네.' 발열의 원인이 무엇인지 먼저 판단해야 합니다. 다윈의학이 등장하기 전부터 의사들도 이런 사실을 알고 있었습니다. 문제는 환자입니다. 의사가 "이 열은 그냥 놔두는 게 좋습니다"고 얘기하면 "어, 이런 돌팔이를 봤나?" 하고 대듭니다. 빨리 열을 내려달라고, 주사라도 한 대 놔달라고 고집을 피우니 어쩔 수 없이 들어주는 경우도 많이 있다고 합니다. 그러나 이제는 우리도 과학적 사실을 정확하게 알고 문제를 더 이상 악화시키지 말아야 합니다.

감염성 질환만 해도 그렇습니다. 다윈의학자들은 감염성 질환의 종류를 잘 구별하면 문제를 쉽게 풀어나갈 수 있다고 말합니다. 대인 접촉을 통해 옮는 질환인지 아니면 모기와 같은 매개체가 옮기는 질환인가에 따라 전혀 다른 대응책을 찾을 수 있다는 겁니다.

그동안 생물학자들은 이 문제를 무척 단순하게 생각해왔습니다. "기생생물은 숙주를 죽이지 않는다. 숙주를 죽이면 자기 집을 불태워서 없애는 것과 같기 때문이다. 그래서 집을 태우지 않는 범위 내에서 서서히 빨아먹는다"고 생각했습니다. 하지만 진실은 그리 간단하지 않았습니다. 예를 들어 말라리아처럼 모기가 옮기는 병이라면 숙주를 죽여도 상관없습니다. 또 다른 모기가 와서 숙주의 피를 빨 때 그 모기로 올라타면 그 모기가 다른 숙주를 찾아주기 때문입니다. 모기에 의해서 옮겨지는 병원균의 처지에서 보면 숙주를 무력하게 만드는 게 더 유리합니다. 기운이 남아 있으면 자꾸 모기를 때려죽이려 하지만, 기운이 없어 축 늘어져 있으면 모기가 마음 놓고 덤벼들 수 있습니다. 다윈의학자들은 이처럼 매개체를 통해 옮겨지는 병원균들은 사람을 죽일 수 있을 정도로 강한 독성을 지닌다는 사실을 알아냈습니다. 말라리아가 아직도 이 지구상에서 가장 많은 목숨을 앗아가는 질병 중 하나인 이유가 바로 이 때문이지요.

한편 대인접촉을 해야 옮겨지는 병원균은 되도록이면 숙주를 쓰러뜨리지 않습니다. 예를 들면, 감기에 걸린 사람이 자꾸 돌아다니면서 다른 사람과 악수도 하고 껴안고 뽀뽀도 해야 감기 바이러스가 다른 사람들로 옮겨갈 수 있기 때문입니다. 그래서 자기가 들어앉은 몸을 완전히 망가뜨리지 않는 게 더 유리합니다. 이처럼 병원균과 병원균을 옮겨주는 매체에 따라 그 병원균의 독성의 강도가 달라질 수 있습니다. 다윈의학자들이 이런 내용을 정리하여 좀더 체계 있는 이론을 만들면 지금보다 훨씬 합리적인 처방을 내릴 수 있을 것입니다.

다윈의학자들은 또 우리 몸이 과연 어떻게 형성됐기에 질병이 계속 발생하는가 묻습니다. 우리 몸은 주어진 환경조건에서 가장 적절한 수준으로 자연선택된 것이지 결코 완벽하게 만들어진 것이 아닙니다. 앞서도 여러 번 얘기했지만, 우리는 가장 완벽하게 만들어진 구조로 종종 우리 눈을 꼽습니다. 우리 눈처럼 잘 만들어진 기계가 없다는 거죠. 그런데 따지고 보면 우리 눈은 그다지 잘 만든 것이 아닙니다. 우리와 비슷한 눈을 가진 동물로 오징어와 문어 같은 연체동물이 있는데, 사실 그들의 눈이 우리 눈보다 어떤 면으로는 훨씬 더 잘 만들어져 있습니다. 우리 눈을 보면 상이 맺히는 망막에 구멍이 뚫려 있습니다. 그 구멍으로 시신경과 실핏줄들이 들어와 망막 전면에 붙어 있습니다. 멀쩡한 스크린에 구멍을 뚫어놓고 그리로 전선들을 끌어내 스크린 앞면에 잔뜩 붙여놓은 격입니다.

하지만 오징어의 눈은 다릅니다. 오징어의 눈은 망막 뒷면에 시신경들이 붙어 있습니다. 우리가 만약 눈을 새로 디자인하여 제작한다면 결코 인간의 눈처럼 만들지는 않을 겁니다. 40대에 들어서면서 눈을 뜨고 있는데도 가끔씩 불빛이 휙휙 지나가는 것 같은 느낌이 들면 서둘러 안과를 찾아야 합니다. 시신경이 하나씩 끊어지면서 그런 일이 벌어지는 것이기 때문입니다. 도배를 하는 중 미처풀이 굳지 않은 상황에서 도배지가 주르륵 흘러내리듯이 신경과 핏줄이 망막을 찢어 내리는 겁니다. 그러다 시신경 다발이 들어오는 구멍에 다다르면 실명하고 말지요. 일단 망막이 전부 떨어져 나오면 현대 의학의 기술로도 다시 붙일 수가 없답니다. 우리 인간이 오징어만 못해서 이런 일이 벌어지는 걸까요? 아닙니다. 오징어보다여러 가지 면에서 훨씬 뛰어나고 지능도 발달한 동물이지만 눈은 오징어보다 못한 것이지요. 왜 그럴까요? 척추동물 최초의 조상님께서 그렇게 시작했기 때문에 바꿀 수 없는 것입니다. 물려받은 것들을 가지고 최선을 다하는 게 자연선택입니다. 마음에 들지 않는다고 해서 갑자기 바꿀 수는 없습니다. 갖고 있는 그대로 살아야 하므로 완벽하게 만들기 어렵습니다. 완벽하지 않은 걸 물려받았으니까요. 다윈의학자들은 우리 몸이 완벽하지 못하다는 걸 이해하면 훨씬 합리적인 방향으로 문제를 풀어갈 수 있다고 봅니다.

인간은 왜 늙는가라는 문제도 합리적으로 바라보아야 하죠. 불교에서 우리 인생을 생로병사로 설명하듯이, 태어나서 성장하여 한 시절 풍미하다가 나이가 들면 늙어서 죽는 것이 우리 삶입니다. 왜 늙어야 하는가? 굉장히 어려운 질문이죠. 왜 세포가 노쇠하여 소멸하는지를 설명하는 것이 세포가 만들어진 상태를 있는 그대로 유지하는 것을 설명하는 것보다 어떤 의미에서는 더 어렵습니다. 요즘전 세계에서 이른바 노화 방지 연구가 아주 활발하게 진행되고 있습니다. 불로초를 찾으러 돌아다녔던 진시황 때보다 더 많은 듯합니다. 언론 보도에는 우리가 곧 120년, 150년을 살게 될 거라는 얘기가 종종 나옵니다. 그러나 다윈의학자들은 그렇게 되기는 어려울 것이라고 말합니다. 우리가 예전보다 오래 사는 건 분명합니다. 그렇지만 평균수명이 길어진 것이지 절대수명이 길어진 것은 결코 아닙니다. 옛날에도 아주 오래 산 사람은 120세까지 살았고, 지금도 마찬가지입니다. 다만 옛날에 비해서 영아 사망률이 크게 줄었고 전염병이나 사고로 인한 죽음이 줄어들었기 때문에 평균수명이 길어진 것이죠. 절대수명은 석기시대부터 지금까지 변하지 않은 걸로 봅니다.

그런데 절대수명을 늘이는 일이 과연 가능할까요? 어려울 것입니다. 왜냐하면 유전자의 시각에서 본 자연선택론에 따르면, 한 생명체를 만들어 끝까지 유지해가는 것보다는 활발한 번식을 해서 유전자를 후세에 남기도록 한 다음 제거해버리고 새로운 사람을 또 만들어 번식을 하도록 하는 게 유리하기 때문입니다. 유전자로서는 우리를 한 시절 매력적으로 만들어 번식을 할 수 있도록 한 다음에는 서둘러 죽여버리는 게 더 유리하다는 계산이 나옵니다. 그래서 다윈의학자들은 아마도 우리를 늙게 만드는 유전자가 바로 젊었을 때 우리를 매력적으로 만들어준 바로 그 유전자일 것이라고 생각합니다. 바로 그 유전자가 젊었을 때는 우리를 실컷 써먹고 휙 돌아서서 '이제 다 썼으니 당신들은 가줘야겠어' 하고 내치는 데 관여할 거라고 예측하는 거죠. 자연선택은 우리가 아름답게 오래 살기를 바라지 않습니다. 자연선택이 원하는 것은 오직 한 가지, 좀더 많은 유전자를 다음 세대에 남기는 것입니다. 자연선택의 관심은 오직 번식입니다.

세계적인 화제가 되었던 복제 양 돌리는 같이 태어난 형제들보다

세계적인 화제가 되었던
복제 양은 같이 태어난
다른 형제들보다 훨씬 빨리
늙었습니다. 이는 생명체의
삶에는 죽음이 예정되어
있음을 의미합니다.

굉장히 빠른 속도로 늙었습니다. 체세포에서 떼어내 만들다 보니 그 체세포의 나이가 된 것이죠. 이것은 우리의 삶에는 죽음이 예정되어 있음을 의미합니다.

그러나 생명 연장이 전혀 불가능한 얘기는 아닐지도 모릅니다. 염색체 사진을 보면, 염색체의 끝에는 텔로미어라는 염색체 말단 부위가 있습니다. 예전에는 이것이 서로 다른 염색체끼리 들러붙는 것을 막는 기능을 한다고 생각했습니다. 그런데 최근 연구에 따르면, 세포가 분열할 때마다 염색체 끝이 조금씩 닳아서 없어진다고 합니다. 다 닳아서 없어지고 나면 수명을 다하는 것이죠. 그러므로 텔로미어가 어느 정도 남았는지 따져보면 수명이 얼마나 남았는지 계산해낼 수 있는 단계에 와 있습니다. 그렇다면 우리 정자나 난자 속에 있는 생식세포는 옛날부터 몸을 바꾸어왔는데 지금쯤이면 텔로미어가 다 닳아 없어졌어야 하는 게 아닌가? 이 질문에 대한 답은 효소에 있습니다. 생식세포에는 이것을 또 만들어서 붙이는 텔로머라제라는 효소가 있어서 닳아 없어지는 부분을 자꾸 보충해줍니다. 그래서 학자들은 이 것을 계속 보충해주는 방법을 고안해내면 생명을 영원히 연장할 수 있지 않을까 하는 기대에 차서 연구하고 있는 것이죠. 다윈의학자들은 불가능하다고 보지만, 이 연구가 성공한다면 우리는 200세, 300세까지 살 수 있을지도 모릅니다. 실제로 미국의 생태학자이자 노화생물학자인 스티븐 어스태드Steven Austad 교수는 그의 저서 『인간은

왜 늙는가』(최재천 · 김태원 옮김, 2005, 궁리)에서 2150년 이전에 150
년을 사는 사람이 나타날 것이라고 예언합니다. 그의 예언은 지극
히 단순한 가정에 의해 만들어진 겁니다. 노화 현상을 연구하고 있
는 생물학자들이 조만간 노화의 비밀을 캘 것이고 그에 따라 노화의
속도를 늦추거나 멈출 수 있는 약물을 개발할 것이라는 겁니다. 진
화생물학자로서 받아들이기 쉽지 않은 예언이지만 과학은 그 동안
불가능할 것이라는 일들을 가능하게 만들었다는 엄연한 사실을 인
정한다면 전혀 불가능한 일은 아니겠지요. 조만간 약물만 복용하면
10년, 20년, 30년을 더 살 수 있는 시대가 열릴지도 모릅니다.

다윈의학자들은 우리가 본질적으로 석기시대인이라는 사실을 강
조합니다. 우리는 굉장히 빨리 세상을 변화시킨 동물입니다. 그런
데 석기시대부터 지금까지는 우리 몸과 마음이 진화하기에는 너무
짧은 시간이지요. 만약 우리가 타임머신을 타고 석기시대로 돌아간
다고 해도 아마 큰 문제없이 적응해갈 것입니다. 왜 TV가 없을까,
이런 불평은 하겠지만 아무것이나 주워 입고 창이나 칼을 들고 나
가서 동물을 잡아먹으면서 사는 데 근본적인 지장은 없을 겁니다.
반대로 석기시대의 갓난아이를 타임머신을 타고 요즘 세상에 데려
다 키우면 문제는 더 간단합니다. 그 아이는 변호사도 되고 의사도
될 수 있고 생물학자도 될 수 있습니다. 유전적으로 우리 아이들과
그리 다르지 않을 것이기 때문에 특별한 어려움 없이 클 겁니다. 그
정도로 우리는 완벽하게 석기시대인으로서 현대 문명사회에 살고
있는 겁니다. 우리가 스스로 만들어낸 환경에 몸과 마음이 같이 변
화할 시간이 없었기 때문에 어려움을 많이 겪고 있지요.

또 하나 다윈의학자들이 밝히고 싶어하는 것은 우리 정신의 진화

입니다. 정신도 진화의 산물입니다. 흔히 술을 너무 많이 마셔 필름이 끊겼다는 얘기를 합니다. 우리의 정신과 몸은 별개의 것이 아니라 연결되어 있다는 좋은 증거이지요. 그래서 요즘엔 의학에서도 병을 마음으로 치료하자는 얘기를 많이 합니다. 가능한 얘깁니다. 현대에 들어와서 알코올 중독이니 마약 중독이니 하는 것들이 심각한 문제로 불거지고 있는데, 이런 많은 중독들은 다 이른바 현대병입니다. 술은 농경을 하면서 술을 만들 수 있는 곡식이 남아돌고 높은 알코올 농도 속에서도 살아남을 수 있는 효모를 찾아낸 뒤에야 만들어진 것입니다. 요즘 많은 생물학자들이 알코올 중독 유전자를 찾으려고 애를 쓰지만, 다윈의학자들은 헛된 일이라고 말합니다. 불과 몇천 년 동안에 생긴 증상이니 그런 유전자가 특별히 따로 있을 리 없다는 것입니다. 그들은 술, 마약, 여색 등에 빠지는 중독현상은 아마도 그것만이 아니라 오랜 옛날부터 우리가 무언가에 집착하고 거기서 쾌락을 얻으려는, 고통을 무릅쓰고라도 얻고야 말겠다는 그런 성향을 조절하는 유전자 속에 섞여 있다고 봅니다. 술 좋아하고 도박 좋아하는 사람들을 보면 대부분 야망이 큰 사람들입니다. 어려움을 무릅쓰고 쾌락을 추구하는 사람들이 대체로 그런 것에 잘 빠지는데, 그게 다 같은 유전자들이 하는 일이라는 것이죠. 알코올 유전자, 도박 유전자, 여색 유전자가 따로 있는 것이 아니라.

이처럼 다윈의학자들은 몸과 마음 모두가 결국 오랜 세월을 두고 변화해온 진화의 산물이라고 봅니다. 이런 관점에서 우리 몸을 들여다보고 정신을 분석하면, 의학 연구에 있어서 돈을 투자하지 않아도 좋을 곳에 투자하여 낭비하는 일을 막을 수 있고 어디에 돈을 투자해야 하는지도 명확하게 알 수 있다고 말합니다. 그렇다고 해서 갑자기 열이 나더라도 절대 해열제를 먹지 말라고 얘기하는 것은 아닙니다. 요즘 말이 많은 대체의학을 하자는 것도, 의사를 불신하라는 얘기도 아닙니다. 다만 의학의 발전을 돕자는 것이죠. 의학에 진화생물학의 개념을 도입해서 좀더 합리적인 방향으로 이끌어가자, 그래서 의학에서도 다윈혁명을 이루자는 주장을 펴고 있는 것입니다. 우리 의과대학들에 진화생물학 또는 다윈의학 과목들이 개설될 날을 기대해봅니다.

25

왜 남을
도와야 하나

그동안 동물의 행동을 어떻게 분석하고 이해해야 되는지에 대해 얘기해왔습니다. 그런데 다들 눈치챘겠지만, 그 밑바탕에는 유전자의 관점에서 모든 것을 바라보는 기본 사상이 깔려 있습니다. 쉽게 생각하면, 결국 진정한 생명의 주체는 살아서 숨쉬고 짝짓기하고 죽는 우리 자신이 아니라 태초부터 지금까지 죽지 않고 계속 살아남은 유전자, 곧 DNA일 수 있다는 얘기죠. 그래서 모든 동물이 특정한 방식으로 행동하는 이유를 유전자의 관점에서 자주 설명했는데, 그러다 보니 문제가 있습니다. 만약 우리 모두가 테레사 수녀 같다면 인류는 이미 멸망하고 없을 것이라는 거죠. 그분은 자식도 낳지 않고 일생을 남을 위해 헌신하고 사셨는데, 만약 모두가 그러면 인류는 소멸하고 말겠죠. 참 역설적이지만, 사실 어떤 의미에서는 우리 모두가 자기 이익을 챙길 줄 알았기 때문에 살아남은 겁니다. 인류라는 종이 특별히 자기를 잘 챙기고 자연에 적응하는 방법을 누구보다도 잘 알았기 때문에 만물의 영장이 된 거지요. 그래서 어떻게 보면 이기적이라는 것이 결코 나쁜 것이 아닙니다. 단지 그 이기성을 어떻게 현명하게 발휘하느냐가 문제겠지요.

하도 이야기해서 귀에 딱지가 앉았을 것 같아 걱정입니다만, 이런 여러 얘기에 기본을 마련한 사람들은 혈연선택의 메커니즘을 최초로 설명한 윌리엄 해밀턴과 그의 이론을 바탕으로 세상을 가르친 리처드 도킨스입니다. 누누이 말씀드렸지만, 도킨스의 『이기적 유전자』는 좋은 과학책을 읽어보고 싶은 사람에게 정말 권하고 싶은 책입니다. 삶을 바라보는 관점을 완전히 뒤꿔주는 책이죠. 도킨스는 책의 제목을 잘못 지은 것 아닌가 하고 걱정을 했답니다. 왜냐하면 많은 사람들이 책을 제대로 읽지도 않고 제목만 보고는, 유전자가 이기적이구나, 그런 판단을 내릴까 걱정스러웠던 거죠. 유전자는 뇌도 없고 마음도 없는 존재인데 어떻게 이기적일 수 있습니까? 도킨스는 유전자가 이기적인 심성을 갖고 있다고 얘기하지 않습니다. 유전자는 심성을 가질 수 있는 존재가 아니지요. 유전자는 자기 복제밖에는 달리 할 줄 아는 게 없는 화학물질입니다. 결과적으로 이기적인 모습으로 보인다는 얘기를 한 거죠. 결과가 이기적인 현상을 보여준다는 건데, 이기적이라는 개념이 너무 강조된 것 같습니다.

그래서 이번에는 제가 지금껏 드렸던 얘기를 통틀어서 관점을 다시 뒤틀어보려 합니다. 왜 우리가 서로 도와야 하는지 이야기하려

합니다. 사실 이기적 유전자를 운운하지만, 실제로 많은 사람들은 남을 돕고 삽니다. 더 도울 수 있으면 참 좋을 텐데 하면서 때로는 그렇게 못하는 걸 자책하며 삽니다. 이것이 바로 인간을 인간이게 한 가장 위대한 힘일 겁니다. 그리고 그것도 바로 유전자가 하는 일 이죠.

이웃에 열심히 베푸는 어르신들에게 '어떻게 그렇게 열심히 베풀고 사시죠?' 하면 숨기지 않고 이런 말씀을 하시는 분들이 있어요. '내가 많이 베풀어놔야 나중에 내 자식들이 복받지' 하지만 사실 마음속으로 미리 그걸 계산해서 행동하는 사람은 별로 없습니다. 그냥 하는 거죠. 그게 우리 심성 속 어딘가에 이미 프로그램되어 있다는 거죠. 벌이나 개미 사회만 그런 것이 아니라 우리 사회도 밑바탕에 서로 돕는 것이 깔려 있기 때문에 유지될 수 있다는 겁니다.

그것을 맨 처음 우리에게 아주 절묘하게 설명해준 분이 홀데인J. B. S. Haldane입니다. 유명한 유전학자였는데, 앞서 얘기했다시피 캠브리지대학 앞 술집에서 오후마다 동네 사람들과 동료 학자들을 모아놓고 재치가 번득이는 말들을 한마디씩 던진 걸로 더욱 유명하지요. 어느 날 누가 이렇게 물었대요. "당신은 친구나 형제를 위해서 목숨을 버릴 용의가 있습니까?" 그러자 "내가 왜 죽어요? 하지만 만일 내 형제 두 사람이나 사촌 여덟 명을 구할 수 있다면 뭐 죽을 용의가 있다고나 할까……"라며 중얼거렸다고 합니다. 그곳에 모인 많은 사람들은 '형제 둘, 사촌 여덟?' 하고 머리를 갸우뚱거렸겠지요. 그 얘기를 논리적으로 풀어주신 분이 바로 강의 맨 처음에 얘기했던 윌리엄 해밀턴입니다. 해밀턴 교수는 다윈이 풀지 못한 그 모든 의문과 홀데인이 던진 바로 그 말의 진의가 무언지를 풀어내주

해밀턴은 남을 돕는 것이 개체 수준에서 보면 손해보는 일이지만 유전자의 관점에서 볼 때에는 도움이 되므로, 유전자가 우리로 하여금 남을 돕게 하는 것이라는 이론을 논리적으로 설명해주었습니다.

신 분입니다. 흔히 '혈연선택kin selection'이라고 얘기하는 개념으로 설명해주셨죠. 다윈이 개체의 관점에서 바라봤던 그 모든 문제를 유전자의 관점에서 바라보면 훨씬 더 명확해진다는 걸 가르쳐준 분이 바로 해밀턴입니다. 남을 돕는 것은 개체 수준에서 보면 손해보는 일이지만 유전자의 관점에서 볼 때는 도움이 된다. 즉 유전자가 우리로 하여금 남을 돕게 하는 것이라는 이론을 논리적으로 처음 설명해주셨지요. 다윈 이래로 가장 위대한 생물학자라고 칭송받는 분인데, 몇 해 전 아프리카에서 새로운 연구를 시작하다 급성말라리아에 걸려 돌아가셨습니다.

해밀턴 교수가 우리에게 설명해줄 때 가장 적합한 예로 든 동물이 바로 개미나 벌 같은 사회성 곤충입니다. 그런 사회성 곤충의 세계에서는 어떻게 일개미나 일벌이 희생을 당연하게 여길 수 있을까? 자기는 자식도 낳지 않은 채 여왕개미나 여왕벌이 자식을 낳도록 평생 봉사할 수 있느냐는 거죠. 어찌 보면 세상에서 가장 무모한 희생이죠. 유전자의 관점에서 보면 한 개체가 삶을 산다는 것은 결국 유전자가 다음 세대로 건너가기 위함인데, 그걸 포기한다는 것은 엄청난 희생이지요. 해밀턴 교수는 그들이 과연 어떻게 해서 그런 희생을 감수하게 됐는지 설명해주었습니다.

개미 사회를 한번 들여다볼까요. 조금 어려울 수도 있으니 천천히 설명하지요. 여왕개미는 혼자 알을 낳아서 차세대 여왕개미도 만들고 또 다른 집안에서 날아온 여왕개미와 혼인비행을 할 때 짝 짓기를 할 수개미도 만들며, 일개미들도 만들어 사회를 유지해갑니 다. 여왕개미는 자기 군락을 만들기 전에 혼인비행을 떠나 수개미 랑 짝짓기를 해서 몸 속에 수개미의 정자를 잔뜩 저장하여 평생 사 용합니다. 혼인비행은 평생에 단 한 번만 합니다. 혼인비행 뒤에는 스스로 날개를 끊어버리고 날개근육을 녹여서 새끼를 먹여 키우지 요. 일개미들이 나라를 건설하면 여왕개미는 평생 바깥세상으로 나 가지 않고 굴 속에서 알만 낳고 삽니다. 길게는 십몇 년씩 사는 여 왕개미도 있습니다. 그런데 여왕개미는 자식을 낳을 때 아들과 딸 을 마음대로 조절합니다. 앞에서도 한 번 설명한 바 있지만, 개미 사회에서는 수컷과 암컷의 염색체 수가 아주 다릅니다. 암컷은 언 제나 우리처럼 염색체를 한 쌍씩 갖고 다닙니다. 그런데 수컷은 한 쌍이 아니라 한 벌만 갖고 있습니다. 우리 인간은 염색체를 모두 몇 개나 갖고 있나요? 23쌍 즉 46개를 갖고 있지요. 46개 염색체의 사 진을 찍어 짝을 맞춰보면 22쌍은 정확하게 맞는데 1쌍만 짝이 안 맞습니다. 그게 바로 성염색체입니다. 사실 여성의 경우엔 짝이 맞 습니다. 둘 다 X염색체니까요. 그런데 남성의 경우에는 하나는 X 이고 다른 하나는 Y인데, Y는 조금 작아요. 그래서 짝이 안 맞지 요. 그렇더라도 우리는 남자든 여자든 똑같이 23쌍의 염색체를 갖 고 있습니다. 그러다가 정자와 난자를 만들 때에는 감수분열이라는 과정을 통해서 23쌍 중에서 한쪽만 챙겨 정자나 난자 속에 넣어줍 니다. 그래야 나중에 정자와 난자가 결합하면 한쪽에서 가지고 온 것과 다른 한쪽에서 가지고 온 것을 붙여 다시 23쌍을 맞추는 거죠. 그런데 개미 사회에서는 수컷들이 애당초 한 쌍이 아니라 한 벌의 염색체만 갖고 있기 때문에 정자를 만들 때 감수분열을 할 필요가 없습니다. 거기서 감수분열을 하면 2분의 1로 줄어드니까 곤란해지죠. 그래서 감수분열을 하지 않고 가지고 있던 유전자를 전부 건네줍니다. 여왕개미가 알을 낳는 마지막 순간에 정자주머니를 열어 모아둔 정자를 배출해 난자를 파고 들어가도록 하여 수정란을 낳으면 정자에서 온 한 벌의 염색체와 난자에 있던 한 벌의 염색체가 합쳐져 한 쌍이 되겠죠? 그러면 그것은 암컷이 됩니다. 만약 알을 낳을 때 정자주머니에서 정자가 빠져나오는 관을 막으면 미수정란이 만들어집니다. 그 안에는 원래 난자 속에 있던 염색체 한 벌밖에 없겠죠. 그러면 수컷이 됩니다. 곧, 수개미는 유전자를 엄마한테서만 받는 거죠. 개미 세계의 남자는 여자 유전자만 가지고 태어나는 겁니다. 남자 유전자가 없어야 남자가 됩니다. 여자들은 남자 여자 유전자를 다 받는 거고요. 참 묘한 세계죠.

해밀턴 박사는 이것에 착안했습니다. 일개미 둘이 유전적으로 서로 얼마나 가까운지 따져본 거죠. 사람의 경우 자매나 형제 사이의 유전적 근연관계를 계산해보면 평균 1/2이 나옵니다. 왜냐하면 어머니와 아버지로부터 절반씩 받았기 때문이죠. 어머니는 나한테 정확하게 유전자의 절반을 주셨습니다. 그리고 누이동생한테도 정확하게 절반을 주셨지요. 그래서 자매는 어머니의 몸을 통해서 $1/2 \times 1/2 = 1/4$의 유전적 근연관계를 갖습니다. 아버지를 통해서도 똑같은 관계가 성립이 됩니다. 이렇게 나온 값을 더하면 1/2이 되죠. 그래서 인간 사회의 형제들은 유전자의 50퍼센트를 공유하는 것입니다. 그런데 정확하게 50퍼센트는 아니에요. 평균적으로 50퍼센트지요.

어머니와 나 사이는 분명히 정확하게 50퍼센트의 유전자를 공유합니다. 어머니가 나한테 정확하게 당신 유전자의 절반을 주셨으니까요. 이제 형제 사이를 따져볼까요? 알기 쉽게 유전자 하나만 놓고 봅시다. 문제가 되는 X라는 유전자가 있다고 하죠. 그 대립형질 유전자를 나는 갖고 있지만 동생은 가지고 있지 않습니다. 그렇다면 X 유전자 하나만 놓고 볼 때 우리는 완전히 남남이지요. 우리의 유전적 근연관계는 0퍼센트죠. 이번에는 W라는 유전자를 놓고 볼까요? 오빠와 나는 말하지 않아도 마음이 척척 맞지요. "오빠, W 유전자 갖고 있어?" "응, 있어." 우리는 W 유전자만 놓고 보면 쌍둥이입니다. 이런 관계를 유전자 전체에 걸쳐 계산해보면 평균 50퍼센트가 나온다는 겁니다. 똑같은 어머니와 아버지를 갖고 있으니까 확률이 어머니한테서 받았거나 안 받았거나 아니면 아버지한테서 받았거나 안 받았거나 하는 것 외에는 가능성이 전혀 없기 때문이죠. 다 같은 형제라도 마음이 잘 맞는 형제가 있고 그렇지 않은 형제가 있는 게 이런 이유 때문인지도 모릅니다. 앞으로 인간 유전자의 전모가 밝혀지면 형제간에 누가 더 유전적으로 가까운지, 그래서 왜 누구와는 잘 지내게 되고 누구와는 으르렁거리며 자랐는지 알게 될지도 모르죠.

이런 경우에는 어떨지 한번 계산해봅시다. 여러분이 일개미라고 칩시다. 그러면 여러분이랑 매일 같이 일하는 일개미, 곧 누이동생한테 "야, 너랑 나랑 얼마나 가까운지 한번 따져보자" 하고는 먼저 어머니인 여왕개미한테 물어봅니다. "어머니, 제가 어머니랑 얼마나 가깝습니까?" A라는 유전자를 두고 "어머니, 이거 어머니가 절 주셨습니까?" 하고 여왕개미한테 묻습니다. 그러면 여왕개미는

"아니, 난 안 줬는데"라고 답할 수도 있고, "그래 내가 줬단다"라고 말할 수도 있겠죠. 어머니가 당신의 유전자를 절반으로 갈라줄 때 그 안에 A가 들어 있을 수도 있고 아닐 수도 있다는 얘깁니다. 확률은 언제나 1/2입니다. 그래서 제가 일개미로서 "어머니, 제가 어머니랑 얼마나 가깝습니까?" 하고 물으면 어머니의 답은 언제나 1/2이지요. 그 다음에는 어머니가 저한테 묻습니다. "내게 B유전자가 있는데 그거 내가 너한테 줬니?" "예, 어머니, 주셨어요" 또는 "안 주셨는데요"라고 대답할 수 있겠죠. 여왕개미 입장에서도 확률은 1/2입니다. 따라서 여왕개미와 일개미의 유전적 근연관계는 어떤 방향으로든 정확하게 1/2이 되는 겁니다.

문제는 아버지한테 있습니다. 일개미들은 아버지를 한 번도 본 적이 없습니다. 어머니가 어느 날 밖에 나가 여러 남자와 바람을 핍니다. 왜냐하면 평생 쓸 정자를 모아야 하니까요. 우리가 키우는 꿀벌의 경우에는 보통 한 혼인비행 동안 28마리의 수컷과 관계를 가지는 걸로 알려졌습니다. 상대가 많을수록 좋습니다. 정자를 많이 모을 수 있으니까요. 나중에 정자가 다 떨어지고 나면 그 여왕의 재임기간은 끝이 납니다. 만약 겉모습은 멀쩡한 여왕인데 한 3년쯤 지나 허구한날 늘 수개미만 낳는다면, 일개미들이 여왕개미의 정자가 떨어졌구나 하여 거세해버릴 수도 있습니다. 거세하지 않더라도 그 군락은 이미 끝이 난 겁니다. 일개미가 없으면 일을 누가 합니까? 정자를 잔뜩 모으는 게 너무나 중요하기 때문에 그날 하루만큼은 바람을 피워도 된다고 허락받은 겁니다.

그런가 하면 수개미는 그날 하루를 위해서 삽니다. 평소에 집에서는 빗자루 한 번 안 들고 집안일이라고는 하는 게 없지요. 일개미들한테 구박 받으며 얻어먹고 살다가 혼인비행 날 일개미들이 문 열어주면 날아나가 다른 나라에서 날아 나온 여왕개미를 만나기 위해 혈투를 벌입니다. 여왕개미를 붙들고 "제발 저랑 잠자리를 같이 해 주십시오"라며 매달립니다. 그리고 단 한 번이라도 성공하면 정사를 마친 후 그냥 죽는 겁니다. 아주 허무한 삶인 것 같아요. 게다가 그렇게 죽고 나면 자기 정자가 누구를 만들어내는지도 모릅니다.

딸들도 자기 아버지가 누군지 전혀 모릅니다. 본 적도 없고 어떻게 보면 상관도 없어요. 그래도 그 아버지한테 물어봐야죠. 하늘나라에 있는 아버지에게 딸인 일개미가 묻습니다. "저한테 C라는 유전자가 있는데 아빠한테서 온 건가요?" C가 아빠한테서 왔을 수도 있고 엄마한테서 왔을 수도 있겠죠. 그러니까 일개미가 "아빠와 저는 얼마나 가깝습니까?" 하고 묻는 질문에 대한 대답 역시 1/2입니다.

아버지의 입장에서 보면 어떻게 되나요? 그 아버지는 얼굴 한 번 보지 못한 딸이지만 하늘나라에 앉아서 "나처럼 널 사랑한 개미는 없다"라고 얘기합니다. 아버지는 딸에게 당신의 유전자 전부를 줬기 때문이죠. 앞에서도 말씀드렸듯이 수개미는 정자를 만들 때 감수분열을 하지 않고 평소 가지고 있던 한 벌의 염색체에 들어 있는 유전자를 전부 넣어줍니다. 그래서 양은 절반씩 마찬가지이지만 주는 입장에서는 절반만 주는 게 아니라 몽땅 주는 것이니 사랑의 강도는 훨씬 센 것이라고 할 수 있지 않을까요? 개미 아버지는 딸에게 "내가 너와 얼마나 가깝니?" 물어볼 필요가 없습니다. 언제나 100퍼센트입니다. 그래서 일개미와 그 일개미의 아버지였던 수개미와의 관계는 어느 쪽에서 바라보는가에 따라 다릅니다. 일개미가 아버지를 보는 관점에서는 1/2이지만, 아버지가 딸인 일개미를 보는 관점에서는 1이 됩니다.

　이런 관계를 종합하여 두 일개미간의 유전적 근연관계를 계산해 보면 어머니를 통해 $1/2 \times 1/2 = 1/4$이 되고, 아버지를 통해 $1/2 \times 1 = 1/2$이 되니까 이 둘을 합하면 3/4이 됩니다. 그러니까 일개미 자매는 우리 인간 사회의 자매보다 유전적으로 훨씬 가깝다는 결론이 나오는 겁니다. 일개미의 경우에는 물론 일반적으로 자식을 낳지 않지만 설령 자식을 낳는다 하더라도 그 자식과의 관계는 1/2에 불과하기 때문에 다른 일개미 즉 누이동생이 자식보다도 유전적으로 더 가까운 존재입니다. 제가 일개미로 태어났는데 아무리 생각해도 억울해서 어머니인 여왕개미한테 "왜 나는 같은 여자로 태어나서 시집을 못 가느냐?"고 항의하며 시집을 보내달라고 졸랐더니 여왕개미가 허락을 했다고 칩시다. 그래봐야 별다른 재주가 없어요. 날개도 없으니까 날아서 수개미를 만날 수도 없어요. 하는 수 없어 혼자서 알을 낳습니다. 앞에서 설명한 대로 암컷개미가 혼자서 알을 낳으면 미수정란이 되고 그건 별 볼일 없는 아들로 태어납니다. 딸이어야 활개를 칠 텐데, 아들은 사실 효용이 별로 없어요. 그리고 그 아들에게 물려줄 수 있는 유전자는 내가 가지고 있는 유전자의 절반밖에 되지 않습니다. 따라서 어머니인 여왕개미를 도와 누이동생이 하나라도 더 태어나면, 내 유전자의 75퍼센트를 갖고 있는 개체가 탄생하는 겁니다. 개체 입장에서 생각하면 '왜 나는 매일 엄마만 도와주고 시집도 못 가나' 하고 속상하겠지만, 한 발짝 물러서서 유전자의 관점에서 바라보면 내가 스스로 자식을 낳아본들 내 유전자의 50퍼센트밖에 전달하지 못하는데, 어머니를 도와 어머니로 하여금 자식을 낳게 하면 75퍼센트의 유전자를 더 얻을 수 있으니 그게 더 유리하다는 거죠. 일개미들로 하여금 여왕개미에게 헌신적이 되게끔 유전자가 만들어놨다는 겁니다. 이 계산을 우리에게 처음으로 해주신 분이 바로 해밀턴 박사입니다.

같은 방식으로 계산하면, 수개미는 일개미와 1/4의 유전적 근연관계를 갖고 있습니다. 그래서인지 일개미들은 수개미들을 몹시 푸대접합니다. 먹을 것도 잘 안 주지요. 수개미도 밥값은 해야 되는데 빗자루 한 번 안 들고 놈팡이짓을 하며 나가서 여자 만날 생각만 하니까 누이들이 미워할 만도 하지요. 수개미에게는 아버지가 없습니다. 여왕개미가 혼인비행 때 다른 수개미들한테 받아 모은 정자를 쓰지 않아야 아들이 태어나기 때문입니다. 그러니까 수개미는 아버지도 없고 친할아버지도 없는 존재입니다. 외할아버지는 있습니다. 어머니는 아버지가 있었으니까요. 참 기이한 사회지요?

지금까지 설명한 모든 것은 유전적으로 연결되어 있는 개체들간의 관계입니다. 하지만 주변을 둘러보면 반드시 유전자를 공유하고 있는 개체들 사이에서만 서로 돕는 행동이 관찰되는 것은 아닙니다. 로버트 트리버즈Robert Trivers는 바로 이 점에 의문을 던졌습니다. "해밀턴 박사님, 선생님 이론은 상당히 멋있네요. 그런데 친척 관계가 아닌 사람들이 서로 돕는 건 어떻게 설명을 하죠? 우리 집 개가 저를 구하기 위해서 불로 뛰어드는 건 어떻게 설명할 수 있나요?" 집에서 기르는 개하고 저하고 유전적으로 어떤 관계라도 있나요? 유전자를 전혀 공유하지 않는 엄연히 다른 종이지요. 그런데 그 개가 주인을 구하기 위해서 철길로 뛰어들고 불길로 뛰어들죠. 서로 다른 종간의 관계는 말할 나위도 없거니와 같은 종에 속하지만 유전자를 공유하지 않는 개체들간에도 서로 돕는 행동은 수없이 관찰됩니다. 이런 행동을 도대체 어떻게 설명해야 할까요?

트리버즈가 이를 설명하기 위해 내놓은 이론이 바로 상호호혜이론입니다. 내가 남을 돕는 것은 그가 나를 도울 수 있기 때문이라는 거죠. 트리버즈는 자기 동네에서는 누가 위험하든 쉽게 뛰어들어 구할 텐데, 먼 지방으로 여행하다가 누가 급한 상황에 있다면 조금은 더 멈칫거릴 것이라고 설명했습니다. 낯선 동네의 사람을 구해준들 그 사람이 나중에 나를 구해줄 확률은 적다는 겁니다. 그래서 같이 모여 살며 자주 만나는 동물들 간에 서로 도움을 주고받는 관계가 유지될 확률이 크다고 설명한 겁니다. 인간 사회를 생각해보면 그럴듯하죠. 내가 누구를 도왔는지, 어떤 선물을 했는지, 누구네 결혼식에 부조를 했는지 등을 기억하고 살지 않습니까. 세상이 복잡해져서 공평하게 주고받기 어려워지자, 계약서를 쓰고 도장을 찍고 변호사를 부르게 된 겁니다. 법이란 내가 누군가를 도운 만큼 그도 나를 도와야 한다는 것을 서로 조율하기 위해 생겨난 제도이지요.

동물 사회는 어떨까요? 침팬지쯤 되면 이런 관계들을 기억하고 그에 따라 행동하지 않을까 싶습니다. 하지만 다른 동물 사회에서 이런 걸 기대하기는 쉽지 않았습니다. 그런데 뜻밖의 동물에서 흥미로운 연구결과가 나왔습니다. 바로 흡혈박쥐입니다. 피를 먹고 사는 박쥐인데 열대에 가면 상당히 많아요. 광견병 바이러스를 갖고 있어서 다루기 위험한 박쥐입니다. 이놈들은 해가 떨어지면 동굴 속에서 자다 말고 죄다 몰려나가 큰 동물의 피를 빨아먹어야 됩니다. 어디선가 피를 빨아먹고 돌아와야 되는데 그 많은 박쥐가 피를 빨 수 있는 동물들이 언제나 기다리고 있는 건 아니지요. 그러니

흡혈박쥐는 배불리 먹고 온
녀석이 굶고 있는 놈에게
피를 나눠주며 삽니다.
ⓒ최재천

많은 박쥐들이 굶은 상태에서 집으로 돌아옵니다. 그러고는 동굴
천장에 또 매달리지요. 그런데 박쥐는 길게 봐서 2~3일만 굶으면
죽습니다. 신진대사가 워낙 활발해서 자주 먹어야 해요. 그러다 보
니 흡혈박쥐 사회에서는 배불리 먹고 온 친구가 굶고 있는 친구에
게 피를 나눠주는 문화가 생겼습니다. 우리가 헌혈을 하는 것과 흡
사한 행동을 하는 겁니다. 우리처럼 피를 뽑아서 주는 건 아니고 먹
은 걸 게워서 줍니다. 거꾸로 매달린 채로 서로 게워 주고받고 하지
요. 그걸 연구한 친구가 지금 메릴랜드대학의 교수인 제리 윌킨슨
Gerald Wilkinson 박사인데, 후드득후드득 밑으로 떨어지는 그 피를 다
뒤집어쓰면서 연구를 했지요.

같이 모여 사는 박쥐들이 유전적으로 얼마나 가까운지 조사해보
니까 50퍼센트의 관계를 갖고 있는 형제들, 25퍼센트의 아빠가 다
른 배다른 형제들, 12.5퍼센트의 사촌들도 있고, 전혀 관계없는 친
구들도 있었습니다. 가장 자주 피를 나눠먹는 사이는 역시 형제들
이었습니다. 결국 나와 유전자를 가장 많이 공유하는 개체한테 제

일 많이 나눠주는 거죠. 그를 돕는 게 곧 나를 돕는 거니까요. 형제의 몸을 통해서도 내 유전자의 일부가 후세에 전달되니까요. 피는 물보다 진하다지 않습니까? 하지만 또 하나 재미있는 결과는 자주 만나는 친구들, 즉 자기 주변에 가까이 매달려 있는 친구들과도 자주 피를 나눠먹는다는 겁니다. 친척이 아니더라도, 즉 유전적으로는 관계가 없더라도 내가 도움을 주고 그 도움이 나한테 돌아올 확률만 높으면 서로 돕고 산다는 것입니다. 그러면 유전적으로 관련이 없는 동물들 간에도 서로 돕고 살 수 있다는 것을 설명할 수 있지요. 트리버즈의 이론 덕택에 우리 조상들도 서로 돕고 살 수 있게 되었다는 설명이 가능해졌습니다. 서로 돕는 것이 바로 유전자에게도 도움이 된다는 겁니다.

26

생명이란
무엇인가

지금까지 동물들은 어떻게 살아가고 있으며, 그 모습을 어떻게 자연과학적인 방법으로 분석할 것인가 살펴보았습니다. 이제 지금까지 다룬 이야기들을 한데 묶는 의미에서 생명의 본질과 의미에 대해 생각해보려 합니다. 그동안 이 책에서 살펴본 모든 이야기는 결국 산다는 건 무엇인가, 어떻게 살아야 하는가, 왜 살아야 하는가라는 물음을 동물의 눈으로 짚어본 것입니다. 참 어려운 질문이지요. 하지만 철학적인 질문을 하는 사람이 따로 정해져 있는 것은 아니지요. 아무 생각 없이 사는 것처럼 보이는 사람도 순간순간 많은 질문을 던지며 삽니다. 도대체 나는 왜 태어났을까, 신은 왜 나를 이세상에 보내신 걸까, 어떻게 살아야 올바르게 사는 것일까? 평범한 사람이나 학자나 할 것 없이 궁극적으로는 삶이란 무엇인가, 생명이란 무엇인가, 우리는 왜 태어났는가, 무엇을 위해서 사는가 등의 물음들을 던지며 살아갑니다. 만약 동물과 인간을 구분할 수 있다면 이런 고민이 거의 유일한 잣대가 아닐까 싶습니다. 이런 물음이야말로 인간만이 할 수 있는, 인간을 인간답게 하는 고유한 특성이 아닐까요?

생명을 얘기하려면 먼저 죽음을 얘기해야 합니다. 왜 죽어야 하는가, 이것을 풀지 못하면 삶을 얘기할 수 없습니다. 삶을 이해하려면 바로 죽음을 이해해야 한다는 것이죠. 생물학자들은 특정한 메커니즘의 생명 현상을 나타내며 재생산을 할 줄 아는 존재를 생물이라고 부릅니다. 자식을 낳아서 번식을 하는 게 생물입니다. 바위는 아무리 기다려도 새끼바위를 낳아서 키울 수 없습니다. 이런 식으로 무생물과 생물의 차이를 말하지만, 사실 생물학자의 시각에서 무생물과 생물을 명확하게 구별하기는 어렵습니다.

가령 우리 몸에 들어와 종종 우리를 아프게 하는 바이러스들은 생물인지 무생물인지 규정하기가 아주 어려운, 이른바 경계선에 있는 존재들입니다. 바이러스는 그야말로 DNA 조각으로서 혼자서는 자기 증식을 하지 못합니다. 그래서 남의 몸에 들어가 그 몸의 DNA를 이용해야 번식 즉 자기복제를 할 수 있지요. 박테리아나 다른 동식물의 몸에 들어가 그 생물의 DNA 속에 자리잡고 앉아 유전자들을 꼬드깁니다. 그러면 유전자가 복제를 하면서 중간에 끼여 있는 바이러스도 복제해줍니다. 그럼 바이러스는 생물일까요? 위에서 말한 생물의 정의에 따르면, 자기 복제 능력이 없으니까 생물은 아닐 겁니다. 하지만 돌아다니고 남을 이용해서라도 재생산 과정을 거쳐 퍼져 나가니 생물이라고 해도 될 것 같고……. 참 애매한 문제입니다.

토속 신앙에서는 돌 같은 무생물 앞에서도 기도를 올립니다. 무생물 속에도 혼이나 영혼 같은 것이 있다고 믿어왔기 때문입니다. 옛날 그리스 철학자들은 생물은 숨breath을 쉬는 존재라고 보았습니다. 지금도 죽는 것을 숨이 끊겼다고 표현하죠. 하지만 숨이 멈췄다고 해서 정말 생명이 멈췄다고 봐야 할까요? 숨이 멈춘 상태에서도 응급 치료를 해서 다시 살아나는 사람들이 있지 않은가요? 숨이 오랫동안 멈추면 뇌에 산소가 공급되지 않으므로 막대한 지장을 초래해서 대부분 사망하고 말지만, 숨이 끊겼다고 해서 모든 게 끝난 것은 아닐지도 모릅니다. 이 문제는 우리 사회가 뇌사나 장기 이식 등을 어떻게 바라볼 것인가 하는 문제와도 연결되어 있습니다. 기독교에서는 사람이 죽으면 영혼이 함께 사라진다고 봅니다. 우리 토속 신앙에서도 혼을 이야기하죠. 사람이 죽으면 망자의 혼을 달래기 위해 굿을 합니다. 전라도 지방에서 많이 하던 씻김굿이 대표적인 예죠.

생명을 말하기 위해서는 죽음을 얘기하지 않을 수 없다는 것은 바로 생명에는 한계가 있기 때문입니다. 생명은 언젠가는 끝이 납니다. 생명이라는 단어를 큰 사전에서 찾아보면 수많은 정의가 나와 있지만, 어린이용 사전에는 대개 하나만 나와 있습니다. '태어나서 죽을 때까지의 기간.' 여러 정의 가운데에서 아이들에게 가장 알맞은 것으로 택한 것이 바로 시간의 개념으로 정의하는 것입니다. 태어나면 누구나 죽게 되어 있습니다. 생명체가 왜 죽어야 하는지를 생물학적으로 설명하기는 사실 엄청나게 어렵습니다. 한 세포가 만들어진 다음에 그대로 있는 것을 설명하는 것보다 그 세포가 왜 없어져야 하는지를 설명하는 것이 더 어렵다는 얘기입니다.

문제를 이렇게 풀어봅시다. 우리가 처음 태어났을 때, 아니 처음 만들어졌을 때에는 하나의 세포였습니다. 아버지의 정자와 어머니의 난자가 합쳐져 수정란이 된 것이죠. 이 하나의 세포가 오늘날 우리 몸을 이루는 약 100조 개의 세포로 분화하여 지금의 모습이 되었습니다. 하나의 세포 안에는 유전자 한 세트가 들어 있습니다. 그 유전자는 100조 개의 세포들이 각자 무엇이 되어야 하는지에 대한 정보를 갖고 있었습니다. 하나의 세포가 2개의 세포로, 4개의 세포로 갈라지던 어느 순간, 예를 들면, 간이 되라는 명령을 받습니다. 그런데 옆에서 같이 재잘거리고 떠들던 세포는 생식세포가 되라는 명령을 받고 임무를 수행합니다. 가만히 생각하니 굉장히 약이 오릅니다. 간세포는 주인인 몸이 죽으면 같이 죽지만, 생식세포가 되는 친구는 계속 분열하여 다음 세대에 씨를 건네주는 역할을 할 것 아닌가? 같은 몸에서 태어났는데 누구는 의미 있는 일에 종사하고 나는 허구한날 술만 거르는가 하고 항의를 할 수도 있을 겁니다.

이렇게 생각하면 우리 몸은 온갖 세포들의 불만에 찬 농성으로 늘 시끄러울 것 같지만, 사실은 대체로 평화롭게 유지됩니다. 한 세포에서 만들어진 여러 세포들이 저마다 맡은 일을 잘하고 있기 때문입니다. 물론 가끔은 "싫어, 나는 내 자식을 많이 만들 거야" 하고 혼자서 세포분열을 하는 세포들이 있습니다. 이것이 바로 암이죠. 예를 들어 위암은 위에서 가만히 있어주기로 한 위세포들이 다른 세포한테 갈 영양분을 뺏으면서 필요 없는 위세포들을 자꾸 만들어내서 생기는 현상입니다. 그러니까 암세포는 우리 몸의 반역자인 셈이죠. 이를테면 반칙을 범하는 존재들입니다.

예를 들어, 생식세포가 되기로 한 친구는 사실 처음에는 굉장히 불쌍하게 보입니다. 간세포가 되기로 한 친구는 열심히 간을 만들면서 삶의 희열을 느낄지 모르지만, 생식세포가 되기로 한 친구는 한동안 하는 일이 전혀 없습니다. 십몇 년 동안 꼼짝하지 않습니다. 생식세포는 이 기간 동안 아무것도 하지 않기로 약속을 한 것이죠. 사춘기를 거친 다음에야 비로소 일을 시작합니다.

인간의 경우 여성은 조금 더 특별합니다. 태어날 때 이미 장차 난자를 몇 개나 만들 것인지를 정합니다. 난원세포는 정자를 만드는 정원세포들처럼 아무 일도 하지 않고 그냥 있는 것이 아닙니다. 생식세포들은 모두 감수분열을 합니다. 감수분열을 통해 염색체 한 쌍 가운데 한 벌씩만 난자와 정자 속에 넣습니다. 그래야 나중에 그 둘이 만나면 온전한 한 쌍을 이루지요. 그런데 여성은 태어나기 직전에 이미 감수분열을 시작합니다. 감수분열 1기 첫 부분에 해당하는 전기를 마친 상태로 태어납니다. 세포 속에는 염색체가 있다고 알고 있지만 사실 세포를 현미경 아래에서 들여다보면 대개의 경우 염색체는 보이지 않습니다. 대부분의 세포가 일반적으로 휴지기라고 부르는 기간에 머물러 있기 때문입니다. 휴지기에는 유전 물질이 핵 안에 고루 퍼져 있습니다. 그것을 염색사라고 부르는데, 세포가 분열을 하기 시작하면 이 유전물질들이 한데 뭉치기 시작합니다. 그래서 형태를 갖추면 염색체가 되는 것이죠. 이렇게 염색체의 형태로 변하는 과정이 바로 전기입니다. 그러니까 여성들의 염색물질은 어느 정도 형태를 갖추고 태어나는 것이죠. 남성의 생식세포는 10년 넘게 기다렸다가 어느 날 호르몬이 돌기 시작하면 그때부터 정자를 만드는데, 여성은 일단 난자를 만드는 일을 시작은 해놓고 그 상태에서 십몇 년을 기다리는 것입니다. 왜 이런 식으로 진화했는지 이해하기 어려운 일입니다.

생식세포가 십몇 년 동안 아무 짓도 안 하기로 약속하고 기다리는 반면, 손톱은 왜 그렇게 자주 깎아야 할까요? 손톱을 만드는 세포를 포함한 몇몇 세포들은 평생 동안 쉬지 않고 분열합니다. 만일 심장을 만드는 세포들이 계속 분열한다고 가정해봅시다. 그럼 심장이 계속 커져서 큰일이 나겠지요? 많은 세포들은 일단 기관을 만들고 나면, 사고가 나서 그 부분이 떨어져 나가 복구 작업을 하는 경우가 아니면 더 이상 분열하지 않는다는 얘기입니다. 이처럼 세포들은 세포 하나에서 출발해 각각 운명을 달리하지만 저마다 맡은 바 임무를 충실히 이행하기 때문에 우리가 생명을 유지할 수 있는 것입니다.

그러면 왜 어떤 세포는 간이 되고 어떤 세포는 장이 되며 또 어떤 세포는 생식세포가 돼야 할까요? 이렇게 운명이 갈리는 순간에 도대체 무슨 일이 벌어질까요? 아마도 이번 세기가 다 가기 전에 생물학자들이 이 신비로운 현상의 비밀을 풀어낼 것입니다. 일란성쌍둥이는 수정란이 분열하다가 세포들이 포도송이처럼 되었을 때 무슨 이유인지는 잘 모르지만 둘로 갈라져서 만들어집니다. 만약 세포덩어리가 둘로 갈라지기 전에 각각의 세포들이 이미 임무를 받았다면 어떻게 될까요? 허파는 이 친구의 몸에 가 있지만 심장은 저 친구의 몸에 가 있는 결과가 생길지도 모를 일입니다. 그런 일이 벌어지지 않는 이유는 둘로 갈라지는 순간까지는 그 모든 세포들이 모두 장차 어떤 조직의 어떤 세포라도 될 수 있는 가능성이 열려 있다는 얘기입니다. 그렇기 때문에 둘로 갈라놓아도 두 사람의 완전한 생명으로 태어날 수 있는 것입니다. 발생 초기의 세포들은 누구나 똑같이 전지전능한 가능성을 가지고 있다가 어느 순간 각각 운명이 결정된다는 것입니다. 이 모든 정보가 수정란 속에 있는 유전자에 다 들어 있습니다. 유전자가 도대체 얼마나 많은 정보를 가지고 있기에 100조 개의 세포가 장차 무엇이 될지 죄다 기록해놓은 것일까요? 이것처럼 신비로운 일이 이 세상에 또 있을까요?

우리는 지금 인간의 유전자 전모가 밝혀지는 역사적인 시기에 살고 있습니다. 우리는 생물체가 살아가는 모습에서 생명은 한계성을 띨 수밖에 없음을 알 수 있습니다. 얼마만큼 살다가 누구나 반드시 죽습니다. 그런데 죽지 않고 영원히 살 수 있는 생명이 있을 수도 있습니다. 물론 확률적으로 너무나 어려운 일이지만, 한번 상상해봅시다. 박테리아는 대개 이분법이라는 과정을 통해서 번식을 합니다. 하나의 박테리아가 어느 날 둘로 쪼개지면서 번식을 하는 겁니다. 그런데 가끔은 접합이라는 방법을 쓰기도 합니다. 대롱처럼 생긴 접합관을 연결해서 몸 속에 있는 유전물질을 적당히 교환한 다음 둘 다 회춘(?)하여 각자 자기의 삶을 살아갑니다. 내 몸을 둘로 쪼개서 자식들을 만드는 게 아니라 나처럼 몸을 유지하고 싶어하는 박테리아를 만나 협상하는 것입니다. 상상해보세요. 20억 년 전쯤에 살던 박테리아 하나가 기막히게 접합을 잘해서 여태껏 살고 있을 가능성을 말입니다. 통계적으로는 거의 불가능한 일이겠지요.

이전 세계에서 다음 세계로 전해지는 건 생식세포밖에 없습니다. 난자 안에 있는 DNA와 정자 안에 있는 DNA가 가진 정보에 의해 다음 세대의 생명체를 만들어내는 것입니다. 생식세포들을 제외한 나머지 100조 개의 세포들은 모두 막다른 길을 향해 가는 운명에 놓여 있습니다. 그렇다고 해서 이런 세포들이 별 볼일 없는 존재인 것은 결코 아니죠. 이 세포들이 얼마나 잘 하느냐에 따라서 그 생명체가 다음 세대에 유전자를 남길 수 있느냐 없느냐가 결정되니까요. 이 세포들이 정말 아름다운 외모, 명석한 두뇌 또는 놀라운 운동 능력을 만들어준다면, 남보다 더 번식을 잘해서 같은 몸속에 있는 생식세포가 다음 세대로 전달되는 겁니다. 생물은 이런 과정을 거치면서 옛날부터 지금까지 살아왔습니다. 개체 수준에서 보면 생명은 분명히 한계성을 지닙니다. 생물은 모두 언젠가 죽어서 자연으로 돌아갈 수밖에 없습니다. 그러나 유전자는 자식의 몸에 전달되어 영원히 살아남을 수 있습니다. 그러니까 유전자의 관점에서 보면 생명은 영속성을 지니는 것입니다. 영원히 살아남을 수 있는 특성을 지닌 것이죠. 무생물은 한 번 스러지면 끝이 나고 말지만 생명은 또다시 만들어질 수 있습니다.

이처럼 유전자의 관점에서 생명을 볼 수 있도록 일대 발상의 전환을 일으켜준 사람이 윌리엄 해밀턴입니다. 그리고 리처드 도킨스가 『이기적 유전자』에서 해밀턴의 생각을 일반인들에게 쉽게 풀어서 설명해주었지요. 유전자는 생명이 탄생한 그때부터 지금까지 죽지 않고 계속 살아온 불멸의 나선입니다. 도킨스는 생명체란 유전자가 더 많은 유전자를 만들기 위해 만들어낸 생존 기계일 뿐이라고 말합니다. 모이를 쪼아 먹고 짝짓기를 하고 달걀을 낳는 닭이 닭이라는 생명의 주체인 것 같지만, 사실 닭은 달걀이 더 많은 달걀을 만들기 위해 만들어낸 기계일 뿐이라는 것입니다. 달걀이 자기 복제를 하고 싶은데 그냥 하기에는 너무 어려워서 기계를 하나 만들어 달걀을 낳으라고 지령을 내린 것입니다. 닭은 이렇게 세상에 태어나서 얼마 동안 살며 알을 낳다가 차츰 알을 낳는 능력이 떨어지면 사라져야 하고 달걀은 또 다음 닭을 만들어냅니다.

우리 생명이 한계성을 지니고 유전자가 우리를 조종한다고 해서 우리가 유전자의 꼭두각시라는 얘기는 절대 아닙니다. 그렇더라도 유전자가 자신들의 임무를 수행해달라고 우리를 이 세상에 보낸 것 역시 사실입니다. 이런 관점에서 생각해보면, 지구가 처음 만들어졌을 때 그 생명의 바다에서 떠돌아다니던 여러 화학 물질이 외부에서 들어오는 빛에너지 등의 영향을 받아서 뭉치고 얽히다가 어느 순간 자기 복제만큼은 완벽하게 잘 하는 DNA라는 물질로 태어나고, 그 DNA가 근육도 만들고 두뇌도 만들고 하면서 여러 가지 형태의 몸을 만들었습니다. 하나의 DNA에서 출발해서 오늘날 여기까지 온 것입니다. 그 가운데 어떤 DNA는 단세포생물 안에 들어가서 살게 되었고, 어떤 DNA는 거대한 고래 속에 들어가 앉아 있고, 또 어떤 DNA는 제 몸 안에도, 그리고 이 글을 읽는 여러분의 몸 안에도 들어와 있습니다.

우리는 고래와 그다지 가깝지 않은 사이라고 생각하지만, 우리 몸 속에 있는 DNA는 고래 몸 속에 있는 DNA를 바라보며 "여보게, 사촌!" 하고 다정하게 부르고 있는지도 모릅니다. 지금은 은행나무 속에 들어 있기도 하고 벚나무 속에, 고래 속에, 또 사람 몸 속에 들어와 있지만, 거슬러 올라가보면 그 옛날 하나의 조상에서 갈려 나왔기 때문입니다. 그러므로 생명의 역사는 간단하게 말하면 DNA라는 화학물질의 일대기라고 할 수 있죠. 이렇게 생각하면 생명은 영속성과 함께 연속성을 지닙니다. 지구상에 있는 모든 생명체는 다 연결되어 있습니다. 모두 한 형제죠. 물론 가까운 형제가 있고 먼 형제가 있지만 우리는 모두 한 곳에서 나온 형제들입니다. 이 사실을 알지 못하고 인간은 사실 우리의 가깝고 먼 사촌들인 다른 생명체들을 마구 죽여버리는 일들을 무참히 저지르고 있는 것이죠.

인간은 어떤 존재일까요? 이것이 생명이 무엇이냐를 얘기하는 데 가장 중요한 문제입니다. 우리가 생명이 무엇인지 묻고 고민하는 것은 결국 이 질문이 인간이란 무엇이냐는 물음과 바로 연결되기 때문입니다. 우리는 너무나 오랫동안 인간이 자연계에서 가장 위대하고 유일하게 보호받아야 하는 특별한 존재라고 믿어왔습니다. 그래서 유명한 철학자 데카르트는 성급한 결론을 내리고 책임지지 못할 실수를 저지르지요. 데카르트가 활약하던 시절은 생물학 중에서도 해부학이 발전하기 시작하던 시기였는데, 인간의 뇌를 해부한 결과 도무지 알 수 없는 부분을 하나 발견했습니다. 뇌 중간쯤에 있는 송과체라는 부분이지요. 지금도 송과체가 무엇을 하는지 완벽하게 밝혀지지 않았으니 그 당시에는 더욱 의문투성이였을 겁니다. 추측이 난무하고 있을 때 데카르트는 재빨리 송과체가 인간의 영혼이 들어앉아 있는 부분이라고 설명했습니다. 다른 동물에는 없고 인간만이 가지고 있는 유일한 부분이며 그곳에 영혼이 들어 있으니 인간만이 영혼을 가진 존재가 되는 겁니다. 그리고 '생각한다, 그러므로 존재한다'라는 유명한 명제를 남기지요. 인간만이 생각할 수 있고, 그래서 인간만이 자연계에서 유일하게 신의 선택을 받을 수 있는 존재라는 겁니다. 이처럼 인간을 다른 모든 동물들로부터 분리해내는 데카르트의 주장은 기독교적인 서양철학의 사고방식에 그야말로 마침표를 찍는 일이었습니다. 그런데 얼마 후 도마뱀을 비롯한 온갖 동물에서도 송과체가 발견되었지만, 데카르트는 별다른 이야기를 하지 않았지요.

이처럼 지나치게 인간 중심적인 사고방식에서 우리를 구원해준 사람이 바로 다윈입니다. 다윈은 인간도 자연의 긴 고리 중 어느 한 부분에 속해 있으며 진화의 산물이라고 설명했지요. 그러므로 우리는 인간도 자연의 법칙에 순응해야 한다는 교훈을 얻을 수 있습니다. 우리 인간과 가장 많이 닮은 동물은 침팬지입니다. 침팬지는 지문도 가지고 있으며, 우리와 유전자의 거의 99퍼센트를 공유합니다. 그럼에도 우리는 이처럼 엄연한 사실을 외면하고 있습니다. 동식물의 소속을 찾아주는 계통분류학이라는 학문이 어떤 잘못을 저지르고 있는지 살펴볼까요. 동물들간의 관계가 얼마나 가깝고 먼지를 계산해보면, 대형 유인원 중에서는 오랑우탄이 가장 먼저 갈려 나간 것으로 보입니다. 유전적으로나 그 밖의 여러 면에서 다른 유인원들과 가장 많이 다르죠. 그 다음에 고릴라가 갈려 나가고 그 다음이 침팬지입니다. 그러므로 대형 유인원들의 관계를 제대로 정리하려면 제일 먼저 갈려 나온 오랑우탄을 다른 무리에 속하는 것으로 빼고, 나머지를 같은 집안으로 묶어줘야 합니다. 그런데도 분류학자들은 인간만 따로 분류해내고 침팬지, 고릴라, 오랑우탄을 같이 묶어놨습니다. 다른 생물들을 다룰 때에는 과학자의 양심으로 결코 이렇게 하지 않지요. 그런데 인간이 포함되어 있는 분류군에 대해서는 아직도 이런 분류를 고집합니다. 우리 인간만 인류과 Hominidae로 묶고 다른 동물들은 유인원과 Pongidae라는 다른 과 Family를 만들어 거기에 다 모아놓았습니다. 침팬지와 우리는 아마 같은 성을 써야 할 겁니다. 이름만 조금 달라야 한다는 얘기죠.

우리는 지나칠 정도로 우리 인간의 독특함에 매달리고 있습니다.

물론 우리는 특별합니다. 그걸 부인할 수는 없죠. 우리와 가장 가까운 동물들도 언어 능력이 대뇌에 들어 있지 않습니다. 우리 인간만이 유일하게 그런 기능을 대뇌로 끄집어내는 데 성공한 동물입니다. 우리만 유일하게 생각하는 뇌에서 언어를 만들어내고 그 의미를 이해합니다. 그래서 심지어는 신화를 만들어내기도 합니다. 이렇듯 우리는 다른 동물과 다르지만, 그동안 생각해온 것처럼 그렇게 많이 다른 것은 아닙니다. 우리도 긴 지구의 역사를 통해서 살아남은 하나의 생물일 뿐입니다. 이 지구가 우리를 탄생시키기 위해서 존재했던 건 절대 아닙니다. 기나긴 진화의 역사 속에서 어쩌다 보니 우리처럼 신기한 동물이 탄생한 것뿐입니다. 그래서 몇 년 전에 세상을 떠난 하버드대학의 고생물학자 스티븐 제이 굴드Stephen Jay Gould는 이렇게 말합니다. 지구의 역사를 기록 영화로 만들었는데 마음에 들지 않아 다시 만들기로 했을 때 맨 마지막 장면에 인간이 주인공으로 다시 나올 확률이 얼마나 될까? 그는 단호하게 0이라고 답합니다.

이렇듯 우리 삶은 우연한 것입니다. 우리는 어쩌다 우연히 태어난 존재일 뿐입니다. 그것도 지구의 역사를 하루로 본다면 태어난 지 몇 초밖에 안 되는 동물입니다. 게다가 몇 초 만에 사라질지도 모른다는 것이 많은 생물학자들의 생각입니다. 가장 짧고 굵게 살다 간 종으로 기록될지도 모릅니다. 그렇게 되지 않으려면 지구의 역사와 생명의 본질에 대해 더 많이 알아야 합니다. 자연을 더 많이 공부하고 더 많이 알고 배우다 보면 우리 자신을 더 사랑하고 다른 동물이나 식물도 사랑하게 될 것입니다. 그리하여 하나밖에 없는 이 지구에서 함께 살아가는 지혜를 얻을 수 있을 것입니다.

최재천의 인간과 동물

1판 1쇄 펴냄 2007년 1월 10일
1판 23쇄 펴냄 2025년 2월 3일

지은이 최재천

편집주간 김현숙 | **편집** 김주희, 이나연
디자인 이현정
마케팅 백국현(제작), 문윤기 | **관리** 오유나

펴낸곳 궁리출판 | **펴낸이** 이갑수

등록 1999년 3월 29일 제300-2004-162호
주소 10881 경기도 파주시 회동길 325-12
전화 031-955-9818 | **팩스** 031-955-9848
홈페이지 www.kungree.com
전자우편 kungree@kungree.com
페이스북 /kungreepress | **트위터** @kungreepress
인스타그램 /kungree_press

ⓒ 최재천, 2007.

ISBN 978-89-5820-078-2   03470